R. von Baehr, H. P. Ferber
und T. Porstmann (Hrsg.)

Monoklonale Antikörper

Anwendung in der Medizin

Springer-Verlag Wien New York

Prof. Dr. Rüdiger von Baehr
Institut für Medizinische Immunologie des Bereiches Medizin (Charité)
der Humboldt-Universität, Berlin,
Deutsche Demokratische Republik

Doz. Dr. Hubert P. Ferber
Abteilung für experimentelle Anaesthesiologie,
Zentrum der Anaesthesiologie und Wiederbelebung,
Klinikum der Johann-Wolfgang-Goethe-Universität, Frankfurt,
Bundesrepublik Deutschland

Prof. Dr. Tomas Porstmann
Institut für Medizinische Immunologie des Bereiches Medizin (Charité)
der Humboldt-Universität, Berlin,
Deutsche Demokratische Republik

Mit 97 Abbildungen

CIP-Titelaufnahme der Deutschen Bibliothek

Monoklonale Antikörper: Anwendung in der Medizin
/ R. von Baehr ... (Hrsg.). – Wien; New York: Springer, 1989
ISBN-13: 978-3-211-82137-4 **e-ISBN-13: 978-3-7091-7621-4**
DOI: 10.1007/ 978-3-7091-7621-4
NE: Baehr, Rüdiger von [Hrsg.]

Geleitwort

Kaum eine Methode hat sich innerhalb von nur wenigen Jahren so stürmisch verbreitet und weiterentwickelt wie die Hybridomtechnik zur Erzeugung monoklonaler Antikörper. Sie ist neben der Gentechnik die wichtigste Säule der Medizinorientierten Biotechnologie. Der Übergang von der Grundlagen- zur angewandten Forschung erfolgte sehr schnell. Gegenwärtig befinden wir uns bereits in der Phase der umfassenden industriellen Nutzung besonders im Zusammenhang mit der Herstellung von diagnostischen Testbestecks für die immunchemische Mikroanalytik, Immunzytologie und -histologie sowie als biotechnologisches Grundprinzip zur affinitätschromatografischen Reinigung von Biopräparaten. Mit dem Pan-T-Zellantikörper OKT3 (Anti CD3) erfolgte 1985 der Einstieg monoklonaler Antikörper in den Bereich der Therapeutika. Damit wurde eine Entwicklung eingeleitet, die über das Jahr 2000 hinaus anhalten wird.

Im Juni 1987 trafen sich Wissenschaftler verschiedener medizinisch-biologischer Disziplinen mit Vertretern klinischer Fächer, der Labormedizin und Pathologen aus der Bundesrepublik Deutschland, Österreich, Westberlin und der DDR in Neubrandenburg/DDR, um die Bedeutung der monoklonalen Antikörper für die medizinische Forschung, Diagnostik und Therapie an ausgewählten Beispielen komplex zu diskutieren. Zunächst ging es dabei um die Festlegung von Qualitätskriterien von Hybridoma und um die Suche nach einer kostengünstigen Produktion monoklonaler Antikörper mittels Zellfermentation und anschließender Feinreinigung bis zum therapeutisch einsetzbaren Produkt. Dabei wurden die gegenwärtig empfohlenen Sicherheitsmaßstäbe für die Unbedenklichkeit solcher Präparate berücksichtigt. Die Besonderheit dieses Symposiums bestand in der kritischen Bewertung der Ergebnisse durch praktisch tätige Diagnostiker und Kliniker einerseits sowie Vertretern der einschlägigen Industrie aus Österreich und der DDR andererseits. Es wurden dabei wichtige Maßstäbe für die erfolgreiche Über- und Einführung biotechnologischer Produkte dieser Art gesetzt:

— Frühzeitiges Zusammenwirken von Hochschul- und Industrieforschung.
— Sicher ausgewiesener Nutzen für die Medizin durch die medizinisch-biologische Forschung.
— Optimierte Produktionstechnologie für jeden benötigten Klon und monoklonale Antikörper.
— Strenge klinische Prüfung und darauf abgestimmte schnelle Überführung in die Produktion.

In Anbetracht der Zeitdifferenz zwischen dem Symposium und der Publikation haben alle Autoren ihre Beiträge überarbeitet und aktualisiert. Einige Arbeiten (H. Döpel et al; S. Jahn et al) wurden zusätzlich aufgenommen.

R. von Baehr

Inhaltsverzeichnis

Erzeugung und Reinigung monoklonaler Antikörper sowie Anforderungen bei ihrem diagnostischen und therapeutischen Einsatz

Einsatz monoklonaler Antikörper zur Substanzquantifizierung in biologischen Flüssigkeiten

Einsatz monoklonaler Antikörper in der immunhistologischen Diagnostik

Einsatz monoklonaler Antikörper zur Charakterisierung von Zellen des Immunsystems, von Mastzellen und von Erythrozyten

Erzeugung und Reinigung monoklonaler Antikörper sowie Anforderungen bei ihrem diagnostischen und therapeutischen Einsatz

Massenproduktion monoklonaler Antikörper

H. Katinger

Institut fur Angewandte Mikrobiologie (IAM), Universitat für Bodenkultur, Wien, Österreich

Die Hybridomatechnologie zur Erzeugung monoklonaler Antikörper (mAK) kann, ein Dezennium nachdem Köhler und Milstein [1] die Basis hierzu gelegt hatten, als allgemein etabliert gelten. Das unerschöpfliche Reservoir der mAK für Forschung und Applikation im Bereich der „Life sciences" führte fast zwangsweise zur Verfeinerung und Weiterentwicklung dieser Technologie bis zu einer hohen Kultur. Letzteres gilt insbesondere für das Nagetiersystem. Gleichzusetzende Fortschritte der Anwendung der Hybridomatechnologie für das Humansystem blieben eher auf wenige Arbeitsgruppen beschränkt; mangelnde Expressionsraten der humanen mAK und/oder geringe Stabilität der kultivierten Hybridoma sind bei einer breiten Anwendung noch immer hinderlich. Man versucht, diese Hindernisse entweder durch die Entwicklung neuer „Fusionslinien" [2] oder durch DNA-Rekombination und Klonierung [3] zu überwinden, und hat bereits sichtbare Fortschritte erzielt. Wesentlich für die hier angestellten verfahrens- bzw. produktionstechnischen Betrachtungen ist zunächst die Tatsache, daß alle Zellinien, die bisher für die Produktion von mAK verwendet wurden, dem Typus „Suspensionszelle" zuzuordnen sind oder zumindest an die Suspensionskultur adaptierbar sind.

In erster Annäherung kann daher die Verfahrenstechnik der Suspensionskultur von Säugetierzellen ohne wesentliche Einschränkungen auf die Kultur von Hybridoma angewandt werden. Gerade hierüber liegen relativ reichlich Erfahrungen vor [4, 5], und man kann Kultivierungstechniken aktualisieren, die schon vor der Etablierung der Hybridomatechnologie genutzt worden sind.

Allgemeine Voraussetzungen zur Massenkultur

Neben den von den Registrierungsbehörden geforderten Qualitätsstandards sind am Beginn einer Massenproduktion minimale Standards hinsichtlich der Stabilität sowie minimale Kenntnisse über die Kinetik des Wachstums und der Produktbildung sowie der Produktivität einer Zellinie zu fordern.

Stabilität

Die physiologische Stabilität der Hybridoma ist eine wesentliche Voraussetzung für die Massenkultur und Massenproduktion. Die Massenproduktion von mAK kann

1. über die Anzucht hoher Zellmassen,
2. über die Langzeiterhaltungskultur einer bestimmten Zellmasse und
3. über eine Kombination aus Masse und Langzeiterhaltung

erzielt werden.

In jedem Fall ist eine stabile Expression der Antikörper vorauszusetzen.

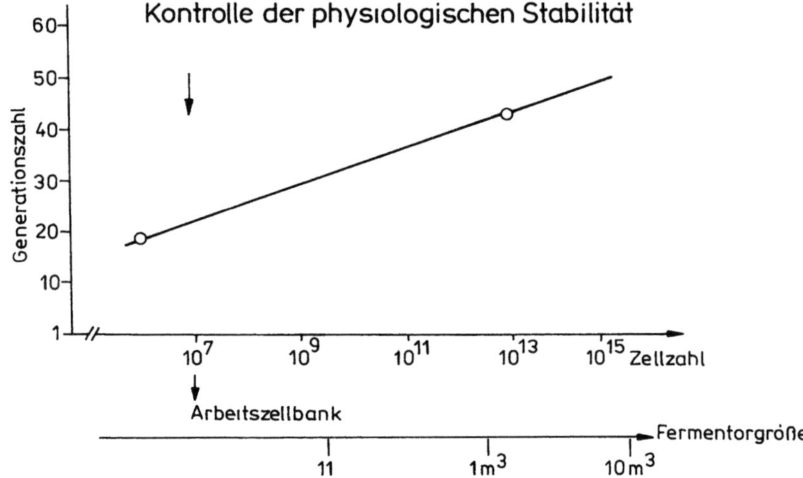

Abb. 1. Bedeutung der physiologischen Stabilität der kultivierten Zellen bei der Maßstabvergrößerung

Wie aus Abb. 1 ersichtlich, sind zum Anlegen einer Arbeitszellbank („Master cell bank“) nach der Klonierung ca. 20 – 30 Generationen notwendig, und darüber hinaus noch weitere 20 Generationen, um die für eine technische Produktion notwendige Zellmasse anzuziehen.

Auf dem Weg dahin wird in der Regel der Selektionsdruck verändert, d. h. man züchtet in statischer Laborkultur hoch, geht im „Scaling up“ der Zellmasse auf andere Kultivierungstechniken (d. h. auf andere physikalische Parameter) über und wechselt eventuell die Zusammensetzung des Nährmediums (oder zumindest des Serums).

Die physiologische Homogenität der Kultur auf dem Niveau der Arbeitszellbank in bezug auf die Produktbildung muß daher als Minimalerfordernis für eine Massenproduktion gelten. Nahezu alle Subklone aus der Arbeits- bzw. Masterzellbank sollten nachweislich Antikörper über mindestens 5 Passagen stabil produzieren.

Unsere Kenntnisse über jene Parameter, die für die stabile Expression der mAK in Hybridoma verantwortlich sind, ist begrenzt. In der Praxis hat sich gezeigt, daß nur durch wiederholte Subklonierung (vorzugsweise aus Kulturen, die bereits

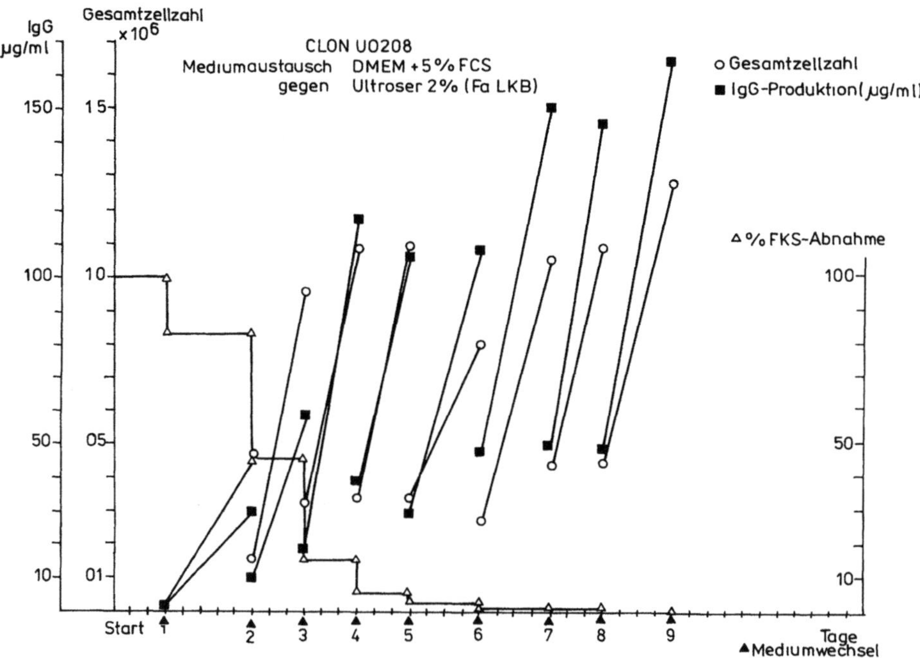

Abb. 2. Änderung der Antikörperproduktion und des Wachstums einer Maus-Hybridoma-Linie bei der Umstellung von DMEM (5% FKS) auf DMEM mit Serumersatz (Ultroser)

dem Selektionsdruck der letztlich gewählten Kultivierungstechnik ausgesetzt worden waren) stabile, hochproduzierende Hybridomalinien selektiert werden konnten. Im Nagersystem ist dies inzwischen Routine, humane mAK aus Xenohybridoma bereiten diesbezüglich größere Probleme. Im letzteren Fall ist es wahrscheinlich, daß ein oder zwei stabile hochproduzierende Linien aus tausenden Subklonen selektiert werden müssen.

Auch Änderungen der Zusammensetzung der Nährmedien, insbesondere des Serums bzw. die Umstellung von FKS auf Serumersatz sind in diesem Zusammenhang sorgfältig auszuwerten. Wie aus Abb. 2 ersichtlich, ist beispielsweise bei der Umstellung einer Kultur von Serum auf Serumersatz unter Umständen eine Mindestanzahl von 6 bis 8 Passagen abzuwarten, damit überhaupt ein positiver oder negativer Effekt auf Wachstum und Produktbildung erkannt werden kann. Sorgfalt, Ausdauer und Spitzfindigkeit bei Versuchsdurchführung und -auswertung sind daher unverzichtbare Attribute.

Kinetik

Hybridoma sind in der Regel relativ schlecht definierbare Zufallsprodukte, resultierend aus Fusion, Selektionsdruck und Selektionsdauer. Sie zeigen viele Facetten des Wachstums und der Produktbildung. Eine Generationszeit von ca. 1 bis 2 Tagen ist normal. Wir können kaum beurteilen, ob Hybridoma mit längeren Generationszeiten, Stabilität vorausgesetzt, nicht ebenso nützlich sind, weil unsere

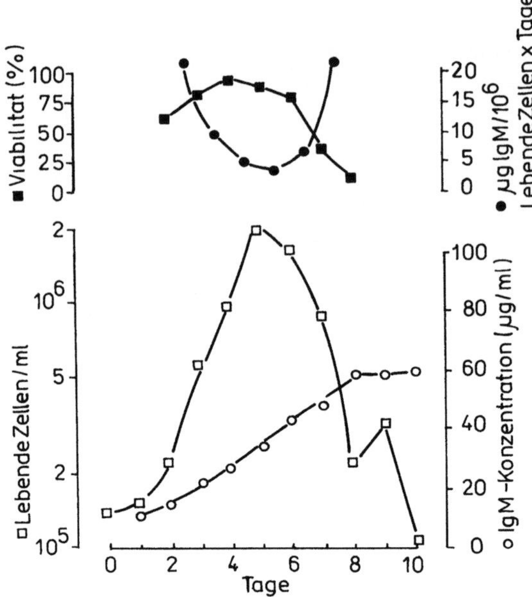

Abb. 3. Kinetik der Antikorperfreisetzung in den Kulturuberstand in Abhangigkeit von der Zahl lebender Zellen

„Ungeduld“ das bisher verhindert hat. Es sind deshalb im wesentlichen nur Hybridoma mit einer „vernünftigen“ Wachstumsrate im Gebrauch.

Als Kriterien der Wahl einer Kultivierungsmethode (Batch, kontinuierliche Kultur, etc.) stehen uns daher nur Erfahrungen zur Verfügung, die aus schnellwachsenden Linien (1 bis 2 Tage Generationszeit) gezogen worden sind. Abbildung 3 zeigt das sehr typische Bild der Wachstums- und Produktbildungskinetik einer durchschnittlich produktiven Maus-/Maus-Hybridomalinie (Batch-Kultur in einem Airlift-Reaktor).

Besonders auffallend ist die Tatsache, daß die spezifische Produktivität der mAK-Produktion sowohl am Beginn der Batch-Kultur (mit einem hohen Anteil an lebenden Zellen) und am Ende der Batch-Kultur (mit einem besonders hohen Anteil an toten Zellen) ein Maximum erreicht. Diese Batch-Kinetik wird vielfach beobachtet, und läßt darauf schließen, daß der „Zelltod“ letztlich nicht unwesentlich zur Produktion des Systems beiträgt. Wir wollen diesen Punkt weiter unten wieder aufgreifen, weil sich dann zeigen wird, daß ähnliche Phänomene auch in kontinuierlichen Systemen zu beobachten sind.

Produktivität

Die Produktkonzentration im Kulturüberstand ist ein wesentliches Anliegen des Technologen. Sie zeigt nicht nur, daß ein System optimiert ist, sondern beeinflußt ganz entscheidend die nachgeschalteten Prozeßstufen und damit den Gesamtertrag.

Die Produktkonzentration wird generell von zwei Faktoren beeinflußt:

1. Von der optimalen Zusammensetzung des Nährmediums.
2. Von der spezifischen Produktivität der verwendeten Zellinie.

Ich möchte mich hier auf die Aussage beschränken, daß mit der Qualität eines Nährmediums die Prosperität eines Prozesses qualitativ und quantitativ festgelegt wird. In der Optimierung des Nährmediums liegt demnach das technologische Potential schlechthin. Die theoretisch erzielbaren spezifischen Zelldichten und spezifischen Produktivitäten sind davon unmittelbar beeinflußt. Demnach kann die Nährmedienoptimierung für Säugetierzellen generell als unterentwickeltes Gebiet bezeichnet werden.

Das Hauptproblem bei der Auslegung von Nährmedien für Säugetierzellen in vitro stellt deren mangelhaftes „Selbstregulationspotential" dar, d. h. Säugetierzellen neigen in vitro dazu, ein Überangebot von Nährstoffen unkontrolliert zu metabolisieren und daraus bisweilen toxische Intermediäre zu bilden (ganz im Gegensatz zu Mikroorganismen, die in der Regel nur die notwendigen Mengen aus einem Überangebot aufnehmen). Die Feinregulation in der Aufnahme von Nährstoffen und deren ökonomischer Metabolisierung ist vielfach nicht vorhanden. Wie könnte es sonst erklärbar sein, daß beispielsweise Schwankungen um das 40fache im spezifischen Glukoseverbrauch von transformierten Säugetierzellen in vitro festzustellen sind, je nach der aktuell verfügbaren Konzentration von Glukose im Nährmedium [6].

Ein Optimierungsprogramm müßte dieses mangelhafte Regulationspotential der Säugetierzellen in vitro sowohl durch ein ausgeglichenes Angebot der einzelnen Komponenten des Nährmediums zueinander, d. h. durch Ausgewogenheit der einzelnen Konzentrationen zueinander als auch durch deren kontrollierte Zufuhr berücksichtigen. Mit anderen Worten bedeutet das, daß sich ein Nährmedium für eine Batch-Kultur (geschlossenes System) in seiner quantitativen Zusammensetzung (d. h. in seiner Balanciertheit) gegenüber einer Nährmedienauslegung für eine Perfusionskultur (offenes System) unterscheiden müßte. Das wird bisher in der Praxis der Zellkultur noch nicht berücksichtigt. Alle derzeit unter Markennamen gehandelten Medien sind typische Batch-Auslegungen.

Die gegenwärtig geübte Praxis sucht die Problemlösung im Kompromiß, nämlich den Ausgleich der Unausgewogenheit durch Zellimmobilisierung und kontinuierliche Perfusion. Dadurch wird insgesamt ein ausreichendes Nährstoffangebot und ggf. eine Abfuhr toxischer Intermediärprodukte aus der Kultur erreicht. Die Unausgewogenheit im Nährstoffangebot des (Batch)-Nährmediums wird jedoch damit nicht behoben, sondern resultiert in verdünnten Produkt- bzw. Metabolitkonzentrationen (bzw. niedrigen Zelldichten, wenn man auf die Zellimmobilisierung verzichtet). Das Problem: man kompensiert mangelnde Qualität durch Quantität. Das idealisierte Modell eines Produktionssystems in Abb. 4 zeigt einige Problemlösungsansätze. Ein perfundiertes System mit hoher immobilisierter Zelldichte und in Kombination mit einem Ultrafilter würde es ermöglichen, das Produkt (z. B. einen mAK) selektiv zurückzuhalten, während niedermolekulare Bestandteile des Nährmediums und toxische Metabolite durch das System mit einer hohen Durchflußrate (F_2) durchgeschleust werden können. Im unbalancierten Medium müßte F_2 relativ hoch sein, wobei durch das Ultrafilter eine Verdünnung der mAK-Konzentration verhindert würde. Wäre es nun möglich, das Vollmedium mit allen Nährmedienbestandteilen optimal auszulegen (zu balancieren), dann könnte die Durchflußrate F_1 gegenüber F_2 relativ erhöht werden. Im Optimalfall der idealen Auslegung des Vollmediums wäre das Ultrafilter in Abb. 4 zur Rückhaltung der mAK überflüssig, und allein die Perfusion mit dem optimierten Vollmedium würde zu maximalen Produktkonzentrationen im Kulturüberstand führen. Weiter unten soll gezeigt werden, daß reale Produktionssysteme dieser Idealvorstellung zwar nahekommen, aber diese bei weitem noch nicht erreicht haben. Unsere lückenhafte Kenntnis über die ideale Zusammensetzung der Nährmedien ist somit noch immer der begrenzende Faktor einer optimalen Technologie.

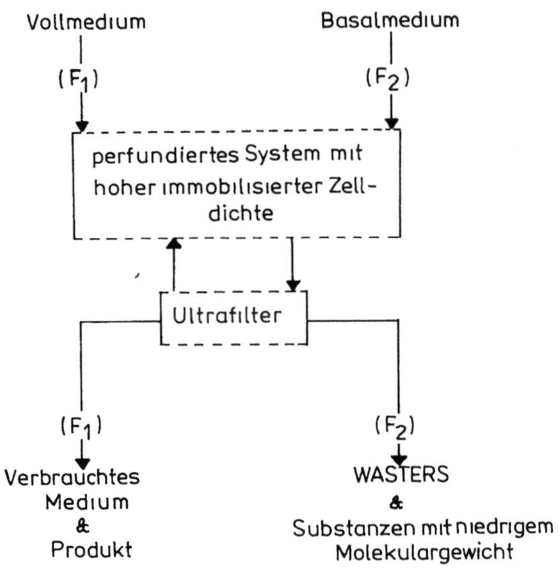

Abb. 4. Ein ideales Produktionssystem fur Sekretionsprodukte kultivierter tierischer Zellen

Die Effizienz der Produktbildung einzelner Hybridomalinien kann enorm hoch sein. Es wurden maximale spezifische Produktivitäten bis zu 130 µg IgG/10^6 Zellen und Tag mit Maus-/Maus-Hybridoma und bis zu ca. 20 µg Human IgG/$10^6 \times$ Tag mit Xenohybridoma ermittelt. Diese hohen spezifischen Produktbildungsraten konnten zwar nur in einzelnen Phasen einer Batch-Kultur gemessen, nicht aber über einen längeren Zeitraum einer In-vitro-Kultur gehalten werden. Die über eine gesamte Kultivierungsperiode bilanzierten Produktivitäten sind in der Regel zwar wesentlich niedriger (vgl. Tabelle 1), liegen jedoch im Durchschnitt um eine Größenordnung über jenen Werten, die mit Expressionssystemen für andere Produkte in Säugetierzellen gemessen wurden. Das mag vielleicht eine sehr vereinfachte Betrachtung sein, mir persönlich ist jedoch bis heute kein einziger Fall einer höheren Produktivität nativer oder DNA-rekombinierter Säugetierzellen bekannt, der diese Behauptung widerlegt. B-Zell-Hybridoma für die Produktion von mAK stellen derzeit die effizientesten Produktionsvehikel der Technologie mit Säugetierzellen dar.

Tabelle 1. Produktivitat der Produktbildung mit verschiedenen Saugetierzellen (alle Ergebnisse am IAM experimentell ermittelt)

Zelltyp/Produkt	Sekretion spezifischer Antikorper µg/10^6 Zellen × Tag	
	Mittelwert	Maximum
Hybridoma/murine mAK	25	130
Hybridoma/humane mAK	4	20
Humane embryonale Nierenzellen		
diploid/Plasminogenaktivator (PA)	0.2	0.4
transformiert/PA	0.5	2

Massenkultur und Massenproduktion

Nur in Ausnahmefällen wird man bestimmte monoklonale Antikörper in so großen Mengen benötigen, die eine Erzeugung in Prozessen zur Massenkultur und Massenproduktion rechtfertigen. Solange der Jahresbedarf Grammengen nicht übersteigt, wird man mit irgendeiner beliebigen Laborproduktionstechnologie ausreichend produzieren können. Ich sehe mich daher zu einer willkürlichen Definition des Begriffes „Massenproduktion" genötigt und lege mich hierbei auf den Bedarf von mehr als 1 kg pro Jahr für einen bestimmten mAK fest. Ein derart hoher Bedarf für einen einzelnen mAK wird entweder nur als hochgereinigte Substanz für die Therapie oder für die Technologie oder wichtige diagnostische Anwendungsfälle zu rechtfertigen sein. Man kann zudem von der Annahme ausgehen, daß bei der Reinigung von mAK aus dem Kulturüberstand zur hochreinen Substanz durchschnittlich ca. 60% Reinigungsverluste auftreten. Das heißt, unser Begriff „Massenproduktion" wäre damit auf eine jährliche Produktionskapazität von mindestens 3 kg mAK festgelegt.

Diese willkürlich festgelegte Größenordnung, die in Abb. 5 aufgezeigten realen Größenordnungen für die spezifische Produktivität von Hybridoma sowie die Annahme von 200 Arbeitstagen pro Jahr ergibt den Einstieg in die Größenordnung einer Massenkultur.

Sie liegt demnach für Maus-/Maus-Hybridoma bei ca. 6×10^{11} Zellen, und für Xenohybridoma bei ca. 4×10^{12} Zellen absolut. Diese Zellmasse müßte über ca. 200 Tage pro Jahr produktiv erhalten werden.

Als „Massenkultur-Systeme" im Sinne der hier gewählten Definition wären demnach Systeme zu verstehen, die das Wachstum und die Erhaltung von mindestens 10^{12} Zellen pro Reaktoreinheit ermöglichen. Diese oder größere Zellmengen absolut in Kultur zu (er)halten, kann prinzipiell durch zwei Vorgangsweisen bzw. einer Kombination derselben bewerkstelligt werden:

1. Das „Scale up" des Reaktorvolumens, wobei die jeweilige Zelldichte sich je nach Qualität der Wachstumsmedien im Bereich von ca. 0,5 bis 5×10^6 Zellen pro ml einstellt.
2. Systeme mit Zellrückhaltung und kontinuierlicher Perfusion, die auf künstlich erhöhte Zelldichten im Reaktor abzielen. Hierbei ist wieder zu unterscheiden zwischen homogen gemischten Reaktoren (mit Zelldichten bis zu maximal 2—

3×10^7 Zellen pro Milliliter) und den statischen Erhaltungskulturen ähnlich einer Organkultur (mit extremen Zelldichten bis zu mehr als 10^8 Zellen pro Milliliter). Zu letzteren zählen Systeme, wie Hohlfasermodule [7], Wachstumsmodule mit Flachmembranen [8] oder andere. Obwohl die In-vitro-Kultivierung bei extrem hohen Zelldichten aus verschiedenen Gründen interessant ist (z. B. scheint sich ein verminderter Serumbedarf zu ergeben), möchte ich mich hier im weiteren nur mit homogen gerührten Reaktoren befassen.

Sogenannte Schlaufenreaktoren („100 p reactors") ermöglichen optimales homogenes Mischen bei minimaler Krafteintragung (vgl. Abb. 5).

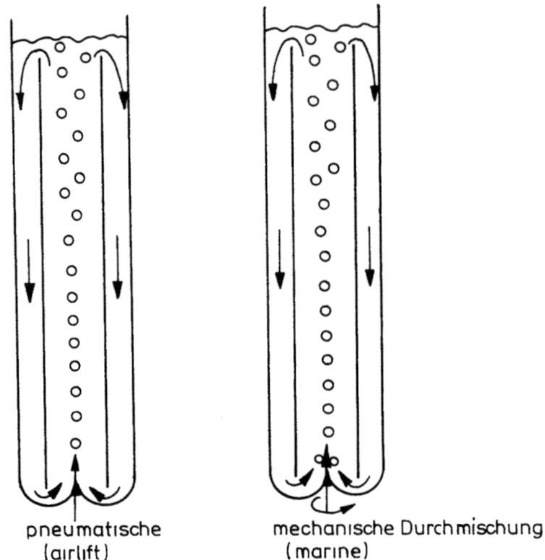

Abb. 5. Schlaufenreaktoren für die Suspensionskultur von Saugetierzellen

Schlaufenreaktoren mit pneumatischer (Airlift) oder mechanischer Durchmischung (Schiffsschraube) haben sich daher für die Säugetierzellkultur (im besonderen für Suspensionszellen) als vorteilhaft erwiesen.

Die Zweckmäßigkeit des Schlaufenreaktors als Konzept war immer unbestritten. Diskussionen gab und gibt es jedoch über die ideale verfahrenstechnische Realisierung dieses Konzeptes für die Säugetierzellkultur.

Airlift-Reaktoren

Der Airlift-Reaktor wurde vor ca. 12 Jahren von uns für die Kultur von humanen lymphoblastoiden Zellen bis zu einem Maßstab von ca. 800 l Nettovolumen eingesetzt und ist inzwischen allgemein für die Kultur von Hybridoma etabliert. Die Parameter des Airlift-Reaktors sind in Abb. 6 schematisch dargestellt: Eine schlanke Konfiguration des Kessels ist vorteilhaft, Schaumprobleme werden vermieden, wenn das Flüssigkeitsniveau (H_L) knapp über dem Umleitrohr („draft tube") liegt, die Gesamtgasmenge soll ca. 1 vvh betragen, der Belüfter soll Bläschen mit einer homogenen Größenverteilung ergeben, der Set point für den pH-Wert wird über die Beimischung von CO_2-Gas und der Set point für die Sauerstofftension wird über die Zumischung von O_2 reguliert. Auf Grund physikalischer Grundgesetze verbessert sich die Qualität des Sauerstoffeintrages und des Durchmischens im „Scale up“. Das „Scale down“ unter ca.10 Liter ist eher problematisch und erfordert schlankere Reaktorkonfigurationen, um das Verhältnis des Reaktorvolumens zur Flüssigkeitsoberfläche im Kopfraum in gleicher Relation zu halten. Ein gewisser Streß auf die Zellen dürfte im Augenblick des Austritts der Gasbläschen an der Flüssigkeitsoberfläche und beim Zerplatzen von Schaumbläschen ausgeübt werden [9]. Da sich die Relation von Flüssigkeitsvolumen zu Flüssigkeitsoberfläche im Kopfraum des Reaktors erhöht, ist verständlich, daß in Airliftreaktoren das „Scale up“ problemlos durchgeführt werden kann.

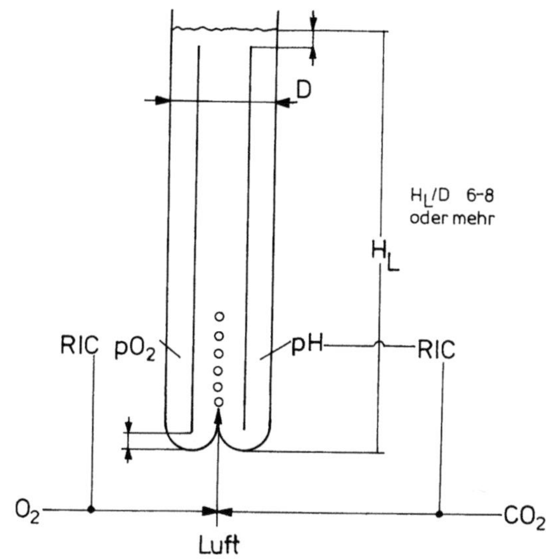

Abb. 6. Parameter des Airlift-Reaktors fur Suspensionszellkulturen

Schlaufenreaktoren mit mechanischen Rührern

Anstelle der im Airliftreaktor pneumatisch erzeugten Umwälzung der Flüssigkeit können axial fördernde Rührer (z. B. Schiffschrauben) verwendet werden. Alle Rührerkonfigurationen, die maximale Fördermengen bei minimalen Schereffekten erzeugen, sind geeignet. Die Umfangsgeschwindigkeit des Rührers soll erfahrungsgemäß 0,5 m/Sek. nicht überschreiten. Über das „Scale up“ des Rührers existiert eine umfangreiche verfahrenstechnische Spezialliteratur, und es sollten keine Probleme auftreten, wenn im „Scale up“ die Umfangsgeschwindigkeit des Rührers (V_{tip}) und der vom Rührer erzeugte Massenfluß als Leitparameter verwendet werden.

Trotz des geringen Sauerstoffverbrauches von Säugetierzellen (dieser liegt für propagierende Säugetierzellen bei ca. 0,15 µmol $O_2/10^6$ Zellen × Stunde und für stationäre Zellen bei ca. 0,05 µmol $O_2/10^6$ Zellen × Stunde) [10], wird die Wahl eines geeigneten Belüftungssystems noch immer diskutiert. Es wird befürchtet, daß sich die direkte Begasung negativ auf das Zellwachstum direkt oder indirekt (durch

Schaumbildung) auswirken könnte. Inzwischen hat sich experimentell gezeigt, daß Suspensionskulturen (nicht Mikrocarrierkulturen) relativ unempfindlich auf das Begasungssystem reagieren. Die verschiedenen Techniken der Sauerstoffversorgung sowie ihre Effizienz im Sauerstoffeintrag sind in Abb. 6 veranschaulicht. Inzwischen werden für alle in Abb. 6 aufgezeigten Belüftungstechniken von verschiedenen Apparateherstellern geeignete Vorrichtungen geliefert, so daß das Belüftungsproblem prinzipiell von der Problemliste gestrichen werden kann. Die praktischen Vor- bzw. Nachteile einzelner Belüftungssysteme sollen hier nicht näher diskutiert werden.

Tabelle 2 Immobilisierungsmethoden bei Reaktoren mit homogen durchmischten und perfundierten Säugetierzellen und Grenzen der erreichbaren Zelldichten

Immobilisierungstechnik	Maximale Dichten immobilisierter Zellen (Zellen/ml)
Externe 1 g Sedimentation und Rückführung der Zellen	3×10^7
Externe Zentrifugation (oder Mikrofiltration) und Rückführung (nur für den Gromastab)	5×10^7
Zellinkapsulierung	5×10^7
Rotationsfiltration	3×10^7
Vibrationsfiltration	3×10^7

Zellimmobilisierung

Die Zellimmobilisierung, d. h. die Rückhaltung der Zellen im Reaktor bzw. die Rückführung der Zellen in den Reaktor, ist theoretisch auf jeden homogen gemischten Reaktortyp anwendbar. Es existieren hierfür die in Tabelle 2 aufgeführten Techniken, die sich in der verfahrenstechnischen Praxis mehr oder weniger bewährt haben. Die in Tabelle 2 gezeigten Größenordnungen für erzielbare immobilisierte Zelldichten beziehen sich auf das Bruttovolumen des Reaktors. Sie sind als Maximalwerte zu verstehen und in der Praxis noch nicht erreicht. Diese Limits ergeben sich im wesentlichen aus der physikalischen Beschaffenheit der Säugetierzellen, welche sich als schwierig filtrierbar oder sedimentierbar und gegenüber mechanischem Streß als empfindlich erwiesen. In der Praxis haben sich deshalb bisher nur Immobilisierungstechniken unter Einsatz von Spinnfiltern (Vibrofilter), unter bestimmten Bedingungen die 1-g-Sedimentationen sowie Zelleinschlußtechniken bewährt.

Praktische Beispiele

Kultur im Airliftreaktor

Gemäß unserer Erfahrung können Hybridoma in der Regel problemlos in Airliftreaktoren kultiviert werden. Es ist empfehlenswert, die Inokula in Spinnerkulturen aufzuziehen. Bisweilen wurden längere lag-Phasen beobachtet, insbesondere, wenn die Zelldichte des Inokulums (unter 2×10^5) zu niedrig bemessen war.

Abbildung 7 zeigt Ergebnisse einer fortgesetzten Batch-Kultur mit einer hochproduzierenden Maushybridomalinie im 10-l-Airliftreaktor. Die allgemeinen Betriebsbedingungen entsprechen jenen aus Abb. 6 (pH = 6,9, pO_2 ca. 30% Luftsättigung). Als Nährmedium wurde DMEM mit 5% FKS verwendet.

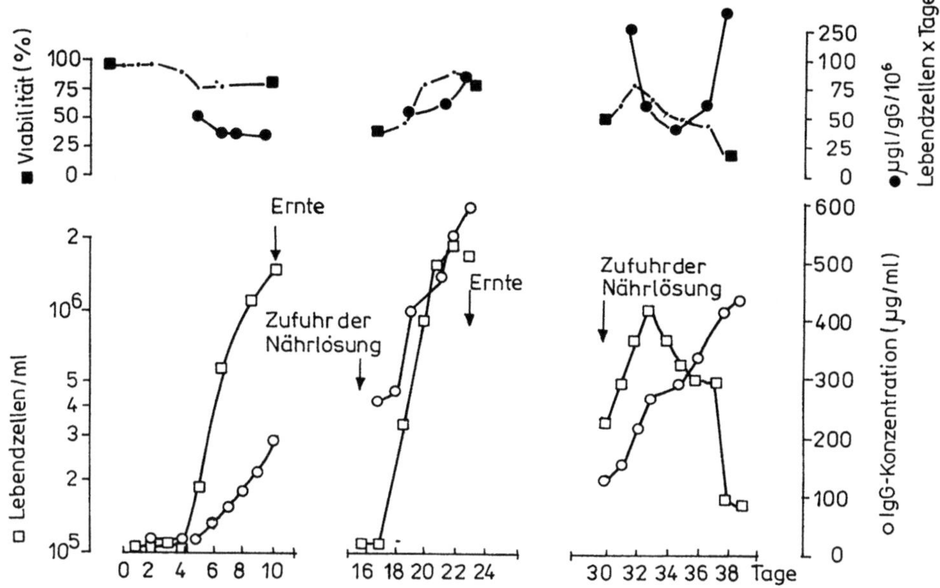

Abb. 7. Wiederholte Batch-Kulturen einer IgG-produzierenden Maus-Hybridomzellinie im Airliftreaktor

Folgende Phänomene sind bemerkenswert:

Das Wachstum der Kultur erweist sich über eine Zeitspanne von ca. einem Monat als sehr stabil (erkennbar an der Steigung der Wachstumskurven).

Die spezifische Produktbildungsrate steigt mit prolongierter Kultivierungsdauer. Sie ist jedoch innerhalb eines Batches der in Abb. 3 aufgezeigten Kinetik sehr ähnlich. Sie zeigt das typische U-förmige Bild über die Zeitspanne einer Batch-Kultur mit Maxima unmittelbar nach der Zufuhr der frischen Nährlösung (wenn die Viabilität der Zellen hoch ist) und während jener Phasen, in der die Viabilität der Zellen stark abnimmt. Die absterbenden Zellen dürften demnach zu einem Produktionsschub der mAK beitragen.

Die auf der Bezugsbasis „Lebendzellzahl" kalkulierte spezifische Produktivität ist generell hoch, aber großen Schwankungen unterworfen. Dementsprechend hoch ist auch die Konzentration der mAK im Kulturüberstand.

Mit diesem praktischen Beispiel kann sehr klar die Brauchbarkeit der Batch-Kultur im Airliftreaktor als „Produktionssystem" demonstriert werden. Dieselbe Hybridomalinie unter sonst identischen Bedingungen, jedoch als chemostatische kontinuierliche Kultur durchgeführt, zeigt ähnliche Phänomene hinsichtlich der zellspezifischen Produktivität. Wie aus Abb. 8 ersichtlich, wird auch im Chemostaten eine steigende mAK-Produktion bei niedriger Zellviabilität erhalten. Oberflächlich betrachtet, scheint demnach eine hohe Zellviabilität (bestimmt nach der Trypanblauausschlußmethode) für die mAK-Produktion gar nicht wünschenswert zu sein (vgl. auch Abb. 11). Eine genauere Analyse dieser Phänomene ist derzeit Gegenstand intensiver Untersuchungen in unserer Arbeitsgruppe.

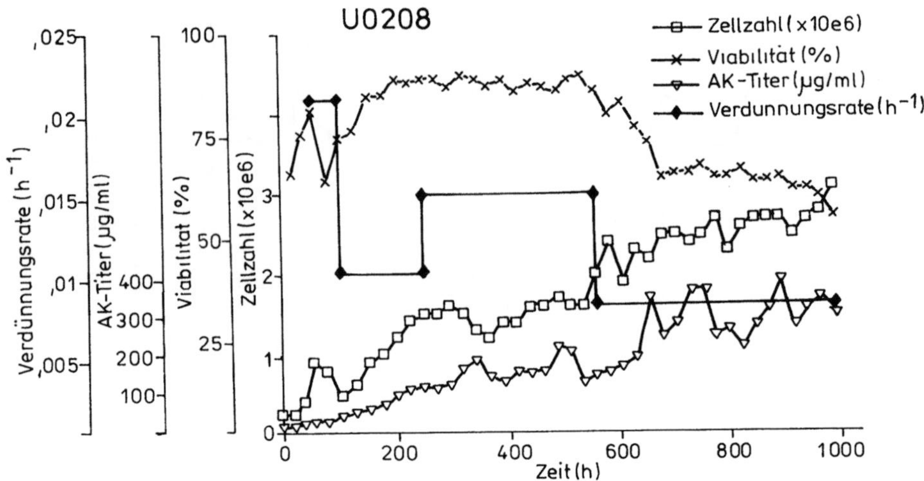

Abb. 8. Kontinuierliche Kultur einer Maus-Hybridomzellinie im 10-l-Airliftreaktor (DMEM, 5% FKS, monoklonales IgG)

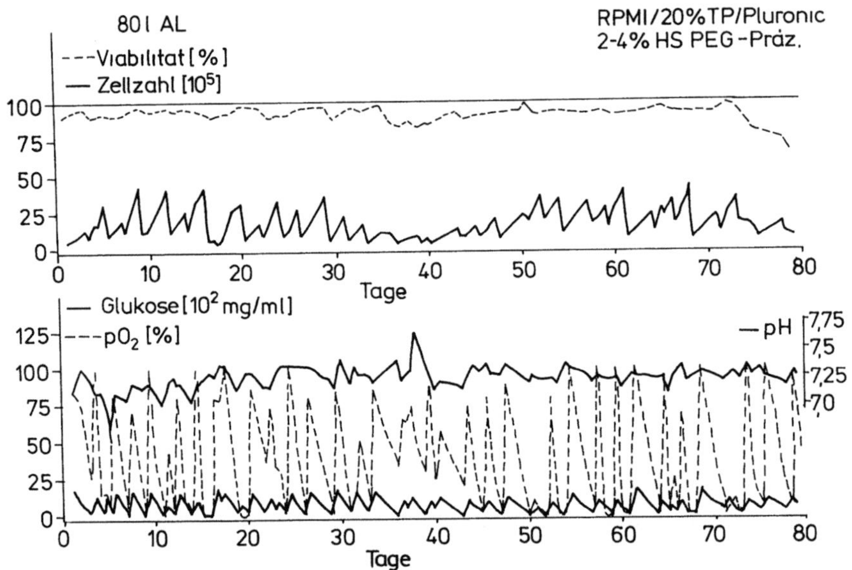

Abb. 9. Semikontinuierliche Kultur von Namalva-Zellen im Airliftreaktor (80 l)

Weiter oben wurde postuliert, daß auf Grund physikalischer Gesetzmäßigkeiten das „Scale up" im Airliftreaktor problemlos ist. Das kann auch mit realen biologischen Systemen voll bestätigt werden (vgl. die Abb. 9 und 10, die mit der freundlichen Erlaubnis der Fa. Bender und Co., Wien, gezeigt werden dürfen).

Es ist ersichtlich, daß die Kultur einer humanen lymphoblastoiden Zellinie (Namalwa) problemlos bis zu 800 l Arbeitsvolumen im Airliftreaktor über lange

Zeitspannen gehalten werden kann. Aus hier nicht näher zu erläuternden Gründen war bei den Versuchen, dargestellt in Abb. 9 und 10, auf eine Zumischung von Sauerstoff in die Zuluft verzichtet worden. Dennoch entstanden beachtliche Zelldichten bis zu $3{,}2 \times 10^6$ pro Milliliter. Es ist auch ersichtlich, daß große Schwankungen der Sauerstofftension während der semikontinuierlichen Kultur (hervorgerufen durch die Zyklen der periodischen Medienwechsel) sich nicht negativ auswirken, wie vermutet werden könnte. Insgesamt vermitteln die hier gezeigten Beispiele eine erstaunliche physiologische Stabilität der im Airliftreaktor kultivierten Zellinien. Andere, hier nicht gezeigte Ergebnisse aus Kultivierungsversuchen mit Xenohybridoma zur Produktion humaner monoklonaler Antikörper verhielten sich im Prinzip gleichartig, allerdings mit niedrigerer Ausbeute an Zellen und Produkt.

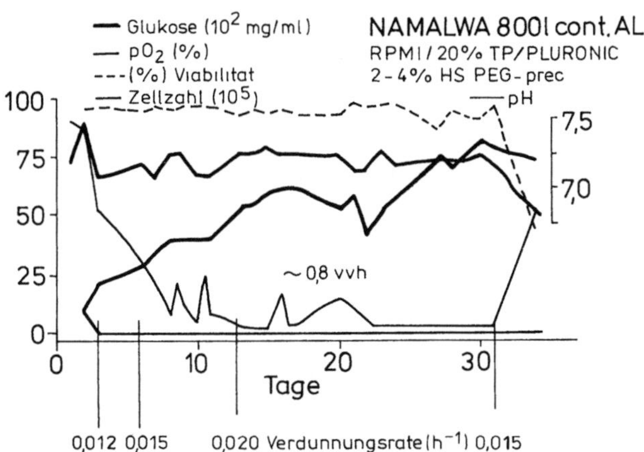

Abb. 10. Kontinuierliche Kultur von Namalva-Zellen im Airliftreaktor (800 l)

Kontinuierliche Perfusion mit Zellruckhaltung

Die Zelldichte eines In-vitro-Systems ist die physiologische Resultierende aus drei Faktoren: Dem jeweils verwendeten Zellklon, der Qualität des Mediums und der angewandten Kultivierungsmethode (d. h. Batch-Kultur oder kontinuierliche Kultur). Die kontinuierliche Kultur führt in der Regel zu höheren Zelldichten (in bezug auf eingesetzte Nährmedien) als die Batch-Kultur. Absolut ist der Zellertrag jedoch mit beiden Methoden gering und geht zudem mit der Ernte des mAK verloren. Da die Produktbildung nicht an die Zellpropagierung gekoppelt ist, kann durch verfahrenstechnische Kniffe, wie z. B. der Rückhaltung der Zellen im Bioreaktor und gleichzeitiger kontinuierlicher Perfusion mit frischer Nährlösung die Produktion der mAK wesentlich gesteigert werden. Dies läßt sich aus den Ergebnissen in Abb. 11 ableiten (die mir freundlicherweise von W. Scheirer zur Verfügung gestellt wurde). Es werden Ergebnisse einer kontinuierlichen Perfusionskultur mit einer Maus-/Maus-Hybridomalinie in einem Bioreaktor gezeigt, der mittels eines eingebauten Rotationsfilters [11] die Rückhaltung von Zellen ermöglicht. Zum besseren Verständnis der in der Abb. 11 gezeigten Ergebnisse ist es nützlich zu

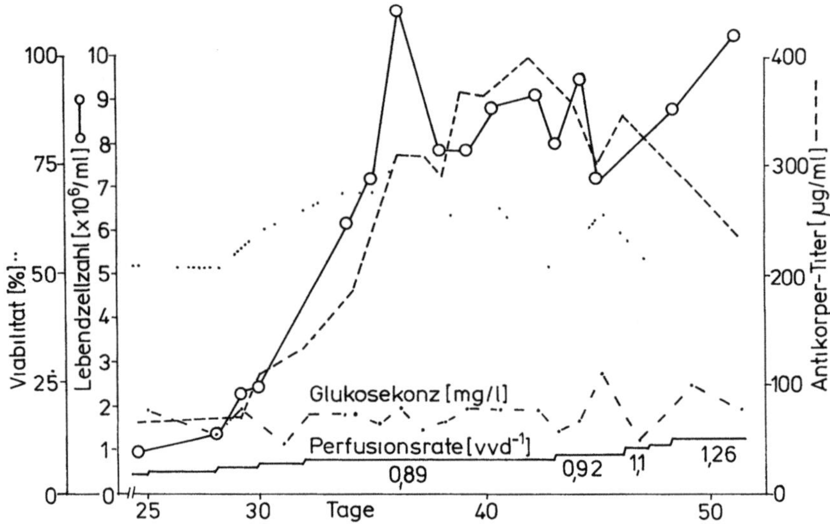

Abb. 11. Kontinuierlich perfundierte Kultur von auf einem Rotationsfilter immobilisierten Zellen eines Maus-Hybridoms

wissen, daß die hier verwendete Hybridomalinie im gleichen Nährmedium mit 5% FKS in der Rollerkultur nur eine Zelldichte von ca. 2×10^6 Zellen pro ml und eine spezifische Produktivität von ca. 15 µg IgG pro 10^6 Zellen × Tag aufweist. Wie aus Abb. 11 ersichtlich, konnte durch eine Zellrückhaltung eine Zelldichte von ca. 10^7 Zellen pro Milliliter erhalten werden. Die kontinuierliche Perfusion mit dem gleichen Medium, jedoch mit auf 1,5% reduziertem FKS-Gehalt, führte zu einer Verdopplung der spezifischen IgG-Produktion. Auch dieses praktische Beispiel zeigt, daß die IgG-Produktion ein Maximum in den Phasen annimmt, in denen die Zellviabilität niedrig ist. Ein gewisser Anteil an absterbenden Zellen erweist sich auch hier für die Produktivität des Systems als förderlich.

Schlußfolgerungen

Es konnte an einigen praktischen Beispielen gezeigt werden, daß die Massenproduktion monoklonaler Antikörper unter der Voraussetzung, daß stabile Zellklone vorhanden sind, im wesentlichen unproblematisch ist. Unter Massenkultur- bzw. Massenproduktionssystemen verstehen wir Reaktoreinheiten, die mit mindestens 10^2 Zellen in Langzeitkultur betrieben werden können. Systeme ohne Zellimmobilisierung werden demnach größenordnungsmäßig mindestens ein Reaktorvolumen von ca. 500 l haben müssen, Perfusionssysteme mit Zellrückhaltung werden mit ca. 100 l Reaktorvolumen adäquate Produktmengen liefern.

Perfundierte Systeme mit hohen immobilisierten Zelldichten zeigen physiologisch vorteilhafte Phänomene, wie erhöhte Produktivität und verminderten Serumbedarf. Es ist daher geboten, die verfahrenstechnische Basis zur Realisierung problemlos betreibbarer kontinuierlicher Perfusionskulturen mit Zellrückhaltung zu verbessern.

Die Auslegung der Nährmedien muß mit Rücksicht auf die geänderten physiologischen Bedingungen einer Perfusionskultur mit hohen Zelldichten vorgenommen werden.

Literatur

1 Köhler G, Milstein C (1975) Continuous culture of fused cells secreting antibody of predefined specificity Nature 256. 495–497
2 Grunow R, Jahn S, Porstmann T, Kießig ST, Steinkellner H, Steindl F, Mattanovich D, Gürtler L, Deinhardt F, Katinger H, von Baehr R (1988) A highly efficient human B cell immortalizing heteromyeloma CB F 7-production of human monoclonal antibodies to human immuno-deficiency virus. J Immunol Methods 106: 257–265
3. Neuberger MS (1985) Making novel antibodies by expressing transfected immunoglobulin genes. TIBS Sept 1985: 347–349
4 Katinger H, Scheirer W, Krömer E (1979) Bubble column reactor for mass propagation of animal cells in suspension culture. Germ Chem Engin 2: 31–38
5 Katinger H, Scheirer W (1982) Status and development of animal cell technology using suspension culture techniques. Acta Biotechnol Rev 2, 1. 3–41
6 Katinger H (1987) Animal cell culture. biological and technological aspects. Plenary lecture, 4th European Congress on Biotechnology, Amsterdam 14.–19. 6. 1987
7. Schönherr OT, von Gelder PTJA, von Hees PJ, von Ös AMJM, Roelofs HWM (1987) Dev Biol Stand 66. 211–220
8. Katinger H, Klement G, Scheirer W (1987) Construction of a large-scale membrane reactor system with different compartments for cells, medium and product. 7th General Meeting of ESACT, Baden, 1985. Dev Biol Stand 66: 221–226
9 Handa A, Emery AN, Spier RE (1987) Dev Biol Stand 66: 241–253
10. Katinger H (1987) Principles of animal cell fermentation. Dev Biol Stand 66· 195–209
11. Scheirer W, Verecka R, Bachmayer A (1987) Dev Biol Stand 66. 349–355

Anschrift des Verfassers: Dr. H. Katinger, Institut für Angewandte Mikrobiologie (IAM), Universität für Bodenkultur, Peter-Jordan-Straße 82, A-1190 Wien, Österreich

Moderne Methoden zur Reinigung von monoklonalen Antikörpern

A. Jungbauer und *C. Tauer*

Institut fur Angewandte Mikrobiologie (IAM), Universität für Bodenkultur, Wien, Österreich

Einleitung

Svasti und Milstein reinigten Myelomproteine von der Zellinie MOPC 21 mit Hilfe von Ionentauscherchromatographie [1].

Sie verwendeten dafür DEAE-Cellulosen. Das Myelomprotein wurde mittels Phosphatgradienten eluiert. Wenn die Reinheit des eluierten Proteins zu niedrig war, wurde das gewonnene Produkt rechromatographiert. Diese Prozedur wurde von vielen Autoren übernommen und modifiziert.

Eine sehr interessante Kationentauschermethode für Serumproteine wurde von Curling und Mitarbeitern erarbeitet [2]. Es handelt sich dabei um eine Methode zur Albuminreinigung mit CM-Sepharose. Serum wird dabei bei neutralem pH mittels einer CM-Sepharose aufgetrennt. Albumin passiert die Kolonne ungebunden, IgG und andere Serumproteine werden an die Kationentauschermatrix gebunden. CM-Sepharosen werden seit vielen Jahren nicht nur für Albuminreinigung, sondern auch für die Antikörperreinigung eingesetzt.

Eine weitere sehr beliebte Methode ist die affinitätschromatographische Reinigung mit Protein A oder mittels Anti-Antikörper [3, 4]. Hydroxylapatit [5] und hydrophobe Interaktionschromatographie [6] sind ebenfalls Methoden, die zu guten Reinigungsergebnissen führen. In diesem Beitrag werden die Ionentauschermethoden detailliert abgehandelt. Der Einfluß der Reinigungsmethode auf den monoklonalen Antikörper wird diskutiert.

Die präparative Chromatographie sollte soweit als möglich im „concentration mode“ durchgeführt werden [7]. Der Einsatz von HPLC und FPLC-Methoden nach entsprechender Vorreinigung bringt in den meisten Fällen die erforderlichen Reinheitsgrade. Dieser Schritt kann ebenfalls im „concentration mode“ durchgeführt werden. In vielen Fällen werden chromatographische Reinigungsmethoden mit nicht chromatographischen Methoden kombiniert. Aus diesem Grund werden sie zu Beginn kurz abgehandelt.

Nichtchromatographische Methoden zur Anreicherung von monoklonalen Antikörpern

Präzipitationsverfahren werden sehr häufig zur Vorreinigung von monoklonalen Antikörpern aus Ascitesflüssigkeit oder Zellkulturüberstand eingesetzt [25]. Die Ammoniumsulfatfällung [15] ist für diesen Zweck eine sehr verbreitete Methode und eignet sich auch für die Anreicherung von Antikörpern aus Kulturüberständen. Wenn eine fraktionierte Fällung durchgeführt wird, kann sogar der Antikörper zum größten Teil von Albumin getrennt werden.

Interessante Ansätze zur Vorreinigung monoklonaler Antikörper, basierend auf der schlechten Wasserlöslichkeit, werden von Steindl et al. [16] und Garcia-Gonzales et al. [17] beschrieben. Steindl et al. reinigen monoklonale IgM-Antikörper mit Hilfe von isoelektrischer Präzipitation. Dabei wird der aufkonzentrierte Kulturüberstand mit einer verdünnten Säure auf seinen isoelektrischen Punkt titriert und dabei ausgefällt, weil die Ionenstärke nicht mehr ausreicht, den Antikörper in Lösung zu halten.

Garcia-Gonzales et al. [17] nützen die Euglobulineigenschaften monoklonaler Antikörper aus. Acitesflüssigkeit wird gegen entmineralisiertes Wasser dialysiert. Das Präzipitat (per definitionem Euglobuline) wird in einem konzentrierten Puffer aufgenommen und neuerlich gegen entmineralisiertes Wasser dialysiert. Antikörper hoher Reinheit werden auch bei dieser Methode erhalten.

Ogden und Kiu Leung [18] reinigen monoklonale Antikörper durch Caprylsäurepräzipitation. Sie erreichen dabei eine sehr hohe Vorreinigung. Jedoch können sie damit nicht alle Isotypen reinigen. Für IgG 3 berichten sie, daß eine effiziente Präzipitation mißlang.

Eine Erweiterung dieser Methode ist die Kombination von Caprylsäurepräzipitation mit der Ammoniumsulfatpräzipitation [20]. Albumin wird durch Caprylsäure in der ersten Stufe entfernt. Der im Überstand enthaltene Antikörper wird in einer zweiten Stufe mit Ammoniumsulfat präzipitiert.

Neoh et al. [19] verwenden Polyethylenglycol (PEG 6000) zur Reinigung von monoklonalen Antikörpern. Sie reinigen mit der Methode sowohl IgG- als auch IgM-Antikörper. Der Reinigungseffekt ist bei IgM höher als bei IgG, da IgM mit niedrigeren PEG-Konzentrationen ausgefällt werden kann als IgG.

HPLC/FPLC Methoden und radiale Chromatographie

Überblick über HPLC- und FPLC-Methoden

Sehr viele Autoren verwenden FPLC- und HPLC-Methoden zur Reinigung von monoklonalen Antikörpern aus Ascitesflüssigkeit. Der Antikörper liegt in höherer Konzentration als 1 mg/ml vor. Hydroxylapatit eignet sich gut zur Reinigung von Antikörpern aus Ascitesflüssigkeit [21, 22]. Eine Abtrennung von murinem polyklonalem IgG vom monoklonalen Antikörper ist unter gewissen Voraussetzungen möglich.

Die Anionentauscherchromatographie mit Mono-Q-Säulen ist eine sehr universelle Methode [23]. Eine Koreinigung von Transferrin wird bei diesen Methoden sehr oft beobachtet. Auch die Reinigung von IgM gelingt mit Hilfe von Mono-Q. Pavlu et al. [25] zeigen, daß hydrophobe Interaktionschromatographie, Adsorptionschromatographie mit Hydroxylapatit und Ionentauscherchromatographie gleichwertige Methoden darstellen. Chen et al. [32] vergleichen Mono-Q, Superose-6- und Abx-Säulen für die Reinigung von monoklonalem IgM [32].

Es gibt eine Reihe von Möglichkeiten, monoklonale Antikörper zu reinigen. In dieser Arbeit möchten wir auf die Ionentauschermethoden und die radiale Chromatographie näher eingehen, da sie sich für das Scale up sehr gut eignen.

Physikalische und chemische Eigenschaften der monoklonalen Antikörper, die für die Ionentauscherchromatographie relevant sind

Die Titrationskurve und der isoelektrische Punkt (IEP) eines monoklonalen Antikörpers (mAK) sind wichtige Eigenschaften, die schon am Beginn der Ausarbeitung der Reinigungsstrategie bekannt sein müssen [8]. Der IEP von monoklonalen Antikörpern liegt in der Regel zwischen 5 und 9. Die Kenntnis dieses Wertes auf eine pH-Einheit genau ist entscheidend dafür, welche Methode zur Reinigung des Antikörpers herangezogen wird. Welche Differenz zwischen IEP und pH-Wert der Lösungen gewählt werden muß, um eine Bindung zu erhalten, hängt von der Methode ab [9].

Schnellbestimmung des isoelektrischen Punktes (IEP) aus dem Kulturüberstand

Ein isoelektrisches Fokussierungsgel mit einem pH-Gradienten von 3–9 wird anstatt einer konventionellen Färbung auf ein Nitrozellulosepapier geblottet und anschließend mit Anti-Antikörper-Enzymkonjugaten entwickelt [34]. So ist es möglich, den IEP aus dem Kulturüberstand ausreichend genau für die eben besprochenen Zwecke zu bestimmen.

Wahl der Methode nach isoelektrischem Punkt

Nachdem der IEP aus dem Kulturüberstand bestimmt wurde, kann die entsprechende Methode gewählt werden. Die Begleitproteine sollen nach Möglichkeit ungebunden die Säule passieren. Der mAK soll gerade noch an den Ionentauscher gebunden werden. Durch die Wahl solch selektiver Bedingungen ist eine hohe Konzentrierung und eine spezifische Anreicherung gewährleistet. Die Einhaltung derartiger Bedingungen ist aber nicht immer möglich.

Wenn der mAK einen sehr tiefen IEP besitzt, kann dieses Konzept nicht mehr verfolgt werden. Ein zu niedriger pH-Wert würde Proteasen aktivieren und den stabilen Kulturüberstand zersetzen. Das gesamte Protein muß daher an die Säule gebunden und anschließend stufenweise von ihr eluiert werden. Ob radiale Chromatographie oder konventionelle Chromatographie gewählt werden, hängt mehr von betriebswirtschaftlichen Überlegungen, als von rein technischen oder methodischen ab [10].

Es gibt keine absolut gültige Methode zur Reinigung von mAK. Es existieren eine Reihe von Methoden, die zum gewünschten Ziel führen, wenn sie richtig angewendet werden.

Strategien zur Reinigung von mAK

In Abb. 1 sind die Fließschemata einiger Reinigungsverfahren dargestellt. Die Anionentauschermethoden sind eher für die Ankonzentrierung von mAK mit niedrigem IEP geeignet (Route A). Die Kationentauschermethoden eignen sich für mAK mit neutralem und alkalischem IEP (Route B).

Der Vorteil der Route B liegt in der hohen Kapazität der Säule. Der größte Teil der Verunreinigungen (Rinderserum-Albumin und Transferrin) passiert die Säule. Aus diesem Grund kann sehr viel IgG an die Säule gebunden werden. Bei richtiger Wahl der Bedingungen kann eine Konzentrierung auf das 30fache und eine spezifische Anreicherung auf das 50fache leicht erreicht werden. Dieser Weg wurde auch von Menozzi et al. [26] beschrieben. Sie setzen ein SP-Zetaprep als Kationentauscher ein. Die Kationentauscherchromatographie kann mit ähnlich hohen Flußraten durchgeführt werden, wenn S-Sepharose-„fast flow" eingesetzt wird [27, 28].

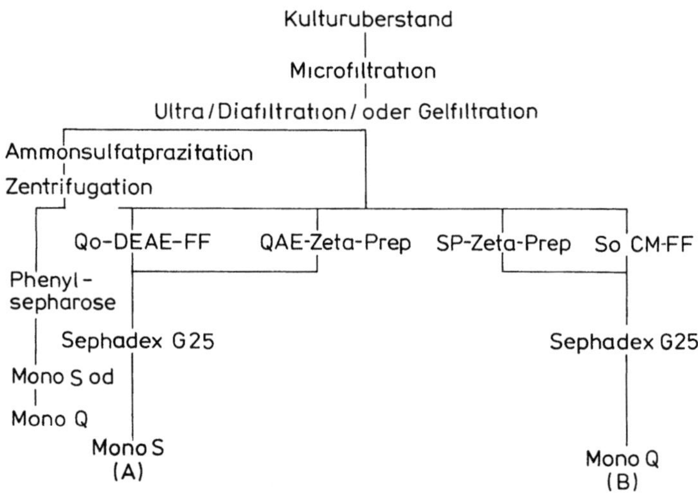

Abb. 1. Schematischer Überblick über die Reinigung von monoklonalen Antikorpern aus Kulturuberstand

Die richtigen Bedingungen werden wie folgt gewählt:

Der Puffer sollte eine Elektrolytkonzentration von 10 bis 100 mM besitzen.

Der pH-Wert des Beladungs-Puffers sollte mindestens 1 pH Einheit tiefer als der IEP des mAK sein.

Die Flußrate kann bei den erwähnten Gelen im oberen Bereich liegen. 250 cm/h Stunde sind ein erster Ansatzpunkt, obwohl 400 cm/h von der physikalischen Stabilität noch sehr gut durchführbar wären.

Das Verhältnis von H/D der Säule sollte bei 0,5 liegen.

Für die Elution sollte ein Stufengradient eingesetzt werden (Natriumchlorid). Der mAK wird bei richtiger Wahl des Puffers und pH-Wertes zwischen 50 und 250 mM NaCl eluiert. NaCl stabilisiert Immunglobuline. Andere chaotrope Agenzien sind in der Regel nicht notwendig.

Eine Theorie, warum Biopolymere durch minimale Änderung der Salzkonzentration eluiert werden können, stellten Velayudhan und Horvath [33] auf.

Die Regeneration mit 1 M NaCl ist ausreichend. Die Reinigung mit Natronlauge ist nicht nach jedem Zyklus erforderlich.

Liegt der IEP des mAK zu tief, dann muß Route A gewählt werden [10, 30]. In diesem Fall muß fast das gesamte Protein auf die Säule gebunden werden; die Bindungskapazität für den mAK ist dadurch entsprechend geringer. Konzentrierungsfaktoren um das 10fache und spezifische Anreicherungen um das 5fache sind trotzdem leicht zu erreichen.

Die richtigen Bedingungen werden wie folgt gewählt:

Das Beladen der Säule sollte bei einem pH-Wert, der so hoch als möglich ist, durchgeführt werden. Bei den in Abb. 1 angeführten Methoden ist ein pH-Bereich von 8 bis 8,5 optimal. Die Matrix entfaltet hier die höchste Kapazität. Im stark alkalischen Bereich nimmt die Kapazität der quartanaren Ammoniumbasen wieder ab.

Die Ionenstärke während des Beladens muß mindestens 10 – 100 mM an Elektrolyt betragen.

Der mAK sollte mit einem Stufengradienten eluiert werden. Bei 50 bis 250 mM NaCl wird in den meisten Fällen der mAK in zufriedenstellender Reinheit eluiert. Das H/D-Verhältnis sollte zwischen 2 und 4 gewählt werden, um eine Kontamination des mAK mit Rinderserumalbumin und anderen Proteinen während der Elution zu verhindern.

Höhere Elektrolytkonzentrationen verringern den Aufwand für das Äquilibrieren

Endreinigung des mAK

Für die Feinreinigung des monoklonalen Antikörpers sind HPLC-Methoden zu empfehlen. Diese können ebenfalls mit Ionentauschersäulen durchgeführt werden. Die Elutionsbedingungen können bei den HPLC-Methoden viel feiner und genauer auf den Antikörper abgestimmt werden. Viele Autoren bevorzugen in dieser Stufe den „purification mode“ [10]. Ein kleines Volumen an Proteinlösung (1 – 10%, bezogen auf das Säulentotalvolumen) wird auf die Säule aufgetragen und mit einem Salzgradienten eluiert. Es ist aber auch hier der „concentration mode“ anwendbar. Ein Vielfaches an Proteinlösung bezogen auf das Säulentotalvolumen an Proteinlösung, wird über die Säule gepumpt und anschließend mit einem Stufengradienten eluiert. Diese Methode ist für große Volumina anzuraten.

Ein Beispiel für eine solche Reinigung in „concentration mode“ ist in Abb. 2 beschrieben. Die Feinreinigung wird wie mit Hilfe einer Mono-S-FPLC-Säule durchgeführt.

Die Kapazität dieser Säule unter Verwendung eines „concentration mode“ (Abb. 2), liegt bei 500 mg mAK. Endkonzentrationen bis zu 27 mg IgG/ml wurden erreicht.

Die vielen methodischen Arbeiten über die Reinigung von murinen Antikörpern sind auf die schlechte Bindung an Protein-A zurückzuführen. Maus IgG bindet in der Regel um das 100fache schwächer an Protein-A als humanes IgG [29]. Für humane monoklonale Antikörper ist die affinitätschromatographische Reinigung mit Protein-A die Methode der Wahl. Protein-G, ein verwandtes Bindungsprotein zu Protein-A, das von Streptokokken gewonnen wird, bindet wie

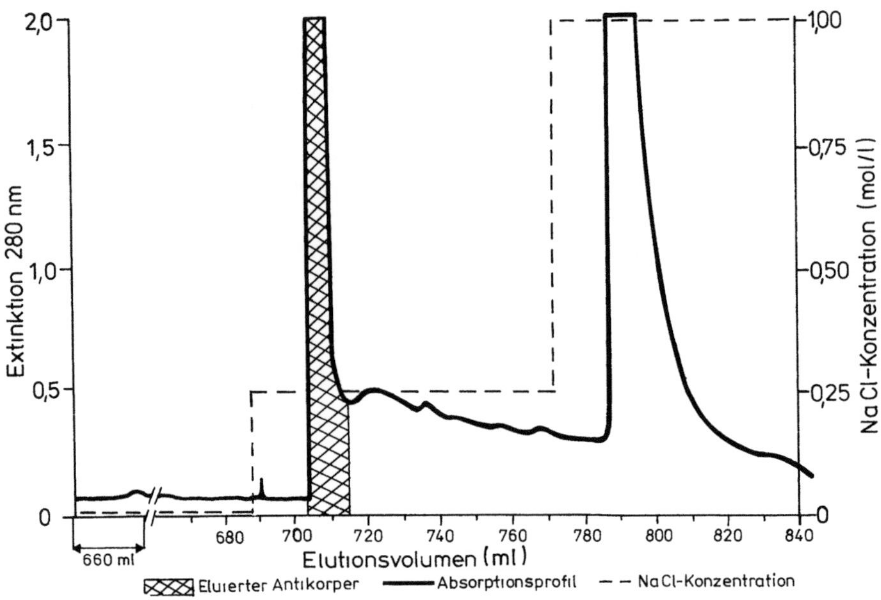

Abb. 2. Reinigung eines mAK aus Zellkulturuberstand mit FPLC (IEP = 5,7 – 6,2). Bedingungen Mono S HR 20/10, 20 mM Citrat pH 5,2, Elution mit 20 mM Tris/HCl pH 7,2, 250 mM Salz Regeneration mit 1 M NaCl Fluß 8 ml/min Der schraffierte Peak zeigt den eluierten Antikorper an

Protein-A über den FC-Teil der Antikörper [31]. Protein-G bindet auch murine Antikörper sehr gut.

Von Clezardin et al. [24] wurde eine Ionentauschermethode in Kombination mit einer Gelchromatographie für die Reinigung von IgM-Antikörpern beschrieben. Die Säulen werden bei dieser Methode in Serie geschalten.

Der Einfluß der Chromatographie auf die Mikroheterogenität des Antikörpers

Die Mikroheterogenität der Antikörper ist durch die unexakte Glykosilierung bedingt. Die schweren Ketten der einzelnen Antikörpermoleküle werden verschieden stark glykosiliert. Die Oligosaccharide sind nicht immer fukosiliert, des weiteren fehlt oft die endständige Neuraminsäure. Durch das teilweise Fehlen der Neuraminsäure, die einen großen Beitrag zur Gesamtladung des Antikörpermoleküls leistet, läßt sich diese große unterschiedliche elektrophoretische Mobilität erklären, die auch in der SDS-Polyacrylamidgradientenelektrophorese erkennbar wird. Diese Elektrophoresemuster, bedingt durch die Mikroheterogenität, lassen sich auch durch einen Westernblot mit Ziege-Anti-Maus-γ-Kette/HRPO-Konjugat bestätigen (siehe Abb. 3 und 4). In der isoelektrischen Fokussierung ist dieses Bandenmuster schon sehr lange bekannt. Um zu beweisen, daß die Mikroheterogenität von den Zellen selbst verursacht wird, und daß keine äußeren Einflüsse zu diesem Ergebnis geführt haben, muß der mAK während verschiedener Zeiten in einer Kultur verglichen werden. Dazu eignet sich der tubuläre Filmreaktor

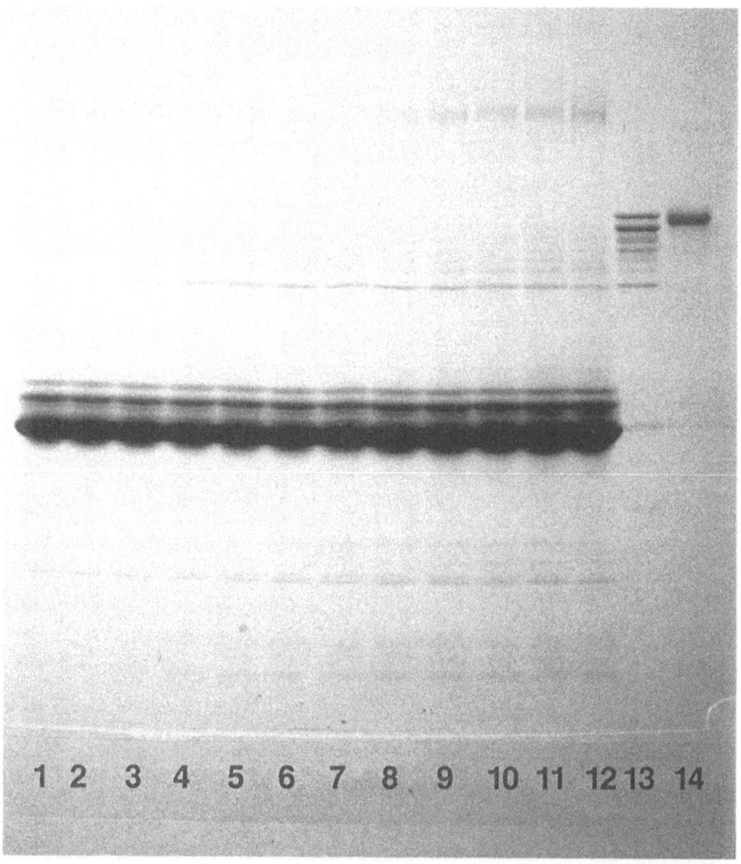

Abb. 3. SDS-Polyacrylamidgradientenelektrophorese eines murinen Hybridomakulturüberstandes der in einen tubulären Filmreaktor produziert wurde. *Bahn 1* frisches Kulturmedium, *Bahn 2–12* Kulturüberstand vom 2.–11. Segment, *13* gereinigter monoklonaler Antikörper, *14* Maus IgG polyklonal

hervorragend [11]. Er ist dem Röhrenreaktor ähnlich, ist segmentiert und zeigt noch intensiver die Charakteristik einer Batchkultur, weil die Biomasse künstlich zurückgehalten wird. Die einzelnen Segmente präsentieren den zeitlichen Verlauf einer Batchkultur mit gleichzeitiger Konzentrierung der Biomasse.

Wie in Abb. 3 und 4 zu sehen ist, ändert sich das relative Bandenmuster vom 1. bis zum 9. Segment nicht. Die Intensität der gefärbten Proteinbanden wird stärker, aber die Relationen zueinander ändern sich nicht. Der Einfluß von Proteasen als Ursache für diese Elektrophoresemuster kann dadurch ausgeschlossen werden, da sich sonst das Bandenmuster während der Kulturdauer ändern müßte.

Das Bandenmuster beim gereinigten mAK unterscheidet sich aber stark vom mAK im Kulturüberstand. Dieser spezielle Antikörper wurde mit der Methode A (siehe Abb. 1) gereinigt. Durch die Ionentauschermethoden wurden bestimmte Moleküle bevorzugt gebunden und andere nicht. Proteolytischer Abbau kann nicht nachgewiesen werden, da im niedermolekularen Bereich keine mAK-Bruchstücke

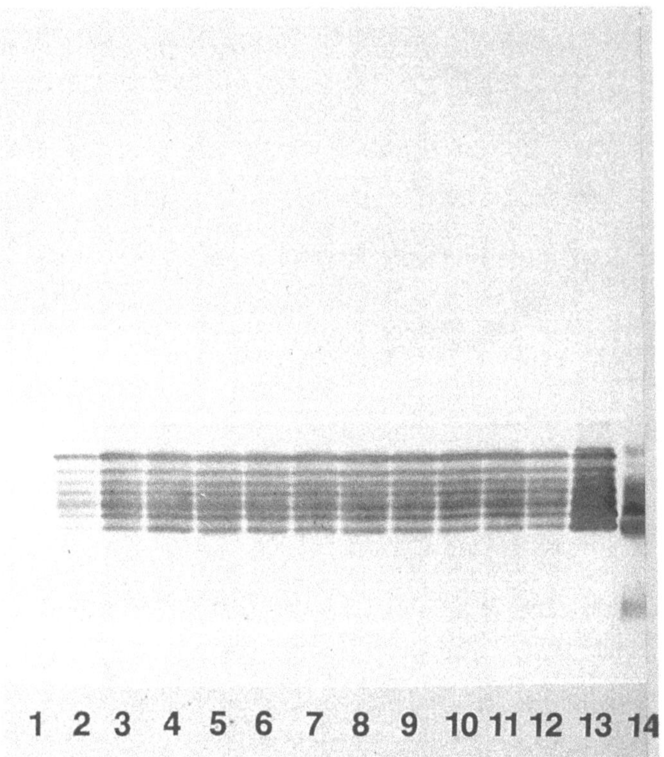

Abb. 4. Westernblot vom murinen Hybridomakulturuberstand und einem gereinigten Antikörper. Die Elektrophoresbedingungen sind wie in Abb. 3 Das geblottete Protein wurde mit Ziegen-Anti-Maus-γ-Kette/HRPO spezifisch gefarbt Bahnen wie unter Abb. 3

detektiert werden können. Nur Spuren von leichten und schweren Ketten werden gefunden. Die ersten vorläufigen Ergebnisse zeigen, daß die Reinigungsmethoden einen Einfluß auf die Qualität des mAK haben. Wenn der Antikörper in Experimenten verwendet wird, bei denen die Glykosilierung einen Einfluß hat, ist auf die Mikroheterogenität besonders zu achten.

Anforderungen von mAK für Therapie und Diagnostik

Auf spezielle Anforderungen an mAK, wie Avidität, Spezifität und Subklasse, wird hier nicht eingegangen. Es sollen nur die wichtigsten Anforderungen aus pharmazeutischer Sicht kurz gestreift werden.

Pyrogengehalt

Wie in allen pharmazeutischen Produkten sollte der Pyrogengehalt µg/l Endotoxin nicht überschreiten [12]. Der Zellkulturüberstand ist in der Regel pyrogenfrei. Bei sachgemäßer Durchführung des Reinigungsverfahrens werden kaum Pyrogene durch die Chromatographie oder bei anderen Behandlungsschritten eingeschleppt. Im Gegenteil, durch die Chromatographie werden sehr oft Pyrogene zurückgehalten, die erst wieder beim Regenerationsvorgang aus der Säule entfernt werden.

Der Vorteil der Ionentauschermethoden gegenüber der Affinitätschromatographie mit Protein-A oder Hydroxylapatit liegt in der leichten Regenerierung der Gele Fast-flow-Gele oder Mono Beads (Mono S, Mono Q) können mit 0,1 M NaOH behandelt werden. Dadurch werden Pyrogene zerstört und gelöst.
S, CM, Q, oder DEAE-Sepharose-„fast-flow" können sogar über Wochen in Natronlauge gelagert werden.

Spezifische Reinheit

Die spezifische Reinheit sollte sehr hoch sein, wenn der mAK in der Therapie eingesetzt wird. Eine Immunisierung mit denaturierten Rinderproteinen, die aus dem Zellkulturmedium stammen, erscheint sehr bedenklich. Die spezifische Reinheit laßt sich sehr schwer feststellen. Die SDS-Elektrophorese mit anschließender Silberfärbung ist die sensitivste und geeignetste Methode für diesen Zweck.

DNA-Gehalt, Reverse-Transkriptasegehalt

Der DNA-Gehalt von Produkten, die aus transformierten Zellen gewonnen wurden, sollte under 100 pg pro Dosis liegen. Der Wert beruht auf der Annahme bzw. Berechnung, daß in dieser geringen Menge an DNA kaum Onkogene vorkommen. Eine genaue Erläuterung dieses Grenzwertes findet man bei Petriciani [13].

Eine Extradepolymerisation der DNA, wie bei rekombinanten Produkten, die aus E.-coli-Homogenat extrahiert werden müssen, erscheint bei der Gewinnung von mAK aus Zellkulturuberständen uberflüssig. Auf Reverse-Transkriptaseaktivität im Endprodukt sollte auf jeden Fall getestet werden. Daß Retroviren in einer Hybridomkultur mitvererbt werden, ist nicht unwahrscheinlich. Weitere Details über die Beschaffenheit von mAK-Präparationen sind in zwei Empfehlungen [13, 14] sehr gut zusammengefaßt. Sie bieten eine sehr gute Richtlinie für Personen, die mit der Produktion, Kontrolle und Anwendung von Hybridomen betraut sind. Reverse-Transkriptase kann in der Regel im Kulturüberstand nicht detektiert werden.

Zusammenfassung

Die Reinigung von mAK aus Hybridomakulturüberstand kann auf Ionentauscher oder Affinitätschromatographie aufgebaut sein. Der Einfluß der Ionentauschermethoden auf die Mikroheterogenitat der Antikörper ist nicht zu leugnen. Das elektrophoretische Bandenmuster verändert sich während des Reinigungsprozesses, aber nicht während der Kultur der Hybridomas

Auswahlkriterien für die Ionentauscher werden ebenfalls beschrieben. Der isoelektrische Punkt der mAK ist das wichtigste Kriterium für die Auswahl des Ionentauschers. Fur den Anionentauscher gilt, daß die Arbeitsbedingungen bei pH 8,0 – 8,5 liegen, für den Kationentauscher gilt, daß mindestens 1- bis 1,6-pH-Einheiten unter dem IEP gearbeitet werden sollte.

Literatur

1 Svasti J, Milstein C (1972) The disulphide bridges of a mouse immunglobulin G 1 protein Biochem J 126 837–850

2. Curling J, Berglof J, Lindquist L, Erikson S (1977) A chromatographie procedure for the purification of human plasma albumin. Vox Sang 33 97–107
3 Lee S, Gustafon M, Pickle DV, Flickinger M, Musehik G, Morgan A (1986) Large scale purification of murine antimelanoma monoclonal antibody. J Biotechnol 4 189–204
4 Jungbauer A, Steindl F, Wagner K, Wenisch E, Rüker F, Katinger H (1984) Studies on methods for purification of monoclonal antibodies from ascites fluid and cell culture supernatant Proceedings, III European Congress on Biotechnology, München, 1984
5. Smith G, McFarlane R, Reisner H, Judson G (1984) Lymphoblastoid cell produced immunoglobulins. Preparative purification from culture medium by hydroxylapatite chromatography Anal Biochem 141: 432–436
6 Jungbauer A, Wenisch E (1989) High performance Liquid chromatography and related methods in purification of monoclonal antibodies In: Mizrahi A (ed) Advances in biotechnological processes Alan Liss, New York, pp 161–192
7 Janson J, Hedman P (1987) On the optimization of process chromatograph proteins Biotechnol Progr 3· 9–13
8 Bosisio A, Loeherlein C, Snyder R, Righetti G (1980) Titration curves of protein by combined isoelectric focusing-electrophoresis in highly porous polyacrylamide matrices J Chrom 189: 317–330
9 Yang V, Langer R (1985) pH-dependent binding analysis a new and rapid method for isoelectric point estimation. Anal Biochem 147. 148–155
10 Jungbauer A, Unterluggauer F, Steindl F, Rüker F, Katinger H (1987) Combination of ZetaPrep Mass ionexchange media and high performance liquid chromatography for the purification of high-purity monoclonal antibodies. J Chromatogr 397· 313–320
11. Katinger H (1987) Principles of animal cell fermentation Dev Biol Stand 66. 195–209
12 Siefert G, Godau H (1983) Die Problematik der Pyrogenprufung aus der Sicht des Bundesamtes für Sera und Impfstoffe Pharmatechnologie 3. 7 – 10
13. Petriciani J (1987) Should continuous cell lines be used as substrates for biological products. Dev Biol Stand 66. 112
14 (Autorenkollegium) Operation manual for control production, preclinical toxicology and phase I trials of anti-tumour antibodies and drug antibody. Br J Cancer 54. 557–568
15 Jonak Z (1980) Isolation of monoclonal antibodies from supernatant by $(NH_4)_2 SO_4$ precipitation In: Kennet R (ed) Monoclonal antibodies Plenum Press, New York
16. Steindl F, Jungbauer A, Wenisch E, Himmler G, Katinger H (1987) Isoelectric precipitation and gel chromatography for purification of monoclonal IgM Enzyme Microb Technol 9 361–364
17. Garcia-Gonzales M, Bettinger S, Ott S, Diver P, Kadauche J, Pauletty P (1988) Purification of murine IgG 3 and IgM monoclonal antibodies by euglobulin precipitation J Immunol Meth 111: 17–23
18 Ogden JR, Leung K (1988) Purification of murine monoclonal antibodies by caprylic acid. J Immunol Meth 111 283–284
19. Neoh S, Gordon C, Potter A, Zola H (1986) The purification of monoclonal antibodies from ascites fluid. J Immunol Meth 91· 231–235
20 McKinney M, Parkinson A (1987) A simple non-chromatographic procedure to purify immunoglobulins from serum and ascites fluid. J Immunol Meth 96: 271–278
21. Yamakawa Y, Chiba J (1988) High performance liquid chromatography of mouse monoclonal antibodies on spherical hydroxy apatite beads J Liquid Chrom 11. 665–681
22 Stanker L, Vanderlaan M, Salinas H (1985) One step purification of mouse monoclonal antibodies from ascites fluid by hydroxyl apatite chromatography. J Immunol Meth 76: 157–169
23 Burchiel S, Billmann J, Alber T (1984) Rapid and efficient purification of mouse monoclonal antibodies from ascites fluid using high performance liquid chromatography. J Immunol Meth 69: 33–42
24. Clezardin P, Aougro G, Gregor J (1986) Tandem purification of IgM monoclonal antibodies from mouse ascites fluids by anion-exchange and gel fast protein liquid chromatography J Chrom 354. 425–433
25 Pavlu B, Johanson V, Nyghlen C, Wichman A (1986) Rapid purification of monoclonal antibodies by high performance liquid chromatography J Chrom 359· 449–460

26 Menozzi F, Vanderpoorten P, Dejaffe C, Miller A (1987) One-step purification of mouse monoclonal antibodies by massion exchange chromatography on Zetaprep J Immunol Meth 99. 229–233

27. Östkund IC, Borwell P, Malm B (1987) Process scale purification from cell culture supernatants monoclonal antibodies Dev Biol Stand 66· 367–375

28. Malm B (1987) A method suitable for the isolation of monoclonal antibodies from large volumes of serum-containing hybridoma cell culture supernatants J Immunol Meth 104. 103–109

29. Richman D (1982) The binding of staphylococcal protein-A by the sera of different animal species. J Immunol 128· 2300–2305

30 Jungbauer A, Unterluggauer F, Uhl K, Buchacher A, Steindl F, Pettauer D, Wenisch E (1988) Scale up of monoclonal antibody purification using radial streaming on exchange chromatography Biotech Bioeng 32. 326–333

31 Akerstrom B, Brodin T, Reis K, Bjorck L (1985) Protein Go A powerful tool for binding and detection of monoclonal and polyclonal antibodies. J Immunol 135. 2589–2592

32 Chen F, Naeve G, Epstein A (1988) Comparison of Mono Q, Superose-6, and ABx fast protein liquid chromatography for the purification of IgM monoclonal antibodies. J Chrom 444 153–164

33 Velayudhan A, Horvath C (1988) Preparative chromatography of proteins analysis of the multivalent ion-exchange formalism. J Chrom 443 13–29

34. Hamilton RG, Roebber M, Reimer CB, Rodkey S (1987) Quality control of murine monoclonal antibodies using isoelectric focussing affinity immunoblot analysis Hybridoma 6 205–217

Anschrift des Verfassers: Dr A Jungbauer, Institut fur Angewandte Mikrobiologie (IAM), Universitat fur Bodenkultur, Peter-Jordan-Straße 82, A-1190 Wien, Österreich

Sicherheitsanforderungen an Produkte der Immun- und Gentechnik

H. P. Ferber[1] und *B. Rapf*[2]

[1] Klinikum der Johann-Wolfgang-Goethe-Universitat, Zentrum der Anaesthesiologie und Wiederbelebung, Frankfurt/Main, Bundesrepublik Deutschland
[2] Abteilung Gen- und Biotechnik, CL-Pharma AG, Wien, Österreich

Die Anstrengungen, die die pharmazeutische Industrie derzeit unternimmt, um rekombinante DNA-Techniken bei der Großproduktion von medizinisch nützlichen biologischen Präparaten einzusetzen, setzen voraus, daß Verfahren für die Standardisierung und Kontrolle dieser Produkte entwickelt werden.

Diese Verfahren müssen die Identität, Reinheit und die Stabilität des Plasmids untersuchen, die Verlaßlichkeit des Verfahrens, das bei der Herstellung des bakteriellen Saatklons eingesetzt wird, ebenso wie alle Zwischen- und Endprodukte. In vielen Fällen müssen neue Techniken für diese Tests entwickelt werden.

Die ausgedehnten Studien uber die Molekulargenetik der Viren und des Enterobakteriums Escherichia coli und seiner Plasmide haben ein klares Bild der grundlegenden Mechanismen geliefert, die bei der Replikation und bei der Verwendung der genetischen Information zum Einsatz kommen. Die Kenntnis der Struktur und die biochemischen Eigenschaften der Nukleinsäuren, die das genetische Material (Genom) aller lebenden Organismen darstellen, macht es moglich, daß die Gene im Detail analysiert werden. Außerdem wurden Techniken entwikkelt, durch die Gene von einem Organismus auf einen anderen übertragen werden können, so daß eine hochwirksame Synthese oder Modifikation ihrer Produkte erreicht wird.

Beim Gen handelt es sich um einen definierten Abschnitt eines Chromosoms, der eine spezifische Sequenz oder einen spezifischen Teil eines langen Polynukleotids umfaßt. Es kodiert für eine spezifische Funktion oder ein spezifisches Charakteristikum (Phanotyp) einer Zelle und es wird durch die Sequenz ihrer vier Basen charakterisiert — Adenin (A), Cytosin (C), Guanin (G) und Thymin (T).

Die Sequenz der Basen spezifiziert die Primärstruktur des Genproduktes. Die Dekodierung dieser Informationen und Synthese des Genproduktes wird „Expression" des Gens genannt und tritt in zwei Phasen auf. Zuerst werden die in dem entsprechenden Strang transferierten Informationen durch die Synthese einer

Komplementärkopie der Ribonukleinsäure (RNA), die messenger RNA (mRNA) genannt wird, übertragen. Das ist der Transkriptionsprozeß; darauf folgt die Translation, eine Serie von Reaktionen, zu der (a) Dekodierung der vom mRNA-Molekül getragenen Informationen und (b) die Proteinsynthese gehören.

Die Replikation und die Expression der Gene umfaßt also viele komplexe und hochspezifische makromolekulare Wechselwirkungen.

Die Organisation der Gene in höheren Organismen ist komplexer als jene in Bakterien oder Viren. Oft enthält die lineare Reihe der Informationen in einem komplexen Gen eine oder mehrere Unterbrechungen durch nicht-kodierende Sequenzen, die sogenannten Introns. Die restlichen Sequenzen, die die Informationen für Proteine kodieren, werden Exons genannt.

In der eukaryotischen Zelle wird die DNA so transkribiert, daß sie ein großes RNA-Molekül ergibt, aus dem die Introns entfernt werden, wobei ein mRNA-Molekül zurückbleibt, das dann translatiert werden kann, daß es das entsprechende Protein produziert.

Im Mechanismus der Genexpression bestimmen 6 Schlüsselfaktoren die Größe der Synthese jedes Genproduktes.

1. Die Zahl der Genkopien. Sie beeinflußt die Zahl der mRNA-Moleküle, die erzeugt werden können.

2. Die Wirksamkeit der Promotorsequenz. Verschiedene Gene haben verschiedene Promotorsequenzen und ein wirksamer Promotor gibt ein hohes Niveau an mRNA-Synthese.

3. Die Stabilität und Struktur der mRNA. Eine wirksame Synthese der mRNA enthält ein korrektes Transkriptionsterminationssignal, die tertiäre Struktur des Moleküls kann für die Stabilität auch wichtig sein, ebenso wie für die wirksame Translation.

4. Die effektive Bindung von Ribosomen für die Initiierung der Translation. Dieser Faktor variiert mit den verschiedenen Genen.

5. Die Kontrolle der Expression. Hohe Produktspiegel können für die Zellen tödlich sein und es ist daher notwendig, die Expression in Vektoren zu regulieren, die die Proteinsynthese maximieren können.

6. Die Stabilität des synthetisierten Proteins. Gene von verschiedenen Quellen können wirksam in E. coli transkribiert werden, es gibt jedoch eine Reihe von Beispielen, wo das erzeugte Protein nicht stabil war.

Eukaryotische Zellsysteme bieten gegenüber anderen Systemen bei der Erzeugung von genetisch modifizierten biologischen Produkten gewisse Vorteile. Zu diesen Vorteilen gehören:

— Produkte können in das Kulturmedium sezerniert werden,

— sezernierte Produkte werden meistens passend weiterverarbeitet (z. B. durch Glykosilierung oder Gamma-Carboxylierung) und

— Produkte, die für Bakterien tödlich sind, müssen nicht für eukaryotische Zellen tödlich sein.

Zwei große Kategorien von Säugetierzellkulturen können als Substrate für rekombinante DNA-Produkte eingesetzt werden:

1. primäre und diploide Zell-Linien mit einer begrenzten Lebensdauer, die bereits für die Produktion von Impfstoffen anerkannt sind und

2. etablierte, aneuploide Zell-Linien mit einer unendlichen Lebensdauer.

Es gibt drei verschiedene Arten von aneuploiden Zell-Linien:
— jene, die aus normalem Gewebe stammen und nicht tumorigen sind, z. B. Verozellen,
— jene, die aus normalem Gewebe stammen, aber tumorigen sind, z. B. Zell-Linien aus der Niere neugeborener Hamster (BHK) und
— jene, die aus malignem Gewebe stammen, die tumorigen sein können, wenn sie geeigneten Labortieren implantiert werden, wie z. B. HeLa Zellen.

Bei der Beurteilung von biologischen Präparaten, bei deren Herstellung rekombinante DNA-Techniken eingesetzt wurden, müssen folgende Kriterien beachtet werden:

1. Charakterisierung der Master Working Cell Bank (MWCB) durch den Hersteller.
2. Untersuchung auf Tumorigenität; Zellen aus der MWCB, die zur Herstellung gentechnischer Produkte eingesetzt werden, müssen in einem Test beurteilt werden, der von der zuständigen nationalen Kontrollbehörde anerkannt ist.
3. Verunreinigung durch zelluläre DNA; bei der Verwendung von aneuploiden Zellsubstraten besteht die theoretische Möglichkeit, daß eine potentiell onkogene DNA aus dem zellulären Genom übertragen wird.

Eine Art, dieses Problem zu umgehen, besteht darin, sicherzustellen, daß das Endprodukt nicht mehr als 10 pg/Dosis (FDA-Anforderung) oder 100 pg/Dosis (WHO-Anforderung) heterogene DNA enthält. Das Verfahren zur Reinigung des Endproduktes muß einen Reinigungsschritt (Ionenaustauscher- oder Affinitätschromatographie) enthalten, durch den die zelluläre DNA-Verunreinigung entfernt oder inaktiviert wird. Die Wirksamkeit dieses Reinigungsverfahrens muß durch entsprechende Methoden nachgewiesen werden (z. B. molekulare Hybridisierung), die bereits zur Validierung anderer gentechnisch hergestellter Produkte (z. B. inaktivierter Poliomyelitisimpfstoff) eingesetzt wurden.

Obwohl biochemische Methoden eine ziemlich genaue Bestimmung der DNA im Endprodukt ermoglichen, sollte auch unabhängig davon eine Untersuchung auf potentielle Tumorigenität durchgeführt werden. Die Untersuchung auf Tumorigenität des Endproduktes und der DNA aus den Substratzellen kann entweder in vitro oder in geeigneten Gewebszellkultursystemen oder in vivo an geeigneten Tiermodellen durchgeführt werden.

Große Probleme bei der Qualitätskontrolle treten bei der in vivo-Anwendung von monoklonalen Antikörpern durch unbeabsichtigte immunologische Kreuzreaktionen mit anderen Gewebsantigenen und durch das mögliche Vorhandensein von Viren und/oder tumorigenem Material aus der Myelomzell-Linie auf.

Für monoklonale Antikörper, die für diagnostische Zwecke in vitro eingesetzt werden, gelten oben angeführte Richtlinien nicht.

Es erscheint wichtig, daß ein flexibles Vorgehen bei der Qualitätskontrolle von monoklonalen Antikörpern gewählt wird, so daß die Bedingungen jederzeit entsprechend den Erfahrungen bei der Herstellung und bei der Anwendung modifiziert werden können. Die Bedingungen werden zu einem gewissen Grad auch durch die geplante klinische Anwendung der Produkte beeinflußt.
Maus-monoklonale Antikörper, die zur Therapie lebensgefährlicher Erkrankungen, für deren Behandlung kein ebenso wirksames Produkt zur Verfügung steht, oder die unter speziellen Bedingungen angewendet werden, bedurfen berechtigterweise einer weniger strengen Kontrolle.

Trotzdem muß entsprechend dem Zustand der jeweiligen Patienten, bei denen Maus-monoklonale Antikörper therapeutisch angewendet werden sollen, und der Nutzen/Risiko-Abwägung durch den behandelnden Arzt vorgegangen werden.

Obwohl entsprechend dem derzeitigen Stand von Wissenschaft und Technik keine schlüssigen Beweise vorliegen, daß mäusepathogene Viren auch Menschen infizieren und beim Menschen krankheitsauslösend wirken können, besteht die Möglichkeit, daß Patienten mit herabgesetzter Immunabwehr anfälliger sind. Diese Patienten sollten daher nach Anwendung von Maus-monoklonalen Antikörpern genau überwacht werden.

Zusätzliche Probleme bei der therapeutischen Anwendung von Maus-monoklonalen Antikörpern beim Menschen sind Induktion von allergischen oder anaphylaktischen Reaktionen durch heterologe Proteine. Es empfiehlt sich daher, die Belastung des Patienten durch das verabreichte Mäuseprotein so gering wie möglich zu halten. In diesem Zusammenhang erscheint es günstiger, Myelomzellen für die Fusion mit murinen oder menschlichen B-Lymphozyten zur Hybridombildung zu verwenden, die selbst keine Immunglobulinketten synthetisieren.

Viele der allgemeinen Anforderungen an die Qualitätskontrolle von biologischen Produkten, wie Nachweis der Wirksamkeit, Untersuchung auf abnormale Toxizität, Nachweis der Pyrogenfreiheit, Nachweis des Fehlens negativer immunologischer Reaktionen und des Fehlens anderer Verunreinigungen, Nachweis über Stabilität der Arzneiform, Nachweis der Freiheit von antibiotischen Zusätzen, etc. gelten ebenso für monoklonale Antikörper, die zur systemischen Anwendung an Patienten bestimmt sind oder die zur Herstellung von Produkten verwendet werden, die beim Menschen angewendet werden sollen. Diese empfohlenen Richtlinien berücksichtigen allerdings nur monoklonale Antikörper aus Maus-Maus-Hybridomzellen. Monoklonale Antikörper, produziert von Hybridomzellen anderen Ursprungs, bedürfen noch zusätzlicher Kontrollmaßnahmen.

Anforderungen bezüglich Analyse und Standardisierung von Hybridomzellen und von monoklonalen Antikörpern

Herstellung und Charakterisierung der Hybridomzellen und der von diesen Zell-Linien produzierten monoklonalen Antikörper

— Die Quelle, der Name und die Charakteristika der ursprünglichen Myelomzell-Linie müssen angegeben werden.

Detaillierte Angaben über die von diesen Zell-Linien synthetisierten und/oder sezernierten Immunglobulinketten sollten ebenfalls vorliegen.

— Die Herkunft der ursprünglichen Immunzellen zusammen mit Einzelheiten über Species, Stamm, Immunisierungsmethode, Herkunft und Charakterisierung des Immunogens müssen angegeben werden.

— Für die Beurteilung der Effektivität des Klonierungsverfahrens müssen exakte Beschreibungen der Fusionstechnik, der Klonierungs- und Reklonierungsverfahren mit entsprechenden Daten vorliegen.

— Detaillierte Angaben über Charakteristika der Hybridomzell-Linie inklusive Spezifizierung der Immunglobulinklasse und -subklasse des von der Zell-Linie sezernierten monoklonalen Antikörpers müssen vorliegen. Vor allem muß offengelegt werden, ob die Zell-Linie Myelomimmunglobulinketten sezerniert.

— Ferner muß nachgewiesen werden, daß die Zell-Linie bezüglich der Antikörperproduktion stabil ist und über das bei der Routineproduktion verwendete Passageniveau hinausgeht. Vorsichtsmaßnahmen zur Vermeidung von Kontaminationen mit anderen Zellen (unabhängig von ihrer Natur) müssen getroffen und eingehalten werden.
— Der experimentelle Nachweis für das Fehlen von mikrobiellen Verunreinigungen durch Viren, Bakterien oder Mykoplasmen muß anhand geeigneter Methoden, soweit technisch durchführbar, erbracht werden.
— Bestimmte Zell-Linien enthalten endogene Viren, z. B. Retroviren, die durch Reinigungsverfahren schwierig zu eliminieren sind.
— Das Vorhandensein dieser Mikroorganismen muß mit geeigneten Methoden geprüft und dokumentiert werden
— Eine großtechnische Produktion darf nicht stattfinden, wenn die Zell-Linien nachweisbar Lymphozytenchoriomeningitis (LCM) Viren, Reovirus 3 oder Haemorrhagic Fever Viren enthalten.
— Die immunbiologische Aktivität des monoklonalen Antikorpers muß untersucht und dokumentiert werden, wobei den Reaktionen der Antikörper im Menschen besondere Aufmerksamkeit zu widmen ist, z. B. Antigenspezifität, Komplementbindung, Zytotoxizität, Opsonisation. Details über eventuelle immunologische Kreuzreaktionen mit menschlichen Geweben, die sich von der vorgesehenen Zielreaktion des monoklonalen Antikorpers unterscheiden, müssen ebenfalls untersucht werden

Herstellung des monoklonalen Antikörpers

— Eine Beschreibung des für die Hybridom-Zell-Linie verwendeten Einsaatsystems (seed lot system) muß vorliegen.

Die Zahl der verfügbaren Fläschchen mit Einsaatzellen und Details über die Lagerbedingungen mussen angegeben werden.

— Angaben über die Herkunft der monoklonalen Antikörper, z. B. aus Zellkulturüberstand oder Aszitesflüssigkeit, müssen vorliegen.
— *In vitro Herstellung* Die zur Produktion verwendeten Zellkulturtechniken müssen inklusive der Kriterien, denen der Zellkulturuberstand für eine Weiterverarbeitung entsprechen muß, dokumentiert werden. z. B. Gehalt an monoklonalen Antikörpern etc.

Bei kontinuierlicher Herstellung von Zellkulturen sind zusätzliche Kontrollmaßnahmen erforderlich, wie z. B. Angaben über die maximal zulässige Passagezahl, abgeleitet von der Stabilität der Hybridomcharakteristika bei Dauerkultivierung.

Besondere Aufmerksamkeit muß dem Grad und der Art möglicher mikrobieller Verunreinigungen der Behalter während der Dauerkultivierung oder jeweils am Ende jedes einzelnen Produktionszyklus zukommen.

Falls Hilfsstoffe aus tierischen Seren für das Kulturmedium eingesetzt werden, muß sichergestellt werden, daß diese frei von Viren oder wirksam virusinaktiviert sind, z. B. Kälberserum darf keine Rinder-Diarrhoe-Viren enthalten.

— *In vivo Herstellung*· Jede hergestellte Charge muß von einer frischen Probeeinsaat stammen. Die maximal zulässige Zahl der Passagen der Saatzellen muß angegeben werden

Die zur Produktion von monoklonalen Antikörpern eingesetzten Tiere müssen hinsichtlich Genotypus, Alter, Aufzuchtsbedingungen und Gesundheitsstatus exakt spezifiziert werden. Sie sollten aus spezifisch pathogen-freien (SPF) Kolonien stammen, die regelmäßig auf das Freisein einer Liste potentieller Infektionserreger untersucht werden.

Die Methode und die Zahl der Tiere, die zur Herstellung des Aszitespools angewendet bzw. eingesetzt werden, müssen dokumentiert werden. Daten über den Gehalt an monoklonalen Antikörpern, die Lagerbedingungen der Rohaszitesflüssigkeit (Temperatur, Dauer, Zusatz an proteolytischen Hemmstoffen für Enzyme) müssen angegeben werden. Besondere Aufmerksamkeit gilt der Art und dem Grad mikrobieller Kontamination.

Chargen, die LCM-Viren, Reovirus 3 oder Haemorrhagic Fever Virus enthalten, dürfen nicht weiterverarbeitet werden und müssen entsorgt werden. Chargen, die andere Viren enthalten, können weiterverarbeitet werden, vorausgesetzt, daß nachgewiesen werden kann, daß im Verlauf der weiteren Verfahrensschritte diese Viren entsprechend abgereichert oder wirksam inaktiviert werden.

Reinigung der monoklonalen Antikörperrohflüssigkeit

— Die Verfahren zur Reinigung der monoklonalen Antikörper aus Kulturüberständen oder aus Aszitesflüssigkeit müssen inklusive Inprozeßkontrolle detailliert beschrieben werden.

— Die Kapazität der Reinigungsschritte zur Entfernung unerwünschter Makromoleküle (z. B. DNA) und Viren muß stufenweise validiert und dokumentiert werden. Der Nachweis der Reproduzierbarkeit jedes Reinigungs- und Validierungsprozesses muß erbracht und dokumentiert werden. Wertvolle Daten können durch Pilotversuche mit radioaktiv markierten Verbindungen (z. B. DNA), die in definierter Menge beabsichtigt dem Rohpräparat zugesetzt werden, gewonnen werden. Der Nachweis über Wirksamkeit und Unbedenklichkeit für Reinigungsschritte zur Entfernung bestimmter Verunreinigungen muß reproduzierbar sein.

Das Endprodukt

— Exakte Kriterien hinsichtlich Reinheit des Immunglobulinendproduktes (Zusammensetzung, Gehalt an Protein- und DNA-Bestandteilen etc.) müssen spezifiziert sein.

Folgende Punkte sind zu berücksichtigen:

Nachweis der Homogenität (Testmethode inklusive tolerabler Bereiche) mittels z. B. diverser Elektrophoresemethoden.

Angabe der tolerablen Maximalwerte für Nicht-Immunglobulin-Proteine, die aus ursprünglichen Zellen, die zur Fusion verwendet wurden, oder vom „Wirtstier" der Aszitesflüssigkeit oder aus Zellkulturmedien stammen konnen.

Analyse des DNA-Gehaltes (z. B. durch DNA-DNA-Hybridiserung) mit Herkunft aus Hybridomzellen.

Spezifikation inklusive Angabe von Grenzbereichen der spezifischen Aktivität (Antikörperreaktivität pro Gewichtseinheit Protein).

— Nachweis des Freiseins von mikrobiellen Verunreinigungen (inklusive Polyo-

maviren, Mäuselymphozytenchoriomeningitisviren, andere Viren) entsprechend dem Stand von Wissenschaft und Technik.
— Aufbewahrung von Rückhaltemustern aus früher produzierten Chargen als Standard für die Produktion und Qualitätskontrolle zukünftiger Chargen.

Modifizierte monoklonale Antikorper

Für bestimmte therapeutische Zwecke erscheint es wünschenswert, monoklonale Antikörper zu modifizieren (z. B. durch Konjugation mit einem definierten Toxin, durch radioaktive Markierung oder durch Adhasion von Medikamenten für ein sogenanntes „Targeting").

Fur diese Kombinationsprodukte sind zusätzliche Analysen- und Standardisierungsvorschriften zu beachten, die sich je nach Art des verwendeten Zusatzstoffes unterscheiden. In der Regel sind alle Vorschriften, die für das einzelne Medikament per se zu beachten sind, einzuhalten.

Zusätzlich zur detaillierten Beschreibung der Herstellung, Inprozeß- und Endproduktkontrolle der einzelnen für die Kombination verwendeten Ausgangsstoffe, sind Angaben über die Weiterverarbeitung (Reinigungsschritte inklusive Validierung und Nachweis der Reproduzierbarkeit) und pharmakokinetische Angaben des monoklonalen Antikörpers, des Medikamentes oder des Toxins und des Konjugates (z. B. Halbwertszeit, Metabolisierung und Elimination) erforderlich.

Untersuchungen über Kreuzreaktivität des monoklonalen Antikörpers als Monosubstanz und als Konjugat, über Toxizität und Stabilität des Immunglobulinkonjugates müssen durchgeführt werden. Die Ergebnisse müssen den gesetzlichen Anforderungen hinsichtlich Sicherheit, Verträglichkeit und Unbedenklichkeit entsprechen.

Literatur

1 Quality control of biologicals produced by recombinant DNA techniques (1983) Bulletin of the World Health Organisation 61/6 897–911
2. Points to consider in the production and testing of new drugs and biologicals by recombinant DNA technology (1985) Office of Biologics Research and Review, Center for Drugs and Biologics, FDA
3 Control of production, pre-clinical toxicology and phase I trials of anti-tumour antibodies and drug-antibody conjugates (1986) CRC/NIBSC, Br J Cancer 54 557–568
4 Points to consider in the manufacture and testing of monoclonal antibody products for human use (1987) Office of Biologics Research and Review, Center for Drugs and Biologics, FDA
5 Cells—Products—Safety (1987) Dev Biol Stand 68
6 Notes to applicants for marketing authorizations on the production and quality control of medicinal products derived by recombinant DNA technology (1987) Commission of the European Communities, June 1987
7 The special community concentration procedure for the marketing of high technology medicinal products, particularly those derived from biotechnology (1988) Commission of the European Communities, March 1988, Notice to Applicants, Chapter II
8 Bass R, Scheibner E (1987) Mechanisms and models in biotechnology Toxicological evaluation of biotechnology products. a regulatory viewpoint Arch Toxicol [Suppl 11] 182–190
9 Wilson AB (1987) Mechanisms and models in toxicology The toxicology of the end products from biotechnology processes Arch Toxicol [Suppl 11] 194–199
10 Barraud-Hadidane B, Martin RP, Montagnon B, Dirheimer G (1987) Mechanisms and models in biotechnology Comparison of three assays of picogramm amounts of residual

cellular DNA in biological products from continuous cell lines. Arch Toxicol [Suppl 11] 200–205
11 Guidelines on the production and quality control of monoclonal antibodies of murine origin intended for use in man (1988) CPMP, Trends in Biotechnology 6 G 5–G 8
12 Guidelines on the production and quality control of medicinal products derived by recombinant DNA technology (1988) CPMP, Trends in Biotechnology 5. G 1–G 4
13 US Government Printing Office, Washington, Code of Federal Regulations, Title 21, parts 58 (GLP) and 606 (Biologics GMP), 1988
14. Notice to applicants for marketing and authorization for proprietory medicinal products in the member states of the european community. Chapter II. The special community concertation for the marketing of high technology medicinal products, particularly those derived from biotechnology (Directive 87/22/EEC) Commission of the European Communities, January 1989

Anschrift des Verfassers: Dr. H. P Ferber, Klinikum der Johann-Wolfgang-Goethe-Universität, Zentrum der Anaesthesiologie und Wiederbelebung, Theodor-Stern-Kai 7, D-6000 Frankfurt/Main 70, Bundesrepublik Deutschland

Spezifische und polyspezifische humane monoklonale Antikörper

S. Jahn, S. T. Kießig, A. Lukowsky, U. Settmacher, R. Grunow, J. Schwab, H.-D. Volk, K. Huhnholtz, K. Haensel, M. Mehl und *R. von Baehr*

Institut fur Medizinische Immunologie und Institut fur Medizinische Mikrobiologie, Bereich Medizin (Charité) der Humboldt-Universitat zu Berlin, Deutsche Demokratische Republik

Es sind 2 Hauptprobleme, die die Herstellung humaner monoklonaler Antikorper (hmAK) erschweren. Wahrend die im Vergleich zum Maussystem niedrige Fusionsfrequenz durch die Etablierung sog Heteromyelom-Fusionslinien jedoch entscheidend verbessert werden konnte [1], bedingt das enorm niedrige Vorkommen an antigen-spezifischen menschlichen B-Lymphozyten-Vorlaufern in allen Kompartimenten des humanen Immunsystems eine sehr geringe Trefferquote hinsichtlich der Hybridom-Linien einer gewünschten Spezifitat [2]. Weder verschiedene Techniken der In-vitro-Immunisierung [3, 4] noch eine polyklonale Prästimulation des Fusionspartners in vitro [5] und auch nicht aufwendige Separationsverfahren [6] konnten bisher zu einer entscheidenden Erhöhung der Effizienz beitragen. So gleicht die Entwicklung von spezifischen menschlichen Hybridom-Linien, die sich außerdem noch durch eine stabile Produktionsleistung in vitro auszeichnen sollen, nach wie vor etwa der Suche nach der „Nadel im Heuhaufen". Als erfolgsversprechend erweist sich zunehmend die Verbindung von zwei Technologien der Immortalisation menschlicher B-Lymphozyten. Durch Inkubation mit Epstein-Barr-Virus (EBV) werden die Zellen zunachst transformiert [7]. Die entstehenden lymphoblastoiden Zell-Linien weisen ein sehr schnelles Wachstum in vitro auf So kann rasch auf bestimmte Antikorperspezifitaten getestet und eine Anreicherung eines bestimmten B-Zell-Klons erreicht werden. Bei vielen der bisher beschriebenen EBV-transformierten Linien scheint allerdings die schnelle Teilungsrate in der Kultur zu Lasten einer sehr geringen Immunglobulin-Produktion zu gehen. Diese kann aber stabilisiert werden, wenn EBV-transformierte B-Zellen mit Myelomzell-Partnern hybridisiert und die Fusionsprodukte in Ouabain- und HAT-haltigem Medium selektioniert werden [2]. Nach diesem Protokoll etablierten wir Hybride aus EBV-transformierten Zellen und der Maus-Mensch-Heteromyelom-Linie CB-F 7 [1]. Hybridoma wurden hierbei mit einer Frequenz von 1 pro 10^3—10^4 Lymphozyten erhalten. Das ist wesentlich hoher als bei der Fusion nichttransformierter B-Zellen (10^{-5} bei hocheffizienten Fusionslinien) Die Produktionsleistung der entstehenden Hybridoma erwies sich als 10—100fach höher als in den EBV-transformierten Mutterlinien.

Da die In-vitro-Manipulation mit menschlichen B-Lymphozyten (vor allem des peripheren Blutes) nicht den gewünschten Erfolg zeigte, rückte die Arbeit mit Lymphozyten aus anderen Quellen in den Vordergrund. Wir konnten die erfolgreiche Etablierung von menschlichen Hybridoma durch Fusion von Lymphozyten aus humanem Blut, Milz und Lymphknoten zeigen (Tabelle 1). Auch die Hybridisierung von Lymphozyten aus dem Knochenmark ergab permanent wachsende Hybridzell-Linien, die jedoch kein Immunglobulin produzierten [8]. Die Fusionsbereitschaft von Milzlymphozyten war am höchsten.

Tabelle 1. Herstellung humaner Hybridoma durch Fusion von menschlichen Lymphozyten aus verschiedenen Immunkompartimenten

Organ	Fusionen (n)	Initial-kulturen	Wachstum[a]	IgG (n)	IgM (n)
Lymphknoten	5	960	14	39	73
Knochenmark	7	1616	15	1	8
Milz	7	2688	25	6	333
Blut	7	1086	15	4	29
Synovialflüssigkeit	4	676	1	0	1

Die Fusionen wurden mit Maus-Myelomzellen P3 X63 Ag 8 653 durchgeführt, wie beschrieben [8] [a] Mittelwert aus allen durchgeführten Fusionen

Eine besondere Rolle bei der Herstellung von hmAK spielt die Verwendung von „natürlich immunisierten" B-Lymphozyten. Diese wurden erhalten von Patienten (z. B. Tumorpatienten oder Probanden nach oder während einer Infektion) oder von immunisierten Spendern [11].

Unsere Experimente galten der Entwicklung von spezifischen humanen mAK vom IgG-Isotyp gegen Tetanustoxoid (TTd) (Tabelle 2). In mehr als 60 Fusionen von Human-Lymphozyten aus Blut, Lymphknoten oder Milz von Spendern, deren letzte Immunisierung mit TTd mehr als zwei Jahre zurücklag, wurden keine stabilen IgG-Produzenten der gewünschten Antigen-Spezifität gefunden. Es wurde aber eine Anzahl von Hybridoma festgestellt, die IgM-AK gegen TTd sezernierten. Vorläufige Untersuchungsergebnisse an 11 verschiedenen IgM-Präparationen (allein oder in Kombination) zeigten keine protektive Wirkung im Maus-Toxin-Neutralisationstest.

Es wurden mehrere Freiwillige mit TTD immunisiert (Sekundärimmunisierung), die Lymphozyten des peripheren Blutes 3, 7, 14 und 60 Tage danach präpariert und mit der Heteromyelom-Fusionslinie CB-F 7 hybridisiert. Bei einer insgesamt vergleichbaren Fusionsfrequenz wurden mehrere Tausend Zellkulturüberstände auf Human-IgG und -IgM sowie anti-TTD-IgG und -IgM im ELISA [10] getestet. Die Zeitpunkte der Fusion nach Booster-Immunisierung waren nicht zufällig gewählt. Experimente, in denen Lymphozyten von frisch immunisierten Probanden in vitro kultiviert wurden, zeigten eine hohe spezifische Spontanaktivität (Sekretion von spezifischen anti-TTd-IgG in unstimulierten Kulturen), wenn Spenderblut 5 Tage nach Immunisierung gewonnen wurde [11]. Fusionen von Lymphozyten 3 Tage nach Spenderimmunisierung führten zum Auftreten einiger spezifischer IgG-Produzenten. Eine Woche nach der Immunisierung jedoch ergab sich ein völlig anderes Bild. Mehr als 32% der IgG-produzierenden Hybridom-Linien hatten die gesuchte Spezifität. Aber auch der Anteil von IgG-produzierenden Initiallinien stieg (IgG IgM = 3, 7 1) im Vergleich zum Ausgangsmaterial (10, 8. 1) oder zu Fusionen drei Tage nach Immunisierung der Spender (4, 5. 1) Damit deutet sich eine In-vivo-Stimulation auch anderer IgG-produzierender B-Zellen an, die in einen „fusionierbaren" Zustand versetzt wurden. Das Auftreten von insgesamt mehr IgG-produzierenden Hybridoma, die keine anti-TTd-Spezifität hatten, bestatigt die oft beobachtete polyklonale In-vitro-Aktivierung von B-Zellen bei Antigen-Zugabe [11]. Die dargestellten Ergebnisse beweisen ein sehr enges Zeitoptimum fur die Gewinnung von Lymphozyten fur die Fusion von immunisierten Spendern, da bereits 14 Tage nach Boosterung ein deutlich abnehmender Anteil an spezifischen IgG-Produzenten zu beobachten war — zwei Monate anschließend war die Ausgangssituation wieder erreicht. Aus den hier beschriebenen Fusionen wurden insgesamt 36 anti-tetanustoxoid-spezifische Hybridoma (IgG-Kappa, IgG-Lambda) etabliert. Experimente wurden begonnen, einen biologisch wirksamen (protektiven) Cocktail von hmAK zu entwickeln Es gibt bisher nur wenige systematische Studien, die den Nachweis erbringen, wann Lymphozyten vom Spender nach dessen Immunisierung zu gewinnen sind, um moglichst viele spezifische Hybridoma etablieren zu können. Im Fall des Tetanustoxoids konnte das enge Zeitoptimum bei 7 Tagen ermittelt werden, für andere Antigene konnte das verschieden sein, so daß weitere Optimierungsstudien zu diesem Problem folgen werden.

Es sind zwei Gebiete, auf denen eine optimierte Technologie der Immortalisierung menschlicher B-Lymphozyten und der Herstellung von hmAK methodisch eine fordernde Rolle spielen sollten: 1. Immunbiotechnologie (Herstellung von prophylaktisch-therapeutisch oder diagnostisch nutzbaren hmAK); 2 klinisch angewandte und Grundlagenforschung (Studium des B-Zell-Repertoires bei Gesunden und Patienten auf dem Niveau der Antikörper und des genetischen Hintergrundes) Bei der Suche nach spezifischen Hybridoma mit mAK-Produkten gegen Tetanus-toxoid beobachteten wir, vor allem bei Verwendung von Lymphozyten

Tabelle 2. Produktion humaner monoklonaler Antikorper gegen Tetanustoxoid durch Fusion von Lymphozyten immunisierter Spender

Tag nach Immunisierung	Fusionen (n)	Initialkulturen	Primare Linien mit Produktion von			
			IgG	IgM	aTTdG[a]	aTTdM
ohne	63	19114	1883	17008	2	314
3	4	1450	210	846	6	68
7	9	4158	731	2725	239	139
14	4	974	124	798	6	24
60	4	876	87	600	0	29

[a] Antikorper vom IgG(M)-Isotyp gegen Tetanustoxoid

Tabelle 3. Antigen-Spezifitäten polyspezifischer monoklonaler IgM-Antikörper (ausgewahlte Hybridom-Zell-Klone)

Klon	Organquelle	Isotyp	Autoantigene		Bakterielle Antigene			
			ssDNA	Keratin	LIP A	K-1	DTd	TTd
CB-139	PBL-SLE	IgM (l)	+	+	+	–	+	+
CB-179	Milz	IgM (l)	+	–	–	–	+	+
Cb-88	PBL-HIV	IgM (k)	+	+	+	+	+	+
CB-92	Milz	IgM (k)	+	+	+	+	+	+
CB-15	Milz	IgM (l)	+	+	+	–	+	+
CB-02	Milz	IgM (l)	+	+	+	–	+	+
CB-104		IgM (l)	+	–	–	–	+	+

PBL-SLE periphere Blutlymphozyten von Patienten mit systemischen Lupus-Erythematodes
PBL-HIV von HIV-Infizierten
(k) oder (l) leichte Kette Kappa oder Lambda
Lip A Lipid A
K-1 Antigen von E coli
DTd Diphtherietoxoid
TTd Tetanustoxoid

der Milz fur die Fusion, das Auftreten von Zell-Linien, die IgM der gewünschten Antigen-Spezifität produzierten (siehe Tabelle 2). Immunchemische Untersuchungen (ELISA, RIA, Western-Blot) zeigten die Reaktivität der gewonnenen IgM-mAK auch mit anderen Antigenen, wobei die Bindung sowohl an körpereigenes, wie -fremdes Material beobachtet wurde (Kießig et al., in diesem Band). Auch nach intensivem Klonieren der Hybridomzellen nach dem Grenzverdünnungsprinzip (Limiting Dilution) wurde die Polyspezifität (Multireaktivität) der IgM-mAK beobachtet. Damit wurde gezeigt, daß es Hybridoma (und damit B-Lymphozyten) gibt, die AK produzieren, welche mit Antigenen völlig verschiedenen molekularen Ursprungs reagieren (Tabelle 3). Solche Hybridoma-Linien wurden aus dem peripheren Blut Gesunder ebenso gewonnen, wie von Autoimmunpatienten und HIV-I-Infizierten sowie aus der Milz. Reaktionsmuster und Vorkommen der polyspezifischen AK lassen Parallelen deutlich werden zu den von Dighiereo et al. [12] beschriebenen „natürlichen Autoantikörpern" bei der Maus.

Bei der Beantwortung der Frage nach einer funktionellen Bedeutung der polyspezifischen IgM-AK könnte die Lokalisation der sie produzierenden B-Zellen von Bedeutung sein. Wir untersuchten also die Zellkulturüberstände mehrerer Tausend primärer Hybridzellinien, gewonnen durch Fusion von Lymphozyten des Blutes, der Milz oder aus Lymphknoten, von Gesunden oder autoimmun bzw. HIV-infizierten Patienten auf Antigenreaktivität gegen Autoantigene (ssDNA, Keratin, Lymphozyten) sowie bakterielles Material (Lipid A, TTd, E.-coli-K 1-Antigen). Die Ergebnisse dieser Experimente (Tabelle 4) dokumentieren das gehäufte Vorkommen dieser Spezifitäten in der Milz sowie dem peripheren Blut von autoimmun bzw. HIV-infizierten Patienten.

Die Nukleotidsequenzanalyse der mRNA aus den humanen Hybridomzellen zeigte die Zugehörigkeit der verwendeten VH-Gene zu unterschiedlichen VH-Gen-

Familien (VH-I und VH-III). In der Milz einer Patientin wurden VH-D-J- und J-lambda-identische Hybridomzellklone gefunden, was auf vermehrtes Vorkommen (klonale Expansion) dieser B-Zellen in der Milz hindeutet (Jahn et al., in Vorbereitung). Da die polyspezifischen IgM-AK offenbar auch zum Repertoire des Gesunden gehören, jedoch bei Autoimmunpatienten verstärkt detektiert wurden, liegt die Frage nahe nach einer möglichen Beteiligung solcher B-Lymphozyten bei der Autoimmunopathogenese. Im Fall des systemischen Lupus-Erythematodes (SLE) z. B. spielen AK, die gegen DNA gerichtet sind, eine pathogenetische Rolle. Es sind allerdings IgG-Auto-AK, die in Folge einer Dysregulation verstärkt

Tabelle 4. Polyspezifische, IgM-produzierende Human-Hybridoma in Fusionen von Lymphozyten unterschiedlicher Herkunft

Lymphozytenquelle	Fusionen (n)	Initialkulturen	Polyspezifische/ Gesamt-IgM	% Polyspezifische
PBL-Gesunde	6	1516	33/1240	2,7
Milz	7	2048	128/1856	6,9
Lymphknoten	2	288	0/132	0
PBL-SLE	2	176	6/41	14,6
PBL-HIV	3	1012	84/798	10,6

Gesamt-IgM Gesamtzahl aller IgM-produzierenden primären Hybridomlinien, weitere Abkürzungen siehe Tabelle 3

abgegeben werden [13]. Das gleichzeitig verstärkte Auftreten von B-Zellen, die polyspezifische IgM-AK produzieren, könnte die Hypothese induzieren, daß das polyspezifische (natürlich vorkommende) B-Zell-Repertoire in Folge einer Dysregulation und/oder eines Isotyp-Wechsels („class switch“) der Ausgangspunkt für die Entwicklung der pathogenetischen Auto-AK sein könnte. Es wurden Experimente zur Aufklärung dieses Zusammenhangs begonnen. Daß es sich bei den polyspezifischen B-Zellen um eine ontogenetisch offenbar frühe Form der Abwehrzellen handelt, konnten jüngste Experimente mit Fusionen fetaler Milz- und Leberlymphozyten zeigen, wo hohe Anteile von IgM-produzierenden Hybridoma mit Polyspezifität nachgewiesen wurden (eigene unveröffentlichte Ergebnisse).

Ein möglicher Zusammenhang von Autoantikörpersynthese (und auch der Bildung der polyspezifischen AK) mit dem Auftreten einer B-Zell-Subpopulation, die das T-Zell-Ag CD-5 tragen, wird diskutiert [14]. Wir wählten periphere Blutlymphozyten von Patienten mit chronischer lymphatischer Leukämie (CLL) mit hohen Anteilen an CD-5-positiven B-Lymphozyten als Modell für die Untersuchung des Antikörperrepertoires dieser B-Zell-Subpopulation. In 5 Experimenten registrierten wir in 100% der Initialkulturen IgM-Produktion. Die einheitliche Expression des Leichte-Ketten-Isotyps durch alle Hybridoma der jeweiligen Fusion deutet die Immortalisation einer monoklonalen B-Zell-Population an (Tabelle 5). Bei der Fusion von Blutlymphozyten eines CLL-Patienten mit hohem Anteil CD-5-positiver B-Zellen fanden wir in allen Primärlinien IgM-Kappa-Produktion mit einer interessanten Spezifität: Alle AK reagierten mit ssDNA und einem bakteriellen Antigen (Class V outer membrane protein type C von N. Meningitidis), letztere Untersuchungen wurden durchgeführt im Labor von Herrn Prof. M. Achtman am Max-Planck-Institut für Molekulare Genetik, West-Berlin. Es konnte damit, nach unserem Wissen erstmals, ein Zusammenhang von CD-5-positiven B-Zellen und der Produktion polyspezifischer AK nachgewiesen werden, die sowohl Autoantigen als auch körperfremdes, bakterielles Material erkennen. Ob damit für die CLL ein pathogenetischer Mechanismus in Form der exogenen Stimulation des natürlich vorhandenen polyspezifischen Repertoires mit monoklonaler Expansion und Dysregulation besteht, kann vorest nur spekuliert werden.

Tabelle 5. Human-Hybridoma aus Fusionen mit Lymphozyten von Patienten mit Chronischer Lymphatischer Leukämie (CLL)

Fusions-Nr	% CD 5/CD 19	Ig-Produktion (%)				AG-Spezifität
		IgG	IgM	Kappa	Lambda	
1	80	0	98	100	0	ssDNA, C-OMP
2	71	0	100	0	92	—
3	0	0	100	0	100	—
4	62	0	100	0	100	—
5	86	0	96	96	0	ssDNA

% CD5⁺ CD 19⁺ Anteil CD-5-positiver B-Lymphozyten im Patientenblut Pro Fusion wurden 264 Initialkulturen angelegt In allen wurde Hybridomwachstum beobachtet Die Ig-Produktion in den Initialkulturen wurde als % angegeben *C-OMP* class V outer membrane protein type C von N-Meningitidis (freundlicherweise zur Verfugung gestellt von Prof M Achtman, MPI West-Berlin, 16)

Die antibakterielle Aktivität der polyspezifischen IgM-AK stellt einen bisher wenig beachteten Fakt dar. Es könnte sich jedoch hier um ein wichtiges Bindeglied zwischen hochspezifischer Immunität und wenig spezifischer Resistenz handeln. Dafür sprechen eine Reihe von Befunden:

1. Vermehrtes Auftreten solcher B-Zellen in der Milz, die als zentrales Organ der Abwehr bakterieller Infektionen bekannt ist und deren Fehlen (etwa nach Splenektomie) zu gestörter humoraler Abwehrlage vor allem gegenüber Bakterien führt [15].

2. Es scheint eine positiv regulierende Wirkung der polyspezifischen IgM-AK auf die Phagozytose zu bestehen.

3. Die antibakterielle Aktivität der polyspezifischen IgM-AK wurde in In-vitro-Tests nachgewiesen (unveröffentlicht).

4. Positive Reaktivität der polyspezifischen IgM-AK mit Influenza-Virus im Hämadsorptionstest (Manuskript in Vorbereitung).

5. Bindung polyspezifischer IgM-AK an aktivierte T-Lymphozyten. Auch wenn noch viele Fragen zu klären sind, deutet sich im antibakteriellen Potential der natürlich vorkommenden polyspezifischen IgM-AK ein möglicherweise auch therapeutisch nutzbares Abwehrprinzip an. Es ergaben sich offenbar zwei Wege der Entwicklung von hmAK gegen Infektionserreger in Abhangigkeit vom Antigen: 1. hochspezifische IgG-AK, gewonnen nach hier vorgestellten Protokollen z. B. von immunisierten Spendern, gegen Toxine, bestimmte Virusproteine; 2.

polyspezifische IgM-AK, vor allem aus der Milz zur effektiven Abwehr septischer Zustände vor allem hinsichtlich korpuskulärer Antigene. Insofern sollten sich neue Schlußfolgerungen aus der weiteren Erforschung des polyspezifischen B-Zell-Repertoires auf vielen Gebieten ergeben.

Literatur

1 Grunow R, Jahn S, Porstmann T, Kießig ST, Steinkellner H, Steindl F, Mattanovich D, Gurtler L, Deinhardt F, Katinger H, von Baehr R (1988) The high efficiency human B cell immortalizing heteromyeloma CB-F 7 J Immunol Methods 106 257–265

2 James K, Bell GT (1987) Human monoclonal antibody production J Immunol Methods 100 5–40

3 Grunow R, Bogacheva GT, Arsenjeva EL, Porstmann T, Kießig ST, Lukowsky A, Jahn S, Volk HD, Rocklin OV, von Baehr R (1985) Untersuchungen zur Erzeugung humaner monoklonaler Antikorper gegen Tetanus Toxoid durch Mensch-Maus-Hybridoma Z Klin Med 40 91–94

4 Kozbor D, Roder JC (1984) In vitro stimulated lymphocytes as a source of human hybridomas Eur J Immunol 14 23–27

5 Butler JL, Lane HC, Fauci AS (1983) Delineation of optimal conditions for producing mouse-human heterohybridomas from human peripheral blood B cells of immunized subjects J Immunol 130 165–168

6 Foung SK, Perkins S, Kokopchak C, Fishwild DM, Grumet FC, Arvin AM (1984) Human monoclonal antibodies neutralizing Varizella-Zooster Virus Proc Natl Acad Sci USA 82. 6377–6381

7 Kozbor D, Roder JC (1981) Requirements for the establishment of high titred human monoclonal antibodies against Tetanus Toxoid using Expstein-Barr virus technique J Immunol 127 1275–1280

8 Jahn S, Grunow R, Kießig ST, Specht U, Matthes H, Hiepe F, Hlinak A, von Baehr R (1988) Establishment of human heterohybridomas by fusion of mouse myeloma cells with human lymphocytes derived from peripheral blood, bone marrow, spleen, lymph node, and synovial fluid J Immunol Methods 107 59–66

9 Gigliotti F, Insel RA (1982) Protective human hybridomas against Tetanus Toxin J Clin Invest 70 1306–1309

10 Kießig ST, Jahn S, Porstmann T, von Baehr R (1987) In vitro Immunisierung zur Erzeugung von Antikorpern gegen Tetanus Toxoid I Allerg Immunol 33 79–87

11 Jahn S, Kießig ST, Grunow R, von Baehr R (1987) In vitro Immunisierung zur Erzeugung von Antikorpern gegen Tetanus Toxoid II Allerg Immunol 33 89–94

12 Dighiero G, Lymberi P, Mazie JC, Rouye S, Butler-Brown GS, Whalen RG, Avrameas S (1983) Murine hybridomas secreting natural antibodies reacting with self antigens J Immunol 131 2267–2272

13 Volk HD, Sonnichsen N, Jahn S, Hiepe F, Apostoloff E, von Baehr R, Diezel W (1987) The influence of Interferon gamma, IL-2, PGE 2, and Cyclosporine on the polyclonal and anti-DNA antibody secretion in lymphocyte cultures derived from patients with SLE Arch Dermatol Res 279 92–96

14 Casali P, Burastero SE, Nakamura M, Inghirami G, Notkins AL (1987) Human lymphocytes making rheumatoid factor and antibodies to ssDNA belong to the Leu-1$^+$ B-cell subset Science 236 77–80

15 Jahn S, Specht U, Neuhaus K, Haensel K, Klemp E, Volk HD, Kießig ST, Grunow R, Mau H (1987) Difference in the immune state of children after splenectomy or partial resection of the splen Z Klin Med 42 62–67

Anschrift des Verfassers: Dr S Jahn, Institut fur Medizinische Immunologie, Bereich Medizin (Charité) der Humboldt-Universitat zu Berlin, Schumannstraße 20/21, DDR-1040 Berlin, Deutsche Demokratische Republik.

Methodische Aspekte der Herstellung humaner und muriner Antikörper in Maus-Ascites-Flüssigkeit

M. Tesch, S. Jahn, B. Porstmann, R. Grunow, T. Porstmann, C. Riese und *R. von Baehr*

Institut fur Medizinische Immunologie und Institut fur Pathologische und Klinische Biochemie, Bereich Medizin (Charité) der Humboldt-Universität zu Berlin, Deutsche Demokratische Republik

Im Unterschied zu herkömmlichen Methoden der Antikörperproduktion durch Immunisierung von Versuchstieren ist mit den aus der Zellfusion hervorgegangenen Hybridomen eine Produktion unabhängig von der Präsenz des Antigens möglich.

Für die Produktion größerer Mengen muriner monoklonaler Antikörper stehen gegenwärtig zwei Verfahren zur Verfügung:

a) Massenzellkultur durch Fermentation mit verschiedenen technischen Variationen,

b) Injektion der Hybridomzellen in syngene Mäuse und Gewinnung der Antikörper aus der gebildeten Ascites-Flüssigkeit.

Ziel unserer Untersuchungen war die Optimierung der Herstellung muriner monoklonaler Antikörper in Maus-Ascites unter Berücksichtigung verschiedener Faktoren, wie:

Einfluß der applizierten Hybridomzellzahl,
Zeit-Verläufe der Ascites-Produktion,
Rückschlüsse aus In-vitro-Charakteristika muriner Klone auf die Ascites-Produktions-Kapazität,
Maus-zu-Maus-Passagierung von Hybridomzellen zur Effektivitätssteigerung,
Untersuchung des individuellen Verhaltens muriner Klone hinsichtlich ihrer Ig-Synthesefähigkeit in Maus-Ascites.

Für die Untersuchungen wurden drei unterschiedliche Maus-Hybridom-Linien mit Antikörperproduktion gegen Hepatitis-B-Oberflächen-Antigen (CB-HBs-6E7, CB-HBs-1F6, CB-HBs-93/18), die durch Fusion immunisierter Balb/c-Maus-Milzzellen mit Myelomzellen der Linie P3 X63 Ag8/653 nach der klassischen PEG-Technik hergestellt wurden sowie ein muriner Klon mit Spezifität gegen humane T-Zell-Aktivierungsmarker (4F2, A. S. Fauci, Bethesda, USA) verwendet.

Die In-vitro-Kultivierung erfolgte in RPMI-1640-Medium, ergänzt mit 2 g/l $NaHCO_3$ und 2 mmol/l Glutamin und unter Zusatz von 10% FKS. Für die In-vivo-Studien wurden 4 Wochen alte weibliche Balb/c-Mäuse 7 – 10 Tage vor Zellinjektion mit je 0,5 ml Pristan i.p. vorbehandelt. Die Gewinnung des Ascites erfolgte durch mehrmalige intraperitoneale Punktion mittels steriler Einmalkanülen. Die Ascites-Menge/Punktion/Tier wurde gemessen sowie die Hybridomzellzahl im Ascites fluoreszenzmikroskopisch bestimmt. Die Konzentration von Maus-Immunglobulin wurde in einem Zwei-Seiten Enzymimmunoassay ermittelt, weiterhin der Anteil spezifischer Antikörper an der Gesamt-Immunglobulin-Menge. Für die Maus-zu-Maus-Passagierung wurde der Ascites in üblicher Weise punktiert, die Hybridomzellen abzentrifugiert, gewaschen und eine definierte Zellzahl in mit Pristan vorbehandelte Balb/c-Mäuse reinjiziert.

In Tabelle 1 wird gezeigt, daß sich die vier untersuchten Klone hinsichtlich ihrer Produktions- und Wachstumseigenschaften in der In-vitro-Kultur deutlich unterscheiden.

In ähnlicher Weise gilt das auch für die Antikörperproduktion im Maus-Ascites (Tabelle 2).

Die Menge produzierter Antikorper hängt von der applizierten Zellzahl und dem Zeitpunkt der Ascitesgewinnung ab.

Die Injektion von 5×10^6 Zellen erscheint in bezug auf gebildete Ascitesmenge, Ig-Konzentration und besonders unter ökonomischen Gesichtspunkten (Umfang

Tabelle 1. Produktions- und Wachstumseigenschaften muriner Hybridomklone in der In-vitro-Kultur

Klon	Verdopplungszeit (Std)	Ig-Produktion (µg/24 Std /10^6 Zellen)
CB-HBs-6 E 7	20	68,9
CB-HBs-1 F 6	36	97,0
CB-HBs-93/18	18	49,0
4 F 2	24	46,8

Tabelle 2. Produktion muriner monoklonaler Antikorper in Ascites von Balb/c-Mausen

Klon	Zellzahl/Tier ($\times 10^6$)	Ascites-Menge aus 2 Mäusen (ml)	IgG-Konz (mg/ml)	Ig-Gesamt (mg)
CB-HBs-6 E 7	10	10,5	23,0	241,5
	5	23,5	22,3	524,1
	2	13,5	17,1	230,8
CB-HBs-1 F 6	10	21,5	3,3	71,0
	5	44,0	2,7	118,8
	2	28,0	3,5	98,0
CB-HBs-93/18	10	19,0	16,6	315,4
	5	24,5	16,0	392,0
	2	21,0	21,0	441,0
4 F 2	10	13,0	18,7	243,1
	5	13,0	17,3	224,9
	2	10,5	8,6	90,3

der In-vitro-Kultur) als optimal. Eine Ausnahme macht der Klon CB-HBs-93/18, der bei einer applizierten Zellzahl von 2×10^6 Zellen die größte Ig-Gesamt-Menge In-vivo produziert.

Die Ascitesbildung setzte im Durchschnitt 4–6 Tage nach Applikation der Zellen ein, die erste Punktion erfolgte zwischen dem 6. und 8. Tag. Bei Injektion von 10×10^6 Zellen/Tier kam es schneller zu einer Ascitesbildung, die jedoch im Vergleich zu den parallel applizierten Zellzahlen auch schneller wieder abnahm. Es konnte 4–7 mal Ascites punktiert werden. Bei der niedrigsten untersuchten Zellzahl von 2×10^6 Zellen/Tier konnte am haufigsten punktiert werden (8–10-mal), die höchsten Ig-Mengen wurden zeitlich später erreicht als bei den anderen Zellzahlen.

Der Anteil spezifischer Antikörper am Gesamt-Maus-Ig der Ascitesflüssigkeit betrug 65–95%, unabhängig vom Zeitpunkt der Ascitesgewinnung.

In Tabelle 3 sind die Ergebnisse hinsichtlich der Produktionskapazität muriner monoklonaler Antikorper nach einmaliger In-vivo-Passagierung dargestellt.

Tabelle 3. Produktion muriner monoklonaler Antikorper in Ascites von Balb/c-Mausen nach einmaliger In-vivo-Passagierung

Klon	Passagierte Zellzahl ($\times 10^6$)	Gesamtmenge Ascites Mausen (ml)	Ig-Konz (mg/ml)	Gesamt-IgG (mg)
CB-HBs-1 F 6	8	27,5	4,2	115,0
CB-HBs-6 E 7	5	17,0	20,8	332,8
4 F 2	5	21,0	8,2	172,0

Dabei zeigte sich, daß durch direkte Maus-zu-Maus-Passagierung eine Effektivitatssteigerung der Antikörperproduktion erreicht werden kann. Als Vorteile sind vor allem die Einsparung von Kulturmedium und die Reduzierung der In-vitro-Kultur mit ihren Problemen (Sterilität, Zeitaufwand, Material) zu nennen.

Insgesamt wird deutlich, daß die genaue Kenntnis über In-vitro und In-vivo-Charakteristika der einzelnen murinen Klone eine ökonomische Ascitesproduktion hinsichtlich Tierzahl, benötigter Zellzahl sowie Zeitpunkt der Ascitesproduktion ermoglicht. Da die einzelnen Hybridomklone eine deutliche Individualität in bezug auf die untersuchten Parameter zeigen, sind solche Untersuchungen ratsam, besonders wenn eine Massenproduktion von Antikörpern über die Gewinnung von Ascites geplant ist.

Die Herstellung größerer Mengen humaner monoklonaler Antikorper bereitet Schwierigkeiten. Bereits in der In-vitro-Kultur zeigen Hybridome mit Produktion humaner monoklonaler Antikörper Wachstums- und Produktionsinstabilität. Die Technik der Large-scale-Produktion (Fermentation) ist bisher nicht optimiert. Die Herstellung humaner monoklonaler Antikörper in Maus-Ascites könnte einen Weg zur effektiven Produktion dieser Antikörper darstellen. Wir untersuchten diese Möglichkeit, wobei verschiedene Varianten immunsuppressiver Behandlung der Tiere getestet wurden. Als Untersuchungsobjekte dienten der durch Fusion humaner Milzlymphozyten mit Myelomzellen der Linie P 3 X 63 Ag 8/653 hergestellte Klon CB-15 (IgM-Antikörperproduktion mit Multireaktivität) sowie ein IgG-Klon mit Spezifität gegen HIV (Anti-p-25), hergestellt durch Fusion humaner peripherer Blutlymphozyten mit der Heteromyelomlinie CB-F 7 (Institut für Medizinische Immunologie der Charité Berlin). Die verwendeten Versuchstiere (Balb/c-Mäuse) wurden 7 – 14 Tage vor intraperitonealer Injektion der Hybridomzellen mit Pristan behandelt. Die vorläufigen Ergebnisse sind in Tabelle 4 dargestellt.

Tabelle 4. Produktion humaner monoklonaler Antikörper in Maus-Ascites

Tiere und Vorbehandlung	Ergebnis
Unbehandelte Tiere	keine Ascitesproduktion
Nude-Mäuse	4 ml Ascites/Tier mit Human-Ig von 3 bis 5 mg/ml
Balb/c-Mause nach subletaler Ganzkörperbestrahlung	0,5 – 2,0 ml Ascites/Tier bei 40%iger Angehrate nach 28tagiger Beobachtungszeit, Human-Ig-Konz. bis 1 µg/ml
Balb/c-Mäuse nach Thymektomie	keine Ascitesproduktion
Balb/c-Mäuse unter Cyclosporin-A-Behandlung	0,51 ml Ascites/Tier, Human-Ig-Konz. bis 1 µg/ml
Ratten, unbehandelt	2 ml Ascites/Tier, Human-Ig-Konz 0,5 µg/ml

Die Experimente zeigten, daß keine optimale Methode zur Herstellung humaner monoklonaler Antikörper in mit Pristan vorbehandelten Tieren gefunden wurde. Die Herstellung dieser Antikörper in Nude-Mäusen ist möglich, aber sehr kostenaufwendig (Tierhaltung). Verschiedene Methoden der Immunsupprimierung führten bisher zu keiner Verbesserung der möglichen Herstellung humaner monoklonaler Antikörper in Ascites.

Anschrift des Verfassers: Dr. M. Tesch, Institut fur Medizinische Immunologie und Institut für Pathologische und Klinische Biochemie, Bereich Medizin (Charité) der Humboldt-Universität zu Berlin, Schumannstraße 20/21, DDR-1040 Berlin, Deutsche Demokratische Republik

Herstellung und Nutzung bispezifischer monoklonaler Antikörper

B. Micheel und *L. Karawajew*

Zentralinstitut für Molekularbiologie der Akademie der Wissenschaften der DDR, Bereich Experimentelle und Klinische Immunologie, Berlin-Buch, Deutsche Demokratische Republik

Einleitung

Die unter natürlichen Bedingungen produzierten Antikörper sind in ihrer Grundstruktur monospezifisch, d. h. alle Antigenbindungsorte des Antikörpermoleküls sind identisch. Die praktische Nutzung von Antikörpern zum Antigennachweis erfolgt in den meisten Fällen dadurch, daß nach der Bindung des Antikörpers an das Antigen eine Indikatorreaktion durchgeführt wird. In Enzym-Immuntests ist das eine Enzymreaktion, wofür die Kopplung des Markerenzyms an den Antikörper notwendig ist. Das Problem der chemischen Kopplung von Enzymen und anderen Markersubstanzen an Antikörper kann umgangen werden, wenn man Antikörper einsetzt, die zwei unterschiedliche Antigendeterminanten erkennen.

Derartige bispezifische Antikörper oder Hybridantikörper wurden mit Hilfe biochemischer Methoden bereits Anfang der sechziger Jahre hergestellt und fanden ihre breiteste Anwendung in erster Linie für immunelektronenmikroskopische Fragestellungen [1]. Das Prinzip der biochemischen Präparation derartiger Antikörper beruht auf der enzymatischen Entfernung des Fc-Fragments, der reduktiven Spaltung der entstandenen $F(ab')_2$-Fragmente in monovalente Fab'-Fragmente und der oxidativen Reassoziation unterschiedlicher Fab'-Fragmente zu Molekülen mit unterschiedlichen Antigenbindungsorten. Bei dieser Methode kommt es jedoch oft zu einem beträchtlichen Verlust an Antikörperaktivität durch Proteindenaturation.

Weiterhin ist ihre Anwendung nicht in gleichem Maße wie für Kaninchenantikörper auch für Mausantikörper möglich (die heute noch die Mehrzahl der monoklonalen Antikörper ausmachen), da hier die schweren Ketten durch drei Disulfidbrücken verbunden sind, im Gegensatz zu Kaninchen-Immunglobulinen (Ig), wo nur eine Disulfidbrücke vorhanden ist. Biochemische Methoden zur Herstellung von bispezifischen monoklonalen Mausantikörpern wurden erarbeitet [2], fanden jedoch nicht die gleiche Verbreitung wie Zellfusionsmethoden.

Herstellung bispezifischer Antikörper durch Zellfusionen

Die intrazelluläre Kombination von Ig-Ketten

Die Produktion bispezifischer Antikörper über Zellfusionsmethoden ging von den Erkenntnissen aus, die bei der Herstellung monoklonaler Antikörper mit Hilfe der Hybridomtechnik gewonnen wurden. Dabei hatte sich gezeigt, daß, wenn antikörperproduzierende B-Lymphozyten mit Myelomzellen fusioniert wurden, die selbst noch Ig-Ketten produzieren, nicht nur alle Ketten in den entstandenen Hybridomen exprimiert werden, sondern auch Assoziationen zwischen den unterschiedlichen Ketten auftreten [3]. Es kommt demzufolge nicht unbedingt zu einer Inaktivierung oder Reprimierung der Ig-Gene eines der Fusionspartner. (Diese Tatsache ist bei der Herstellung von monoklonalen Antikörpern natürlich unerwünscht, und es werden deshalb heute in erster Linie Myelomzellinien als Fusionspartner benutzt, die selbst keine Ig-Ketten produzieren.)

Werden nun zwei Zellen fusioniert, die zwei unterschiedliche bekannte Antikörper (der Klasse IgG) produzieren, kommt es in der Zelle mit Hilfe des antikörperproduzierenden Apparates zur Assoziation der unterschiedlichen Ketten. Würde sich hierbei von den vorhandenen zwei unterschiedlichen leichten (L) und zwei unterschiedlichen schweren (H) Ketten mit jeder zum intakten aus vier Ketten bestehenden Antikörpermolekül kombinieren können, wären insgesamt 10 verschiedene Moleküle möglich und damit der Anteil an intakten bispezifischen Antikörpern relativ klein [4]. Entsprechend bisheriger Ergebnisse scheint jedoch eine Präferenz in der Kombination derjenigen L- und H-Ketten zu bestehen, die den ursprünglichen Antikörper der jeweiligen Elternlinie bilden, während eine Kombination der verschiedenen L- und H-Ketten zu neuen Antikörpern mit unbekanntem Bindungsort (sogenannte Nonsense combinations) offensichtlich in geringerem Maße auftritt. Demgegenüber scheint die Kombination der beiden H-Ketten und damit auch der monovalenten Moleküle zu intakten bivalenten Antikörpermolekülen mehr oder weniger zufällig abzulaufen [4]. Insgesamt wird dadurch die Entstehung von gewünschten Antikörpern mit zwei unterschiedlichen Antigenbindungsorten begünstigt (Abb. 1). Theoretisch würden damit maximal 50% der Antikörpermoleküle, die von einer aus zwei antikörperproduzierenden Zellen entstandenen Hybridzelle synthetisiert werden, bispezifisch sein. Die ursprünglichen Antikörper würden je 25% der Gesamtpopulation ausmachen. In eigenen Experimenten [5, 6] wurde ein Anteil von 25 bis 33% an bispezifischen Antikörpern gefunden. Ähnliche Ergebnisse wurden auch von anderen Gruppen publiziert [7]. Jedoch existieren bisher keine systematischen Untersuchungen, in denen der genaue Anteil an „Nonsense"-Kombinationen bestimmt wurde.

Nach bisherigen Untersuchungen ist intrazellulär zwischen den verschiedenen IgG-Subklassen eine Kombination zu intakten Antikörpern möglich [5, 8]. Daten anderer Autoren sprechen jedoch dafür, daß eine bevorzugte Kombination zwischen den H-Ketten der gleichen Subklasse auftritt [9]. Kombinationen zwischen IgG- und IgM-Bausteinen zu intakten Molekulen kommen offensichtlich nicht vor [8], es ist aber möglich, Zellen zu produzieren, die IgG- und IgM-Moleküle gleichzeitig nebeneinander synthetisieren. Demgegenüber wurden Zellen beschrieben, die gemischte Moleküle synthetisieren, die aus IgM- und IgA-Bausteinen bestehen [10]. Hierbei kommt es offensichtlich jedoch nicht zur Assoziation der

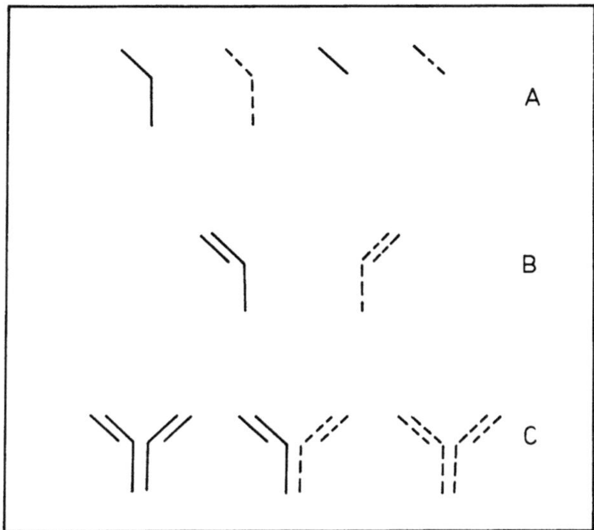

Abb. 1. Intrazellulare Synthese und Kombination der IgG-Ketten in einer Hybrid-Hybridomzelle **A** Alle vier verschiedenen IgG-Ketten werden synthetisiert **B** Die Assoziation der H- und L-Ketten erfolgt vorrangig entsprechend der Antikorperspezifitat der Elternzellen **C** Die Assoziation der H-Ketten zum intakten Antikörpermolekul erfolgt mehr oder weniger zufallig (Bei einigen Subklassen erfolgt die Assoziation der beiden H-Ketten vor Anlagerung der L-Ketten)

μ- und α-Ketten zu Hybriddimeren sondern zur Assoziation von dimeren IgM- und IgA-Grundstrukturen zu einem heteropolymeren IgM-IgA-Molekul.

Die Auswahl der Elternzellen für eine Fusion zur Herstellung bispezifischer monoklonaler Antikörper

Für die Herstellung von Zellinien, die bispezifische Antikörper produzieren, wurden sowohl Fusionen zwischen einer antikörperproduzierenden Hybridomzellinie und B-Lymphozyten von immunisierten Mäusen als auch Fusionen zwischen zwei antikörperproduzierenden Hybridomzellinien durchgeführt Im ersten Fall, wo die erhaltenen Zellen auf ursprünglich drei Elternzellen zurückgehen, spricht man von Triomen, im zweiten, wo sie auf ursprünglich vier Elternzellen zurückgehen, von Quadromen, Tedradomen oder Hybrid-Hybridomen [11]. Da bei der Fusion von zwei Hybridomzellen schon von zwei gut charakterisierten Zellinien und den von diesen produzierten Antikörpern ausgegangen werden kann, wird heute diese Art der Fusion allgemein bevorzugt.

Die Selektion von hybridisierten Zellen nach der Fusion von zwei Hybridomzellinien

Bei allen Zellfusionen handelt es sich um ein verhältnismäßig seltenes Ereignis. Bei der Herstellung von Hybridomzellen wurde ermittelt, daß bei der Fusion mit Hilfe von Polyethylenglykol im Durchschnitt nur 1 Zelle von 1000 bis 10000 zu einer antikörperproduzierenden Hybridzelle wird [12]. Es ist also notwendig, diese extrem geringe Anzahl hybridisierter Zellen herauszuselektieren. Bei der Hybridomtechnik verwendet man selektionsmediumsensitive Myelomzellinien als Fusionspartner, so daß nach der Fusion mit normalen B-Lymphozyten nur die Hybridzellen auswachsen können, die den entsprechenden Gendefekt durch die Fusion kompensiert haben [3]. Da bei der Fusion von zwei etablierten Hybridomzellinien zwei Zellen vorliegen, die in der Zellkultur unbegrenzt wachsen können, ist der Einsatz von zwei unterschiedlichen Markern erforderlich, mit deren Hilfe die hybridisierten Zellen selektiert werden können. In der Mehrzahl der Fälle wurden hierzu ebenfalls selektionsmediumsensitive oder -resistente Zellinien eingesetzt, wodurch dann durch Einsatz der entsprechenden Medien nur die hybridisierten Zellen auswachsen [8]. Die Herstellung und Haltung entsprechend mutierter Zellinien ist jedoch in vielen Fällen sehr zeit- und arbeitsaufwendig.

Die Selektion hybridisierter Zellen mit Hilfe des fluoreszenzaktivierten Zellsortierers

Um die aufwendige Herstellung von geeigneten Mutanten zu vermeiden und die unterschiedlichsten Fusionspartner kombinieren zu können, wurde von uns eine Methode erarbeitet, bei der die Zellen direkt vor der Fusion mit den entsprechenden Markern versehen werden [5]. Diese Methode basiert auf der Markierung der beiden zu fusionierenden Hybridzellinien mit den Fluoreszenzfarbstoffen Fluoreszeinisothiozyanat (FITC) bzw. Tetramethyl-Rhodaminisothiozyanat (TRITC), die eine grüne bzw. rote Fluoreszenz zeigen. FITC und TRITC binden sehr leicht an freie NH_2-Gruppen, und bei einer entsprechenden Wahl der Konzentrationen und des pH lassen sich Zellen direkt mit diesen Substanzen markieren, ohne daß die Lebens- und Teilungsfähigkeit beeinträchtigt werden. Bei entsprechender Fluoreszenzanregung ist sowohl die grüne als auch die rote Fluoreszenz mit Hilfe eines Durchflußzytometers registrierbar. Von uns wurden unterschiedliche Hybridomzellinien mit FITC bzw. TRITC markiert und danach mit Hilfe von Polyethylenglykol entsprechend der üblichen Verfahren fusioniert. Unter Einsatz eines fluoreszenzaktivierten Zellsortierers (FACS III der Firma Becton-Dickinson, U.S.A.) wurden die fusionierten Zellen analysiert, und die Zellen mit grün-roter Doppelfluoreszenz, die in erster Linie hybridisierte Zellen darstellen, wurden selektiert und in Mikrotitrationsplatten ausgesät [5]. Nach dem Auswaschen von Zellkolonien werden diejenigen ausgewählt, die den gewünschten bispezifischen Antikörper produzieren (Abb. 2).

Inzwischen wurde ein ähnliches Verfahren auch von einer anderen Arbeitsgruppe beschrieben [13].

Tests zum Nachweis und zur Reinigung der bispezifischen Antikörper

Die Tests zum Nachweis der bispezifischen Antikörper richten sich nach den jeweiligen Antikörpern und ihrem späteren Verwendungszweck.

Von uns wurden bispezifische Antikörper gegen lösliche Antigene hergestellt, so daß mit einfachen Festphasenimmuntests eine Bestimmung der Zellkolonien durchgeführt werden kann, die die gewünschten Antikörper produzieren (Abb. 3). So wurden Hybrid-Hybridome hergestellt, die Antikörper synthetisieren, die einen Antigenbindungsort für den Tumormarker Alpha-Fetoprotein (AFP) und einen

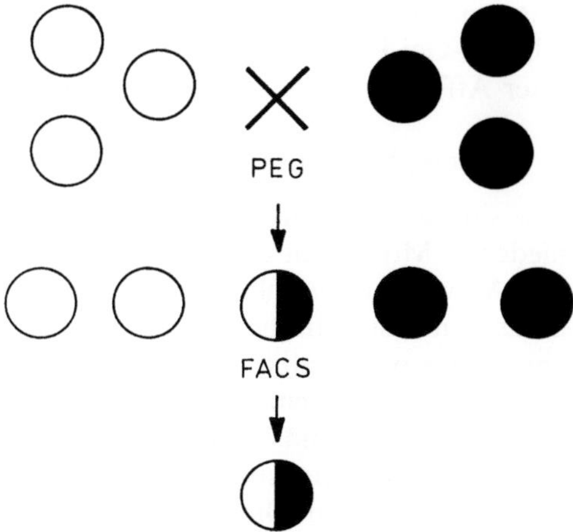

Abb. 2. Schematische Darstellung der Herstellung von Hybrid-Hybridomen nach Markierung der Zellen mit zwei verschiedenen Fluoreszenzfarbstoffen (offene und geschlossene Kreise), Fusion der Zellen mit PEG und anschließender Isolierung der doppelt fluoreszierenden Hybride mit Hilfe eines fluoreszenzaktivierten Zellsortierers (FACS)

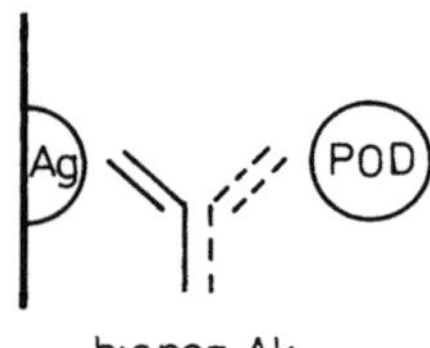

Abb. 3. Schematische Darstellung eines Festphase-Immuntests zum Nachweis bispezifischer Antikörper (*Ak*) gegen ein lösliches Antigen (*Ag*) und Meerrettich-Peroxidase (*POD*)

Antigenbindungsort für das Markerenzym Meerrettich-Peroxidase (POD) besitzen [5]. Diese Antikörper lassen sich leicht durch Festphasetests mit folgender Inkubationssequenz nachweisen: adsorbiertes gereinigtes AFP – bispezifischer Antikörper – POD (mit anschließender Enzymreaktion). Mit einem ähnlichen Test wurden von uns Hybrid-Hybridome identifiziert, die bispezifische Antikörper mit einem Bindungsort gegen FITC und einem zweiten gegen POD produzieren [6].

Da die Hybrid-Hybridome, wie oben ausgeführt, neben den gewünschten bispezifischen Antikörpern auch noch die ursprünglich von den Elternhybridomen produzierten Antikörper synthetisieren, ist eine Reinigung der Antikörper erforderlich.

Von uns wurde eine relativ gute Reinigung der bispezifischen Antikörper aus der Aszitesflüssigkeit mit Hilfe der Hydroxylapatit-Säulenchromatographie erreicht [5, 6]. Die Isolierung mit Hilfe dieser Methode wurde durch die Tatsache ermöglicht, daß jeder Antikörper offensichtlich ein eher individuelles als subklassenabhängiges Verhalten bei der Elution von Hydroxylapatit zeigt.

Von anderen Arbeitsgruppen wurde die Reinigung mit Hilfe von DEAE-Säulenchromatographie [8], Affi-Gel-Protein-A-Chromatographie mit anschließender HPLC [9] oder doppelter Affinitätschromatographie [14] beschrieben.

Nutzung bispezifischer Antikörper

Bispezifische Antikörper sind überall dort von Nutzen, wo die gleichzeitige Bindung von zwei verschiedenen Molekülen notwendig ist. Dadurch bieten sich im Prinzip die vielfältigsten Anwendungsmöglichkeiten [11].

So wurde der Einsatz von bispezifischen monoklonalen Antikörpern in der Immunhistologie beschrieben, wobei Antikörper mit einem Bindungsort gegen die zellulär lokalisierten Antigene und einem zweiten Bindungsort gegen ein Markerenzym eingesetzt wurden [4]. Von uns wurden bispezifische Antikörper zum Aufbau von Zwei-Seiten-Enzymimmuntests genutzt [5, 6]. Der Einsatz eines bispezifischen Antikörpers, der mit einem Bindungsort gegen das im Test nachzuweisende Antigen und mit dem zweiten Bindungsort gegen das Markerenzym Peroxidase (POD) reagiert, bietet eine Reihe von Vorteilen. Bei diesem Verfahren ist keine chemische Kopplung von Enzym und Antikörper erforderlich, weiterhin kann mit ungereinigten Enzympräparationen gearbeitet werden. Die von uns hergestellten monoklonalen bispezifischen Antikörper gegen FITC und POD wurden als universelle Indikatoren für die unterschiedlichsten Testsysteme eingesetzt (Abb. 4). Da sich FITC sehr leicht an Proteine binden läßt, können mit Hilfe von FITC-markierten Antigenen bzw. Antikörpern Tests entwickelt werden, für die alle das gleiche Nachweisverfahren eingesetzt werden kann [6].

Neben dem Einsatz von bispezifischen Antikörpern für die Immunhistologie und für Enzymimmuntests wird auch ihre Nutzung für die Immunaffinitätschromatographie sowie für den Aufbau immuntherapeutischer Modelle diskutiert [11].

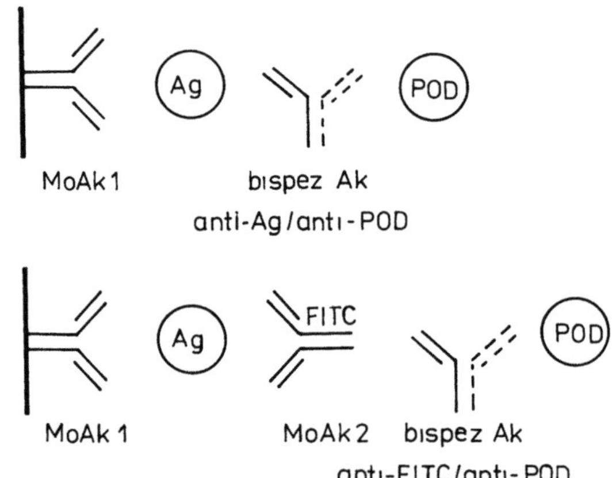

Abb. 4. Schematische Darstellung der Nutzung bispezifischer Antikorper (*Ak*) in Zwei-Seiten-Bindungstests. Ein an die feste Phase adsorbierter monoklonaler Antikörper (*mAK 1*) bindet das nachzuweisende Antigen (*Ag*), wonach als Indikatorantikörper entweder ein bispezifischer Antikörper gegen das Antigen und Peroxidase (*POD*) oder ein fluoreszeinisothiozyanatmarkierter mAK und ein bispezifischer Antikörper gegen FITC und POD eingesetzt werden

So wurden bispezifische Antikorper beschrieben, die gegen Oberflächenantigene von Tumorzellen und gegen ein Toxin bzw. gegen zytotoxische Immunzellen reagieren [14, 15, 16]. Die Bindung eines solchen Antikörpers an die Oberfläche der Tumorzellen und die nachfolgende Bindung der Toxine bzw. die Bindung und Aktivierung zytotoxischer Zellen kann dann zur Zerstörung der Zellen führen. Gerade die zuletzt angeführten Experimente unterstreichen die potentielle Bedeutung derartiger Antikörper. Inwieweit die Hoffnungen in eine praktische Nutzung gerechtfertigt sind, müssen zukünftige Untersuchungen zeigen.

Literatur

1 Hämmerling U, Aoki T, de Harven E, Boyse EA, Old LJ (1968) Use of hybrid antibody with anti-γ-G and anti-ferritin specificities in locating cell surface antigens by electron microscopy J Exp Med 128 1461–1473

2 Brennan M, Davison PT, Paulus H (1985) Preparation of bispecific antibodies by chemical recombination of monoclonal immunoglobulin G1 fragments Science 229. 81–83

3 Galfre G, Milstein C (1981) Preparation of monoclonal antibodies strategies and procedures. Meth Enzymol 73. 3–46

4 Milstein C, Cuello AC (1984) Hybrid hybridomas and the production of bi-specific monoclonal antibodies. Immunol Today 5. 299–304

5 Karawajew L, Micheel B, Behrsing O, Gaestel M (1987) Bispecific antibody-producing hybrid hybridomas selected by a fluorescence activated cell sorter J Immunol Meth 96. 265–270

6 Karawajew L, Behrsing O, Kaiser G, Micheel B (1988) Production and ELISA application of bispecific monoclonal antibodies against fluorescein isothiocyanate (FITC) and horseradish peroxidase (HRP) J Immunol Meth 111 95–99

7 Milstein C, Cuello AC (1983) Hybrid hybridomas and their use in immunohistochemistry Nature 305. 537–540

8 Suresh MR, Cuello AC, Milstein C (1986) Bispecific monoclonal antibodies from hybrid hybridomas Meth Enzymol 121. 210–228

9 Takahasi M, Fuller SA (1988) Production of murine hybrid hybridomas secreting bispecific monoclonal antibodies for use in urease-based immunoassays Clin Chem 39 1693–1696

10 Urnovitz HB, Chang J, Scott M, Fleischmann J, Lynch RG (1988) IgA IgM and IgA IgA hybrid hybridomas secrete heteropolymeric immunoglobulins that are polyvalent and bispecific J Immunol 140. 558–563

11 Klausner A (1987) Quadromas yield bispecific antibodies Bio/Technology 5 195–195

12 Siekevitz M, Kocks C, Rajewski K, Diltrop R (1987) Analysis of somatic mutation and class switching in naive and memory B cells generating adoptive primary and secondary response Cell 48. 757–770

13 Koolwijk P, Rozenmuller E, Stad RK, de Lau WBM, Bast BEG (1988) Enrichment and selection of hybrid hybridomas by percoll density gradient centrifugation and fluorescent activated cell sorting Hybridoma 7. 217–225

14 Corvalan JRFT, Smith W (1987) Construction and characterization of a hybrid-hybrid monoclonal antibody recognizing both carcinoembryonic antigen (CEA) and vinca alkaloids Cancer Immunol Immunother 25 127–132

15 Staerz UD, Bevan MJ (1986) Hybrid hybridoma producing a bispecific monoclonal antibody that can focus effector T-cell activity Proc Nat Acad Sci 83 1453–1457

16 Clark M, Gillibaud L, Waldmann H (1988) The potential of hybrid antibodies secreted by hybrid hybridomas in tumour therapy. Int Cancer [Suppl 2] 15–17

Anschrift des Verfassers: Dr B Micheel, Zentralinstitut fur Molekularbiologie der Akademie der Wissenschaften der DDR, Bereich Experimentelle und Klinische Immunologie, Lindenberger Weg 70, DDR-1115 Berlin, Deutsche Demokratische Republik

Einsatz monoklonaler Antikörper zur Substanzquantifizierung in biologischen Flüssigkeiten

Multireaktivität oder Kreuzreaktivität monoklonaler Antikörper?

S. T. Kießig, S. Jahn, T. Porstmann, R. Grunow, H. D. Volk, F. Hiepe, A. Lukowsky und *R. von Baehr*

Institut fur Medizinische Immunologie, Klinik fur Innere Medizin, Bereich Medizin (Charité) der Humboldt-Universität zu Berlin, Deutsche Demokratische Republik

Daß die Hauptaufgabe der Antikörper (Ak) in der Abwehr im Zusammenspiel mit verschiedenen anderen Mechanismen zu suchen ist, ist eines der unbestrittenen Grundprinzipien der Immunologie. In diesem Konzept spielten die Ak, die „selbst“ erkennen, zunächst eine „unnötige“ Rolle, dargestellt im Begriff des „Horror autotoxicus“ P. Ehrlichs [4] und der „Forbidden clones“ (Burnet) [3]. Andererseits existieren die klassischen Studien von Landsteiner [5], die die hohe Spezifität von Antigen-(Ag)-Ak-Reaktionen nachweisen. Innerhalb der fünfziger Jahre erschienen dann eine Reihe von Arbeiten, in denen autoimmune Reaktionen als möglich, aber abwegig bezeichnet wurden. In der nachfolgenden dritten Phase mit der Beschreibung von „natural antibodies“ durch Boyden [2] wurde erkannt, daß die Fähigkeit von Organismen, Autoantikörper zu bilden, eine normale Erscheinung ist.

Für diese „natural antibodies“ ist es typisch, daß sie, wie es Avrameas [1] zunächst für humane Myelomproteine und dann für monoklonale Ak der Maus zeigte, mit mehreren Antigenen, die verschiedener Natur sind, reagieren können. Unklar ist dabei stets geblieben, ob die Ak kreuzreaktiv sind, das heißt, ob sie mit verwandten Epitopen reagieren können, oder ob sie multireaktiv sind, wobei Antigenverwandtschaften ausgeschlossen werden können. Es stehen für den Nachweis von Multi- oder Kreuzreaktivitäten eine Reihe verschiedener Testsysteme auf Enzymimmunoassaybasis zur Verfügung (Abb. 1):

1. die Antiglobulin- oder Sandwichtechnik,
2. Capturetechniken mit einem markierten Ag,
3. Capture-Brückentechniken und
4. Kompetitionsassays auf der Basis von Zwei-Seiten-Bindungstests.

Das klassische Nachweissystem von Antikörpern ist der ELISA in der Antiglobulintechnik. Dabei ist das Ag „A“ an der festen Phase insolubilisiert und kann mit „Anti-A“ reagieren. Ist der Ak multi- oder kreuzreaktiv, kann er auch in

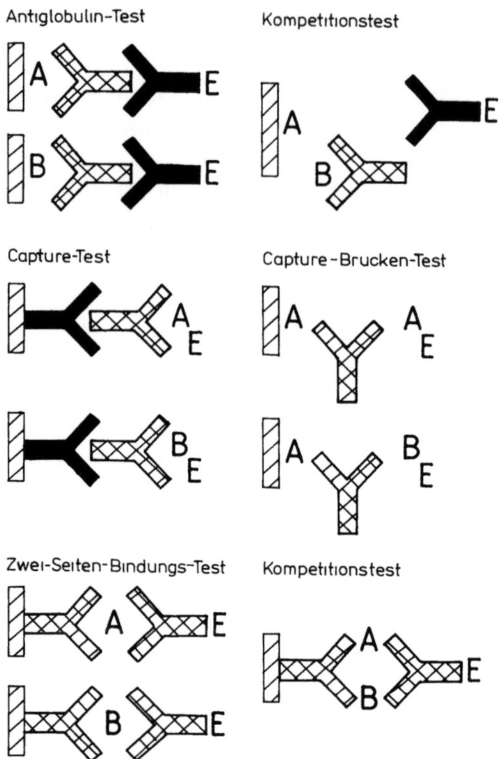

Abb. 1. Verschiedene Testsysteme zum Nachweis multireaktiver Antikörper

dieser Form angebotenes Ag „B" erkennen bzw. durch freies Ag „B" aus seiner Bindung an „A" verdrängt werden (Abb. 2).

Dazu wurden 64 Antigene eingesetzt. Weiterhin wurden 73 monoklonale Ak (20 kommerzielle murine, 42 eigene murine und 31 humane) in einer Konzentration von 1 bis 2 mg/ml verwendet. Als Konjugate dienten klassen- und speziesspezifische peroxidase-(POD-)markierte Ak.

Reagiert ein Ak in der Antiglobulintechnik, so kann er auch in der klassischen Capturetechnik nachweisbar sein. Dabei werden die Ak über klassen- bzw. F_c-spezifische Ak an die feste Phase gebunden. Die freien Ag-Bindungsstellen der multireaktiven Ak sind dann in der Lage, markiertes Ag (Tetanustoxin-POD, 2 mg/l) zu binden.

Ein ähnlich aufgebautes System (Capture-Brückentechnik) nutzt die Tatsache, daß ein Ak über mindestens zwei Ag-Bindungsstellen verfügt. Dabei kann sich ein Paratop an das festphaseinsolubilisierte Ag und das zweite an das markierte Ag binden, so daß der Ak eine Brücke zwischen beiden bildet. Ist ein Ak multireaktiv, so ist zu erwarten, daß er zwei unterschiedliche Antigene gleichzeitig zu erkennen vermag (siehe Abb. 1).

Eine weitere Methode, eine Multireaktivität nachzuweisen, ist mit einem Enzymimmunoassay zum Antigennachweis gegeben. Bedingung ist hierbei allerdings, daß hochreine Antigene zur Verfügung stehen. Das war einerseits α-Fetoprotein

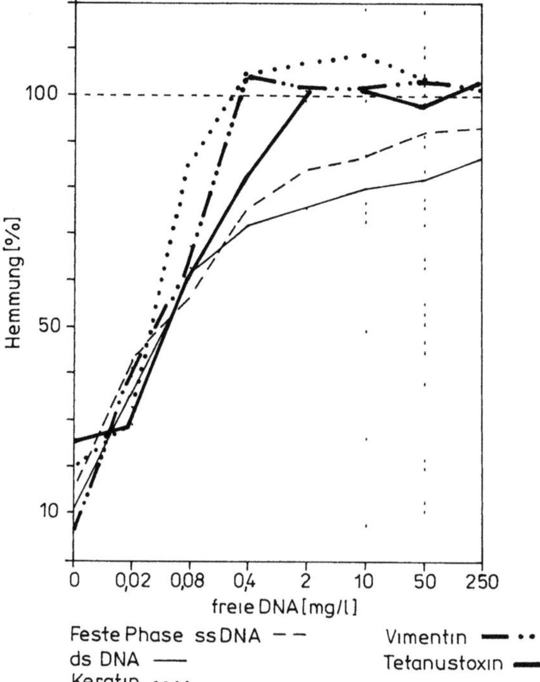

Abb. 2. Nachweis der Bindungshemmung an verschiedene Festphasenantigene mit verschiedenen Konzentrationen freier denaturierter (ss)DNA fur den multireaktiven monoklonalen Antikorper CB 15

Tabelle 1. Haufigkeit multireaktiver monoklonaler Antikörper (n = 73) fur humanes IgM, humanes IgG, Maus IgG und Maus IgM

Humanes IgM, multireaktiv	56%	nicht multireaktiv.	44%
Humanes IgG, multireaktiv	66%	nicht multireaktiv	34%
Maus IgM, multireaktiv	89%	nicht multireaktiv	11%
Maus IgG, multireaktiv	60%	nicht multireaktiv	40%

(AFP) und andererseits rekombinante Superoxiddismutase (SOD). Unter Verwendung dieser Antigene wurden fünfzehn verschiedene Ak in festphaseadsorbierter Form mit sieben verschiedenen Ak als Konjugat im Zwei-Seiten-Enzymimmunoassay kombiniert

Da bei allen Antiglobulintechniken, wie ELISA, Immunfluoreszenz oder Westernblot, eine unspezifische Reaktion des zu testenden Ak mit der festen Phase nicht sicher auszuschließen ist, wurden neben der Kombination von verschiedenen Testprinzipien die Inkubationsbedingungen gewahlt, die eine unspezifische Bindung weitgehend unterdrückten. Dazu wurden eine Tween-20-Konzentration von 0,1% (v/v) sowie eine Natriumchloridkonzentration von 0,3 mol/l eingesetzt.

Die Ergebnisse der Antiglobulintechnik machen deutlich, daß Maus-IgG von Klonen, die in unseren Laboratorien etabliert wurden, 33% und von den kommerziellen Klonen 20% aller angebotenen Antigene erkennt. Die untersuchten Maus-IgG-Klone sind zu 89% multireaktiv. Ähnlich verhalten sich humanes mo-

Tabelle 2. Nachweis der Multireaktivität ausgewählter monoklonaler Ak mit Hilfe der Antiglobulin- und Capture-Brückentechnik (Konzentration = 1 mg/l

Klon	Ig	P A K	B III	K 1	B var.	Phosphorylcholin	TNP-BSA	HSA	Tetanustoxin	Diphtheriet.	Transferr	Actin	Keratin	SOD	Myosin	Thyreoglob.	Myoglob.	Tubulin	Candidin	ss DNA	ds DNA	ENA	RNP	Collagen I, II, III	AV 2 Hexon	RSV	Influenza A + B	LPS	% pos. AG
SRBC	mG	P	+	+	+	—	—	—	+	—	—	—	—	—	—	—	—	—	—	—	—								25
Mon-9	G	P	+	—	—	—	—	—	+	+	—	—	+	+	—	—	—	+	—	—	+								40
93-18	G	KA	—	—	—	—	—	—	—	—	—	—	—	—	—	—	—	—	—	—	—								5
2 B 1	G	KA	+	+	+	—	+	—	—	—	—	—	—	—	—	—	—	+	—	+	+								45
SOD 4	G	A	+	+	+	+	+	—	+	—	—	—	—	+	—	—	+	—	+	+	+								58
SOD 7	G	A	—	—	—	—	+	—	+	—	—	—	—	+	—	—	—	+	+	+	+								36
SOD 1	G	KA	—	—	—	—	—	—	+	—	—	—	—	+	—	—	—	—	—	—	—								15
SOD 3	G	KA	+	+	+	+	+	—	+	+	—	—	+	+	—	—	—	—	—	+	+								58
SOD 2	G	A	+	+	+	+	+	—	—	—	—	—	—	+	—	—	—	—	—	—	—								31
SOD 10	G	A	+	+	+	—	+	—	+	—	—	—	+	+	—	—	—	—	—	+	+								47
SOD 5	G	KA	+	+	+	—	+	—	+	—	—	—	+	+	—	—	—	—	—	+	+								47
D 5 E 1	G	P	—	—	—	—	—	—	—	—	—	—	—	—	—	—	—	—	—	—	—								5
TE 11	G	P	—	—	—	—	—	—	—	—	—	—	—	—	—	—	—	—	—	—	—								5
D 5 C 1	G	P	—	—	—	—	—	—	+	—	—	—	—	+	—	—	—	—	—	—	—								15
DRI a 4	G	KA	+	+	+	—	—	—	+	+	+	+	+	+	+	+	+	+	+	—	+								70
HNK 1	G	K	+	+	+	+	+	—	—	—	—	—	—	—	+	+	+	—	—	—	+								45
OKT 8	G	A	—	—	—	—	—	—	—	—	—	—	—	—	—	—	—	—	—	—	—								5
Leu-1	G	A	—	—	—	—	—	—	—	—	—	—	—	—	—	—	—	—	—	—	—								5
Ta-1	G	A	—	—	—	—	—	—	—	+	—	—	—	—	—	—	—	—	—	—	+								15
Tac	G	KA	—	—	—	—	—	—	+	+	—	—	+	—	—	—	—	—	—	—	+								20
OKT 9	G	A	+	—	—	—	+	—	—	+	—	—	—	—	—	—	—	—	—	—	—								20
DR	G	A	+	—	—	—	—	—	—	+	—	—	—	—	—	—	—	—	—	—	—								15
OKT 3	G	A	—	—	—	—	—	—	—	—	—	—	—	—	—	—	—	—	—	—	—								5
β_2m	G	KA	+	—	—	—	—	—	+	—	—	—	—	—	—	—	—	—	—	—	—								15

DR	G	A	—	—	—	—	—	—	—	—	—	—	—	—	—	—	—	—	—	—	—								5
OKT 4	G	A	—	—	—	—	—	—	—	—	—	—	—	—	—	—	—	—	—	—	—								5
OX-17	G	A	—	—	—	—	—	—	—	+	—	—	—	—	—	—	—	—	—	—	—								10
W 3-13	G	A	+	+	+	+	+	—	—	—	—	—	—	—	—	—	—	—	—	+	+								40
W 3-23	G	A	+	+	+	+	+	—	—	—	—	—	—	—	—	—	—	—	—	—	+								35
OX-8	G	A	+	+	+	+	+	—	+	—	—	—	—	—	—	—	+	—	—	+	+								50
HRT-18	G	K	+	+	+	—	+	—	+	+	—	—	—	—	—	—	—	—	—	—	+								35
TSH	G	A	—	—	—	+	—	—	+	+	—	—	+	—	—	—	—	—	—	—	—								20
ZID 1	mM	K	—			+			+	—			+	—						—	—								37
ZID 2	M	K	—			+			+	+			+	—						+	+								75
ZID 3	M	K	—			—			+	—			+	—						—	—								25
ZID 4	M	K	—			+			—	—			—	—						—	+								25
ZID 5	M	K	—			—			—	—			—	—						—	+								12
ZID 6	M	K	—			—			—	—			—	—						—	—								0
ZID 7	M	K	—			+			+	+			+	—						+	+								75
ZID 8	M	K	—			+			+	+			+	—						+	+								75
ZID 9	M	K	—			+			+	+			+	—						+	+								75
4 B 5	hG	K	—	+	+	—	—	—	+	+	+	+	+	+	—	+	—	+	—	—	+								54
2 G 2	G	K	—	—	—	—	—	—	—	—	+	—	—	—	—	+	—	+	—	—	—								18
3 D 5	G	K	—	—	—	—	—	—	+	—	+	+	+	—	—	+	—	+	—	—	—								31
3 D 6	G	K	—	—	—	—	—	—	+	—	+	+	+	—	—	+	—	—	—	—	—								22
CB 15	hM	K	—	—	—	+	—	—	+	—	—	—	+	—	—	—	—	+	—	+	+	+	+	+	+	+	+	+	50
CB 17	M	K	—	—	—	+	—	—	+	+	—	—	+	+	+	—	—	—	—	+	+	+	+	+	+	+	+	+	58
CB 18	M	K	—	—	—	+	+	—	+	+	—	—	+	+	+	—	—	—	—	+	+	+	—	+	+	+	+	—	54
CB 23	M	K	—	—	—	+	+	—	+	+	—	—	+	+	—	—	—	—	+	+	+	+	—	+	+	+	+	—	54
CB 01	M	K	+	+	+	—	+	—	+	+	—	—	+	+	—	—	—	—	—	+	+								52
CB 02	M	K	—	—	—	—	—	—	—	—	—	—	+	—	—	—	—	—	—	+	—								10
CB 05	M	K	—	—	—	—	—	—	+	—	—	—	—	—	—	—	—	—	—	—	—								5

mG Maus IgG
mM Maus IgM
hG humanes IgG
hM humanes IgM
p affinitatschromatografisch gereinigter monoklonaler Ak

A Ascites
K Kulturüberstand
— E_{492} nm $\leqslant$ Leerwert + 3 S
+ E_{492} nm $\geqslant$ Leerwert + 5 S in der Antiglobulintechnik
+ E_{492} nm $\geqslant$ Leerwert + 5 S in der Capture-Brückentechnik mit Tetanustoxin-POD

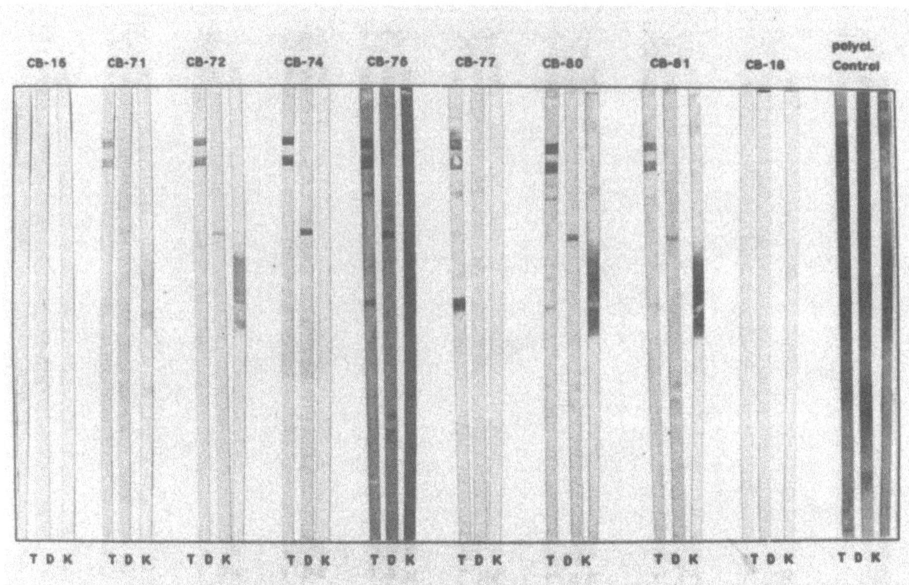

Abb. 3. Westernblot auf verschiedenen Antigenen (*T* Tetanustoxin, *K* Keratin, *D* Diphtherietoxin) zum Nachweis der Multireaktivität verschiedener humaner monoklonaler IgM Antikörper

Tabelle 3. Reaktivitat humaner monoklonaler IgM in verschiedenen Testsystemen, die primär auf Tetanustoxin mit Hilfe der Antiglobulintechnik gefunden wurden (Konzentration = 1 mg/l)

Technik	Klon								
	CB 15	CB 1	CB 2	CB 3	CB 4	CB 5	CB 6	CB 7	CBF 7
Antiglobulintechnik	0,4	1,2	0,4	0,6	2,0	1,2	2,0	2,0	—
Capture I	0,2	0,2	0,4	2,0	2,0	0,4	0,3	0,1	—
Capture II	—	—	—	—	0,4	2,0	—	—	—
Capture-Brücken-Test	—	—	—	—	0,6	0,5	—	—	—

Ergebnisse: in Extinktion bei 492 nm
— Extinktion bei 492 nm < 0,05 (Leerwert)
CB4 nicht multireaktiv

noklonales IgG und IgM (Tabelle 1). Dabei ist die Minderheit der Klone (9) bei 19 angebotenen Antigenen nicht multireaktiv (Tabelle 2). Kompetitionsversuche waren in verschiedensten Kombinationen durchführbar.

Ein Teil der humanen Ak, die primär auf Tetanustoxin getestet wurden, wurde in zwei verschiedenen Capturetechniken untersucht. Hierbei sind lediglich die Ak von zwei Klonen (ein multireaktiver und ein monospezifischer) in der Lage, markiertes Tetanustoxin zu binden, obwohl die Ak aller Klone im Western blot reagierten (Tabelle 3, Abb. 3).

Die Reaktivität der monoklonalen Ak ist in Abhängigkeit vom Nachweissystem sehr different, da sich die Festphaseadsorption und die Peroxidasemarkierung unterschiedlich auf die Struktur der Antigene auswirken. Die Anwendung der Brückentechnik zeigte für einige monoklonale Ak, daß sie eindeutig mindestens bispezifisch sind und sogar mit Antigenen unterschiedlichster Natur reagieren können (Tabelle 2). Weitere Experimente sollten mit verschiedenen Kombinationen von monoklonalen Ak, Anti-SOD, einem monoklonalen Anti-AFP, Anti-HBs- und Anti-CD 4-(OKT 4-)Ak unterschiedliche Möglichkeiten für den Nachweis von AFP bzw. SOD zeigen. Dabei wurde durch die Verwendung des OKT 4-Ak dessen Reaktion mit löslicher SOD deutlich. Das war bei der Verwendung von festphaseinsolubilisierter SOD im ELISA nicht auffällig geworden (Tabellen 4 und 5).

Tabelle 4. Untere Nachweisgrenzen (µg/l) für SOD bei Anwendung verschiedener Kombinationen monoklonaler und polyklonaler (p) Ak

Feste Phase	POD-Konjugat						
	aAFP (p)	SOD 1	SOD 5	SOD 10	SOD 11	aSOD (p)	Mon 9
Mon 9	—	400[1]	—	—	—	—	—
SOD 11	—	3,2	0,6	0,6	0,6	0,6	—
SOD 2	—	0,6	—	—	3,2	400	—
SOD 3	—	400	—	—	—	—	—
SOD 4	—	0,6	80	—	16	0,6	—
SOD 5	—	0,6	—	—	—	3,2	—
SOD 7	—	3,2	0,6	80	3,2	16	—
SOD 10	—	0,6	—	400	—	—	—
D 5 C 1	—	—	—	—	—	—	—
2 B 1	—	—	—	—	—	—	80[1]
OKT 4	—	400!	—	—	—	—	—
aAFP (p)	—	—	—	—	—	—	—
aSOD (p)	—	0,6	3,2	0,6	0,6	0,6	—

[1] Kombination nur für multireaktive Ak möglich

Tabelle 5. Untere Nachweisgrenzen (µg/l) für AFP bei Anwendung verschiedener Kombinationen monoklonaler und polyklonaler (p) Ak

Feste Phase	POD-Konjugat						
	aAFP (p)	SOD 1	SOD 5	SOD 10	SOD 11	aSOD (p)	Mon 9
Mon 9	0,6	—	—	—	—	—	—
SOD 11	—	—	2000[1]	80[1]	16[1]	400!	—
SOD 2	—	—	—	—	—	—	—
SOD 3	—	—	—	—	—	—	—
SOD 4	—	80[1]	—	—	—	—	—
SOD 5	—	80[1]	—	—	—	—	—
SOD 7	—	—	—	400[1]	—	—	—
SOD 10	—	—	—	—	—	—	—
D 5 C 1	—	—	—	—	—	—	—
2 B 1	—	—	—	—	—	—	400[1]
OKT 4	—	—	—	—	—	—	—
aAFP (p)	3,2	—	—	—	—	—	16
aSOD (p)	—	—	—	—	—	—	—

[1] Kombination nur für multireaktive Ak möglich

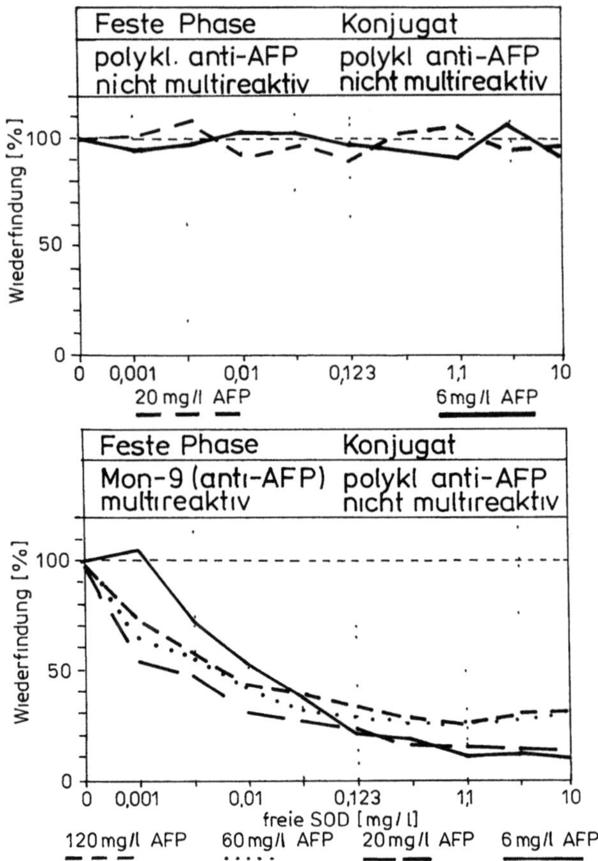

Abb. 4. Beeinflussung der Wiederfindung im Zwei-Seiten-Bindungstest (AFP-EIA) durch den Einsatz von multireaktiven Antikörpern an der festen Phase

Werden beim Antigennachweis beide Antigene gleichzeitig angeboten, ist bei der Nutzung eines nicht multireaktiven Ak an der festen Phase keine Kompetition festzustellen. Dagegen verändert sich die Wiederfindung für SOD bzw. AFP deutlich (20 bis 580%) bei multireaktiven Klonen als Erst-Ak und/oder im Konjugat (Abb. 4). Eine Reaktivität mit mindestens 2 Proteinen ließ sich auch im Westernblot nach gleichzeitiger Auftrennung von AFP und SOD zeigen. Einige monoklonale Ak (SOD 1, SOD 5, SOD 10, Mon 9 [Anti-AFP]) reagierten mit beiden Antigenen gleichzeitig.

Schlußfolgernd aus den genannten Ergebnissen läßt sich sagen: Die Mehrheit aller untersuchten monoklonalen Ak ist multireaktiv. Das trifft für monoklonales IgM häufiger zu als für monoklonales IgG. Humane und murine monoklonale Ak sind dabei gleichermaßen beteiligt. Die meisten Ak zeigten echte Multireaktionen. Gemeinsame Epitope sind für reine Kohlenhydrate (K 1, B III), DNA und Proteine nahezu ausgeschlossen. So besteht zum Beispiel auch bei AFP und SOD keine statistisch signifikante Übereinstimmung in den Aminosäurefrequenzen. Wie am Beispiel der AFP- bzw. SOD-Bestimmung gezeigt wurde, sind alle monoklonalen Ak vor ihrem Einsatz auf verschiedene Störfaktoren in den einzelnen Testsystemen zu untersuchen. Dabei sollten stets Referenzmethoden genutzt werden, denen andere Nachweisprinzipien zugrunde liegen.

Folgende Fragen müssen in weiteren Untersuchungen geklärt werden:

1. Wie sind die Affinitätskonstanten multireaktiver Ak zu differenten Antigenen?

2. Ist der multireaktive oder der monospezifische monoklonale Ak die Ausnahme?

3. Welche Rolle spielen solche monoklonalen Ak in vivo, da ihre Produzenten offensichtlich zum normalen B-Zell-Repertoire gehören?

4. Zeigt sich über das Prinzip der Multireaktivität monoklonaler Ak ein neuer Weg zur Aufklärung von Autoimmunphänomenen unter Einbeziehung der Idiotyp-Antiidiotyp-Regulation?

Literatur

1 Avrameas S, Guilbert B, Dighiero G (1981) Natural antibodies against tubulin, actin, moyglobin, thyreoglobulin, fetuin, albumin, and transferrin are present in human sera and monoclonal immunoglobulins from multiple myeloma and Waldenstrom's macroglobulinaemia may express similar antibody specificities Ann Immunol Paris 132 C 231

2 Boyden SV (1963) Natural antibodies and the immune response Adv Immunol 5. 1

3. Burnet F (1959) The clonal selection theory of aquired immunity Cambridge University Press

4 Ehrlich P (1900) On immunity with special reference to cell life (Croonian Lecture) Proc R Soc Lond 66. 424

5 Landsteiner K (1962) The specificity of serological reactions V Artificial conjugated antigen Dover Publ NY, 56

Anschrift des Verfassers: Dr S T Kießig, Institut fur Medizinische Immunologie, Bereich Medizin (Charité), Humboldt-Universität zu Berlin, Schumannstraße 20/21, DDR-1040 Berlin, Deutsche Demokratische Republik

Aufbau eines superschnellen Enzymimmunoassays für humane Cu/Zn Superoxid-Dismutase mit monoklonalen Antikörpern und Beispiele für seine klinische Anwendung

T. Porstmann[1], *R. Wietschke*[1], *S. Jahn*[1], *R. Grunow*[1], *H. Schmechta*[4], *B. Porstmann*[2], *S. Kießig*[1], *M. Pergande*[3], *R. Bleiber*[2] und *R. von Baehr*[1]

[1] Institut für Medizinische Immunologie,
[2] Institut für Pathologische und Klinische Biochemie und
[3] Abteilung für Experimentelle Organtransplantation, Bereich Medizin (Charité) der Humboldt-Universität zu Berlin,
[4] Institut für Gerichtliche Medizin der Militärmedizinischen Akademie, Bad Saarow, Deutsche Demokratische Republik

Einleitung

Superoxid-Dismutase (SOD, EC 1.15.1.1) katalysiert die Umwandlung der Superoxid-Anionen zu Wasserstoffperoxid und verhindert dadurch die Entstehung von Hydroxyl-Radikalen, die als Induktor der Lipidperoxidation zu schweren Membranschäden führen [15]. Das Enzym existiert in multiplen Formen mit unterschiedlichen Metallen als prosthetische Gruppe. Die manganabhängige SOD (Mn SOD), gesteuert durch ein Gen auf dem Chromosom 6, ist vorzugsweise im intrazisternalen Raum der Mitochondrien lokalisiert, während die kupfer/zinkabhängige SOD (Cu/Zn SOD) sich hauptsächlich im Zytosol befindet und das entsprechende Gen auf dem Chromosom 21 lokalisiert ist [9, 21, 22]. Beide Enzyme werden durch Kooperation der SOD-Gene so geregelt, daß die Gesamtaktivität der SOD in den Zellen nahezu konstant bleibt, wodurch ihre Aktivitätsänderungen häufig gegenläufig sind [5, 6, 11]. Aktivitätsveränderungen als Folge der Erhöhung der Substratkonzentration (O_2^-) oder auf Grund numerischer Chromosomenaberrationen (Trisomie 21) werden nur dann deutlich, wenn nicht die Gesamtaktivität der SOD, sondern die der Cu/Zn SOD getrennt von der Mn SOD gemessen wird. Die Zyanidhemmbarkeit der Cu/Zn SOD läßt zwar eine Differenzierung zwischen der Mn-abhängigen und der Cu-abhängigen SOD zu. Letztere ist jedoch nicht von der hochmolekularen, vorwiegend extrazellulären Cu/Zn-abhängigen SOD (EC-SOD) zu differenzieren [14].

Unterschiedliche Antigenstrukturen der SOD-Moleküle ermöglichen allerdings die Erzeugung nicht kreuzreagierender Antikörper, so daß die eine Form störfrei bei Anwesenheit einer anderen immunchemisch quantifiziert werden kann. Auch die bekannten methodischen Schwierigkeiten bei der enzymatischen SOD-Bestimmung, wie die kontinuierliche Erzeugung von Superoxid-Radikalen als Substrat, die Störung durch Scavengermoleküle für O_2^- wie zum Beispiel Metallionen, Metallproteine oder Ascorbat und die partielle Produkthemmung der SOD, lassen notwendige Probevorbehandlungen wie Dialyse oder Proteinfällungen überflüssig werden [4, 8, 17].

Deshalb erzeugten wir polyklonale und monoklonale Antikörper gegen Cu/Zn SOD und entwickelten mit ihnen einen Zwei-Seiten-Enzymimmunoassay (EIA) zur immunchemischen Quantifizierung des Enzyms.

Material und Methoden

Human-Cu/Zn SOD

Rekombinante Cu/Zn SOD (rSOD), exprimiert in E. coli (Biotechnology General Ltd., Rehovot, Israel), wurde zur Immunisierung von Schafen und Mäusen, zur Insolubilisierung für die Immunosorbentchromatographie und als Standard für den EIA verwendet.

Polyklonale und monoklonale Antikörper

Zur Erzeugung polyklonaler Antikörper erhielten Schafe initial 5 mg rSOD und als Boosterinjektionen jeweils 0,5 mg, bis eine starke Antikörperantwort mittels Immunopräzipitationstechniken nachweisbar wurde. Die Anti-SOD-Antikörper wurden aus der Gammaglobulinfraktion des Hyperimmunserums durch Immunosorbentchromatographie isoliert. Ihre Desorption von SOD-Sepharose erfolgte mit 3 mol/l KSCN.

Monoklonale Antikörper (mAK) wurden durch Fusion von Milzzellen hyperimmunisierter Balb/c-Mäuse mit der X 63-Ag 8.563-Myelomzellinie hergestellt [13]. Die Mäuse wurden initial mit 0,1 mg rSOD immunisiert und mit 0,05 mg geboostert. Die Überprüfung der Antikörperinduktion sowie das Screening auf Anti-SOD-Antikörper nach der Fusion erfolgte mittels ELISA-Technik mit adsorptiv gebundener rSOD und peroxidasemarkiertem Anti-Fcγ-Maus. Anti-SOD-Antikörper produzierende Zellklone wurden vergrößert und in Pristan behandelte Mäuse zur Antikörperproduktion im Aszites injiziert. Die Kinetik der Antikörperbildung in der Zellkultur und im Aszites wurde im EIA verfolgt. In den mit Anti-Maus-IgG beschichteten Mikrotitrationsplatten wurden Maus-IgG-Standard und Kulturüberstand oder Aszites in verschiedenen Verdünnungen inkubiert und im nachfolgenden Reaktionsschritt mit peroxidasemarkierten Anti-Fcγ-Maus detektiert. An den erstellten Standardkurven wurde der Antikörpergehalt bestimmt. Aus dem Aszites wurden die mAK nach Ammoniumsulfatpräzipitation durch Ionenaustauschchromatographie gereinigt.

Charakterisierung der mAK

Die IgG-Subklassen wurden im ELISA mit festphaseadsorbierter rSOD und peroxidasemarkierten Anti-Subklasse-Antiseren (Nordic Immunoglobulins, Tilburg,

Niederlande) unter Verwendung von Kulturüberstand oder aus Aszites von gereinigten Antikörpern bestimmt.

Die Epitopspezifität der mAK wurde durch kompetitive ELISAs verifiziert, wobei die verschiedenen unmarkierten mAK im ersten Schritt in den rSOD-beschichteten Platten vorinkubiert wurden. Bei gleicher Epitopspezifität wie der enzymmarkierte mAK erfolgte dessen Bindungshemmung im zweiten Reaktionsschritt.

Die Affinitätskonstanten der mAK und der polyklonalen Antikörper in unmarkierter und enzymmarkierter Form wurden nach vorausgegangener Reaktion mit rSOD in flüssiger Phase durch Rucktitration ungebundener Antikörper im Festphase-ELISA mit insolubilisierter rSOD durchgeführt [10]. Die Bindungskonstanten wurden als Anstieg aus den im Festphase-ELISA erhaltenen Extinktionen und den in der Flussigphase eingesetzten SOD-Konzentrationen durch folgende Beziehung erhalten: $E_O/(E_O\text{-}E_E) = f\ (Ag^{-1})$, wobei E_O den Extinktionswert ohne Anwesenheit von SOD in der Flüssigphase und E_E die Extinktionswerte nach Antikörperinkubation mit den unterschiedlichen SOD-Konzentrationen repräsentieren.

EIA für Cu/Zn SOD

Zwei mAK unterschiedlicher Epitopspezifität (CB-SOD 1 und CB-SOD 5) wurden auf Grund ihrer Affinitätskonstante in nativer und enzymmarkierter Form für den EIA ausgewählt. Die Adsorption von CB-SOD 5 an die feste Phase erfolgte in Karbonatpuffer, pH 9,5. Standard, Proben sowie Konjugat wurden in Verdünnungsmedium (VM; PBS pH 7,2, 10% [v/v] Gelafusal®, 0,1% [v/v] Tween 20) verdünnt und nach Ermittlung optimaler Reaktionszeiten von Antigen und Konjugat simultan in die beschichteten Kavitäten der Mikrotitrationsplatte dosiert. Nach 10 min Reaktionszeit erfolgte die BF-Trennung und anschließend die Substratreaktion mit o-Phenylendiamin und H_2O_2 über 5 min [20]. Ist an Stelle des mAK CB-SOD 5 der affinitätschromatographisch gereinigte polyklonale Antikörper eingesetzt worden, wurde die Inkubationszeit des Antigen-Konjugat-Gemisches auf 20 min ausgedehnt.

Cu/Zn SOD-Konzentration in biologischen Flüssigkeiten und in Erythrozyten

Die SOD-Konzentration wurde in Serum von 275 und Urin von 150 gesunden Männern und Frauen bestimmt. Daruber hinaus erfolgte die SOD-Quantifizierung in Serum, Urin sowie in Erythrozyten von 30 Kindern mit Mb. Down. Die SOD wurde in Urinen von 42 Nierenkranken (23 Pyelo-, 19 Glomerulonephritisfälle) quantifiziert und ihre diagnostische Wertigkeit mit der niedermolekularer Harnenzyme verglichen.

Ergebnisse

Polyklonale und monoklonale Anti-SOD-Antikorper

Durch Immunpräzipitationstechniken (bidimensionale Doppeldiffusion und Immunelektrophorese) konnte nachgewiesen werden, daß die polyklonalen Antikörper, erzeugt durch Immunisierung von Schafen mit rSOD, in ihrer Spezifität völlig identisch mit Antikörpern von Kaninchen waren, die mit Cu/Zn SOD, gereinigt aus humanen Erythrozyten, immunisiert wurden.

Tabelle 1. Charakterisierung der Hybridomzellklone und der monoklonalen Antikörper gegen Human-Cu/Zn SOD

Klonbezeichnung	Verdopplungszeit in Zellkultur (h)	Antikörpersekretion ins Kulturmedium (μg/10^6 Z × 24 h)	Antikörperproduktion im Aszites (g)	Affinitätskonstante, unmarkiert (l × mol^{-1})	Affinitätskonstante, POD-markiert (l × mol^{-1})
CB-SOD 1	15	154	50,0	$2{,}2 \times 10^{10}$	$2{,}0 \times 10^{10}$
CB-SOD 2	18	133	0,8	$4{,}2 \times 10^{9}$	$6{,}8 \times 10^{8}$
CB-SOD 5	28	62	3,5	$1{,}2 \times 10^{10}$	$4{,}3 \times 10^{9}$
CB-SOD 10	36	168	8,1	$8{,}8 \times 10^{9}$	$1{,}5 \times 10^{9}$
CB-SOD 11	34	141	5,8	$1{,}0 \times 10^{10}$	$4{,}9 \times 10^{9}$
Anti-SOD, polyklonal				$1{,}1 \times 10^{10}$	$8{,}6 \times 10^{8}$

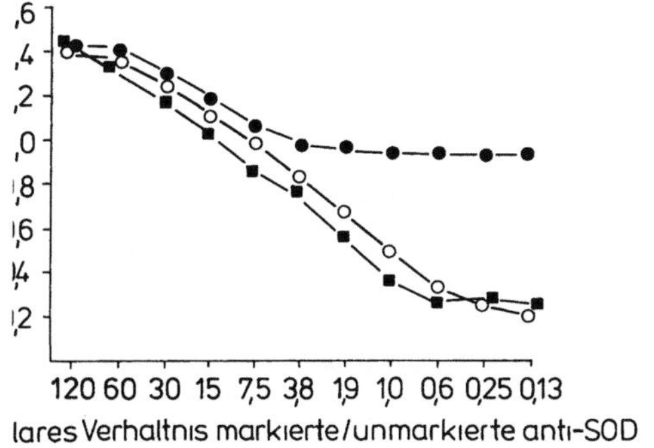

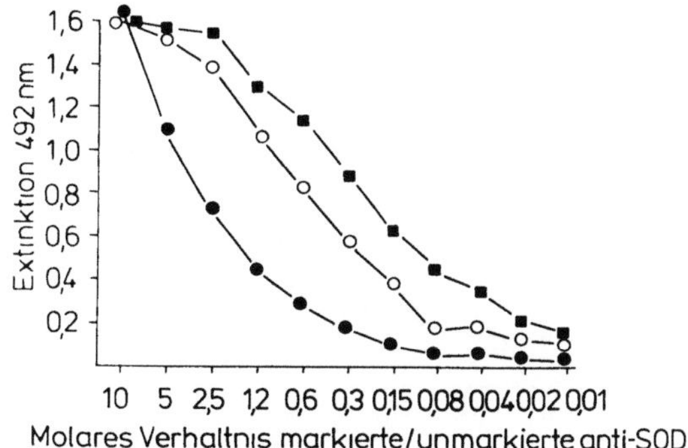

Abb. 1. a Bindungshemmung POD-markierter polyklonaler anti-SOD Antikorper durch mAK CB-SOD 1 (●—●) sowie ein auqimolares Gemisch von CB-SOD 1, 2, 5 und 10 (○—○) **b** Bindungshemmung des POD-markierten mAK CB-SOD 1 (●—●) und eines aqui-molaren Gemischs der mAK (s o) durch polyklonale Antikorper Autologe Bindungshemmung der POD-markierten polyklonalen durch unmarkierte polyklonale Antikorper (**a**) und des Gemischs POD-markierter mAK durch die unmarkierten mAK (**b**) als Kontrolle (■—■)

Von den aus 2 Fusionen erhaltenen 13 unabhängig voneinander wachsenden stabilisierten Anti-SOD-Antikörper-sezernierenden Zellklonen wurden 5 vergrößert und ihr Wachstum sowie ihre IgG-Produktion analysiert. Der Hybridomklon CB-SOD 1 zeichnet sich durch eine sehr kurze Verdopplungszeit in der logarithmischen Wachstumsphase, gepaart mit einer extrem hohen Antikörpersekretion in den Kulturüberstand und Aszites aus (Tabelle 1). Alle 5 mAK wurden vollständig aus ihrer Bindung an insolubilisierter SOD durch die polyklonalen Antikörper verdrängt. Demgegenüber hemmten die einzelnen mAK die Bindung der polyklonalen Antikörper an SOD maximal bis zu 28%. Erst durch Mischung aller epitopdifferenten mAK (s. u.) konnte eine vollständige Bindungshemmung der polyklonalen Antikörper erzielt werden (Abb. 1).

Charakterisierung der mAK

In den Kompetitionsversuchen wurden die POD-markierten mAK bei gleicher Epitopspezifität wie der vorinkubierte unmarkierte mAK in ihrer Bindung an insolubilisierte SOD um mindestens 80% gehemmt (Abb. 2). Diese Bindungshemmung ist wechselseitig mit Ausnahme von CB-SOD 10. Wird er als POD-Konjugat durch CB-SOD 5 und 11 in seiner Bindung komplett gehemmt, so reduziert er in unmarkierter Form die Bindung dieser Antikörper maximal um 45% (Abb. 2). Eine Bezugskurve im Zwei-Seiten EIA mit mAK 5 und 10 ist entsprechend dieses Ergebnisses auch nur in der Kombination von CB-SOD 10 als Festphaseantikörper und CB-SOD 5 als enzymmarkierter Antikörper zu erhalten und nicht umgekehrt (Abb. 3).

Die näher charakterisierten mAK repräsentieren 4 verschiedene Epitopspezifitäten (A—D) und gehören der Subklasse IgG 1 an.

Die Bindungskonstante zwischen dem mAK der höchsten und niedrigsten Affinität differiert um den Faktor 5. Lediglich bei CB-SOD 1 tritt nach Markierung

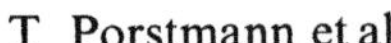

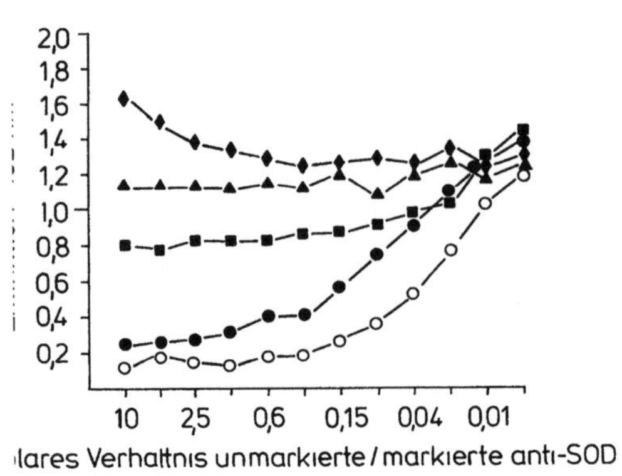

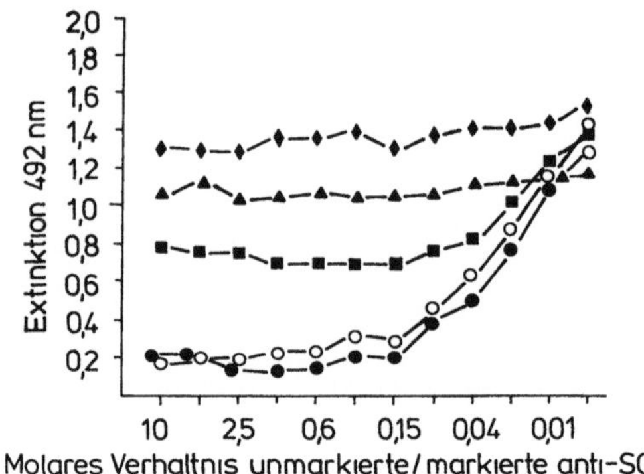

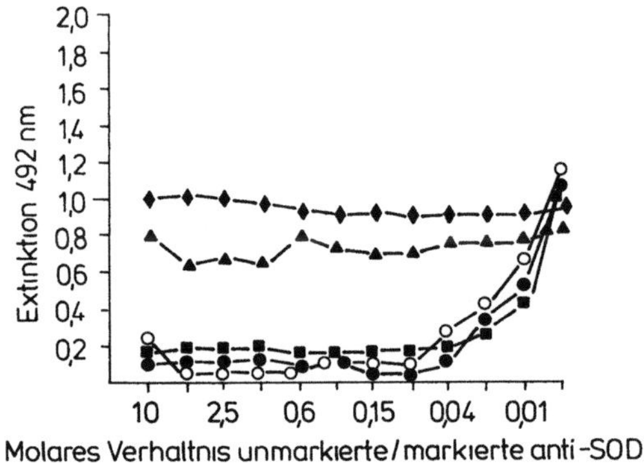

Abb. 2. Kompetitiver ELISA mit unmarkierten und POD-markierten mAK zur Aufklarung der Epitopspezifität. **a** CB-SOD 11 POD-markiert, **b** CB-SOD 5 POD-markiert, **c** CB-SOD 10 POD-markiert CB-SOD 1 ◆—◆ Epitopspezifität A, CB-SOD 2 ▲—▲ Epitopspezifität B, CB-SOD 5 ●—● Epitopspezifität C, CB-SOD 10 ■—■ Epitopspezifitat D, CB-SOD 11 ○—○ Epitopspezifität C

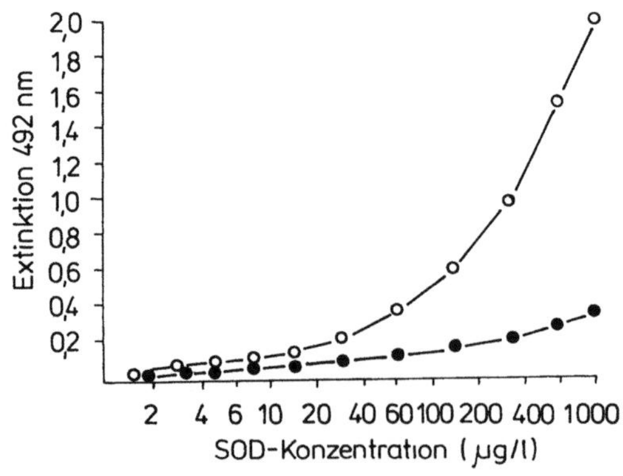

Abb. 3. Zwei-Seiten EIA mit den mAK CB-SOD 5 und CB-SOD 10. ●—● CB-SOD 5 festphase-adsorbiert und CB-SOD 10 POD-Konjugat ○—○ CB-SOD 10 festphase-adsorbiert und CB-SOD 5 POS-Konjugat

mit Peroxidase (POD) nach Wilson und Nakane (1978) kein Affinitätsverlust ein, während alle anderen mAK und die polyklonalen Antikörper zum Teil beträchtlich in ihrer Affinitätskonstante abfielen (Tabelle 1).

Enzymimmunoassay

Trotz der Zusammensetzung des Cu/Zn SOD-Moleküls als Dimer aus zwei identischen Polypeptidketten, ließ sich nur mit dem mAK CB-SOD 1 ein homologer Zwei-Seiten EIA (ein und derselbe mAK in enzymmarkierter und festphaseadsorbierter Form) aufbauen, der mit einer unteren Nachweisgrenze von 10 µg SOD/l jedoch nicht den Anforderungen entsprach (Abb. 4).

Aus diesem Grund wurden entweder polyklonale Antikörper oder ein epitopdifferenter mAK mit dem CB-SOD 1-POD-Konjugat kombiniert.

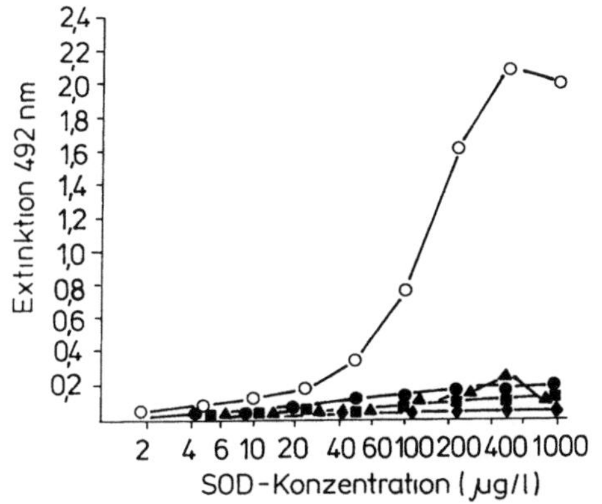

Abb. 4. Homologer Zwei-Seiten EIA ○—○ CB-SOD 1, ●—● CB-SOD 2, ▲—▲ CB-SOD 5, ■—■ CB-SOD 10, ◆—◆ CB-SOD 11

Bei Untersuchungen zur Bindungskinetik von SOD im sukzessiven EIA an festphaseinsolubilisierte polyklonale Antikörper in Intervallen von 5 min über insgesamt 40 min, wurde bei konstanter Konjugatinkubation (20 min) nach 25 min ein Extinktionsplateau erreicht, während bei konstanter Reaktionszeit des Antigens (20 min) die Konjugatbindung über den beobachteten Zeitraum linear anstieg (Abb. 5 a, b). Bei simultaner Inkubation von Antigen und Konjugat stellte sich das Reaktionsgleichgewicht zwischen gebundenen und ungebundenen Reaktanten nach 35 min ein (Abb. 5 c).

In der Kombination der polyklonalen festphaseadsorbierten Antikörper mit dem CB-SOD 1-POD-Konjugat wird im simultanen Ein-Schritt-EIA bei einer Inkubationszeit von 20 min mit einer unteren Nachweisgrenze von 0,3 µg SOD/l ein empfindlicher Kurzzeittest von hoher Praktikabilität und Präzision erreicht (Tabelle 2). Der Einsatz des mAK CB-SOD 5 anstelle des polyklonalen Antikörpers steigert die Testempfindlichkeit erheblich, so daß eine Reduzierung der Inkubationszeit im simultanen Zwei-Seiten EIA auf 10 min möglich wird. Hierbei liegt die untere Nachweisgrenze für SOD bei 0,5 µg/l. Der Einfluß der Inkubationszeit auf den Verlauf der Bezugskurven im simultanen EIA mit der optimalen Kombination ist aus Abb. 6 ersichtlich.

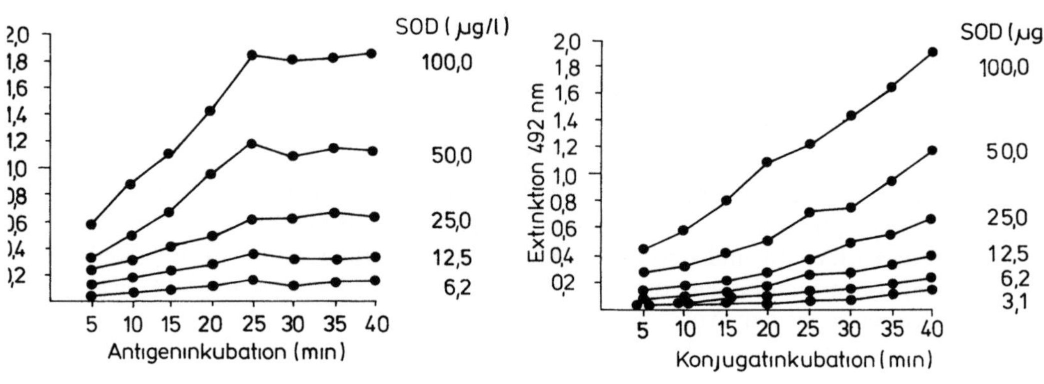

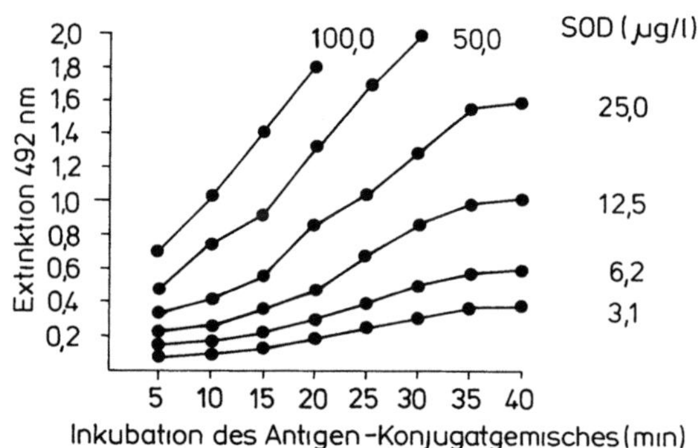

Abb. 5. Reaktionskinetik des Antigens (SOD), des Konjugates (CB-SOD 1-POD) im sukzessiven und simultanen EIA. **a** Antigenbindung im sukzessiven EIA. **b** Konjugatbindung im sukzessiven EIA **c** Bindung des Antigen-Konjugatgemischs im simultanen EIA

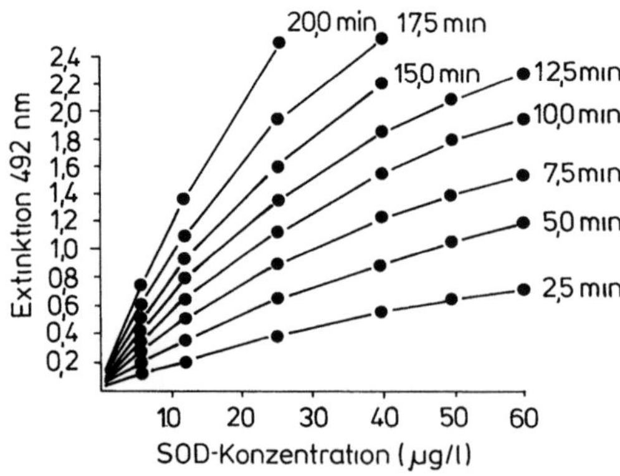

Abb. 6. Bezugskurven in Abhangigkeit von der Inkubationszeit des Antigen-Konjugatgemischs im simultanen Ein-Schritt EIA mit CB-SOD 1 und CB-SOD 5

Tabelle 2. Serielle und zeitabhängige Präzision des EIA für SOD

SOD-Konz (µg/l)	Serielle Präzision (%)		Zeitabhängige Präzision (%)	
	PK/CB-SOD 1	CB-SOD 5/1	PK/CB-SOD 1	CB-SOD 5/1
5,0	8,4	9,2	8,6	11,7
10,0	6,7	9,8	11,5	10,1
20,0	4,5	5,1	10,9	9,8
40,0	5,5	7,0	10,4	12,0

Serielle und zeitabhängige Präzisionen wurden in 12-well-Microstrips (Labsystems, Helsinki, Finnland) aus Zehnfachbestimmungen bzw aus Doppelbestimmungen in 10 verschiedenen Testen ermittelt *PK* polyklonale Antikörper

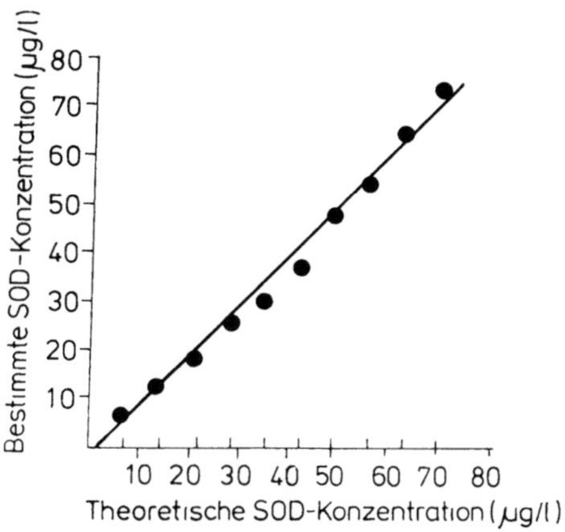

Abb. 7. Bestimmung des SOD-Gehalts in einem Serumpool bei verschiedenen Verdünnungen *Lösung A* Serumpool (75 µg SOD/l), *Lösung B* Verdünnungsmedium $SOD_{best} = 1{,}06 \times SOD_{kalk} - 3{,}54$, r = 0,994

Trotz der extrem kurzen Inkubationszeit verschlechterte sich die Präzision des Testes nicht (Tabelle 2).

In beiden Testvarianten hatte das Verdünnungsmedium keinen Einfluß auf die Wiederfindung bei verschiedenen Verdünnungen eines Serumpools (Abb. 7). Die Wiederfindung von rSOD, die verschiedenen Serum- und Urinproben zugesetzt wurde, bewegte sich zwischen 95 und 109%.

Cu/Zn-SOD in Serum, Urin und Erythrozyten

Die SOD-Serum- und Urinkonzentrationen, ermittelt an gesunden Blutspendern, weisen eine Normalverteilung auf. Es besteht keine Korrelation zwischen der SOD-Konzentration im Urin und der Kreatininausscheidung. Patienten mit Trisomie 21 weisen gegenüber Normalpersonen eine 3,8fach höhere SOD-Konzentration im Serum und eine doppelt so hohe SOD-Ausscheidung im Urin auf (Tabelle 3).

Die SOD-Konzentrationen in den Erythrozyten von Gesunden schwankten zwischen 11,7 und 19,3 ng/10^6 Zellen. Die 99-Perzentile als oberer Grenzwert entspricht 19,0 ng/10^6 Zellen. Mit einer Spannweite von 20,9 bis 28,6 ng/10^6 Zellen wiesen die Patienten mit Mb. Down eindeutig höhere SOD-Werte in ihren Ery-

Tabelle 3. Konzentration der Cu/Zn SOD im Serum und Urin sowie in Erythrozyten von Gesunden und Patienten mit Trisomie 21

	Normalpersonen			Patienten mit Trisomie 21		
	n	$\bar{x}$	s	n	$\bar{x}$	s
Serum (µg SOD/l)	275	46,09	21,58	30	176,33	95,20
Urin (mg SOD/mol Kreatinin)	150	1,00	0,58	20	2,05	1,59
Erythrozyten (ng SOD/10^6 Z)	50	14,99	1,74	30	24,08	2,07

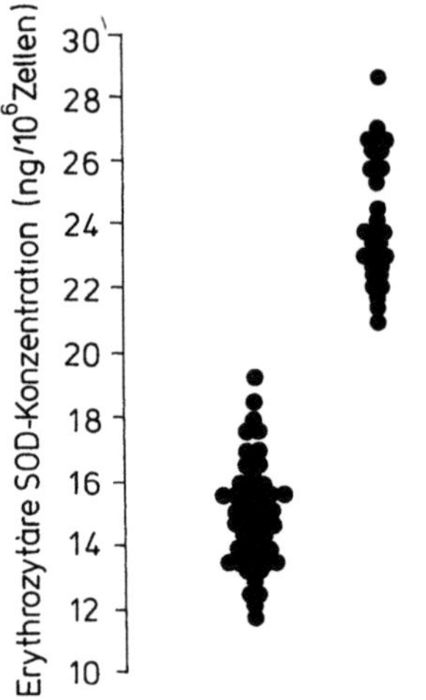

Abb. 8. SOD-Konzentration in Erythrozyten von Gesunden und Patienten mit Morbus Down

throzyten auf (Abb. 8), aber auch die SOD-Konzentrationen im Serum und Urin waren gegenüber den Gesunden signifikant erhöht ($p < 0,001$).

Die SOD-Ausscheidung im Urin war bei den Nierenkranken erhöht und korrelierte mit einer vermehrten Lysozymexkretion ($r = 0,85$) sowie mit einer Erhöhung der N-acetyl-β-D-Glucosaminidase (NAG) ($r = 0,74$) im Urin. Die diagnostische Sensitivität der SOD-Bestimmung war gleichwertig mit der NAG-Quantifizierung bei dem Kollektiv der Pyelonephritispatienten (68%), jedoch höher bei der Gruppe mit Glomerulonephritis (48 gegenüber 43%). Etwa 50% der Personen mit chronischer Nierenschädigung bei noch normalem Serumkreatinin wiesen bereits eine signifikante Erhöhung der SOD-Konzentration im Urin auf (Abb. 9).

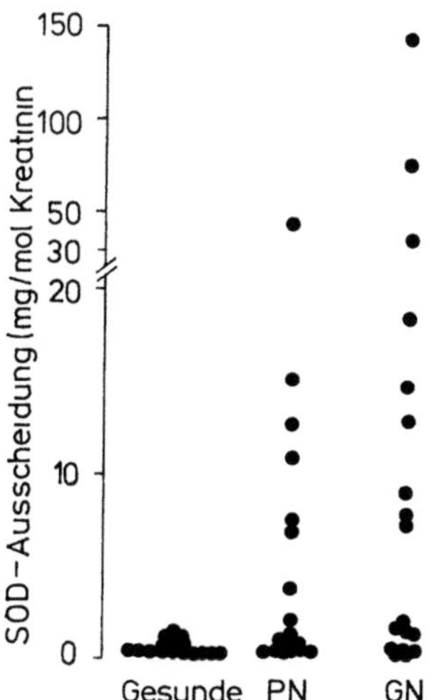

Abb. 9. SOD-Konzentration im Urin von Gesunden und Patienten mit Pyelonephritis (PN) und Glomerulonephritis (GN)

Diskussion

Immunchemische Quantifizierungen der Cu/Zn SOD werden sowohl wegen der bereits gesicherten diagnostischen Relevanz bei Trisomie 21, der möglichen Bedeutung als Marker einer Nierenschädigung und der Spiegelüberwachung bei ihrem therapeutischen Einsatz zum Abbau gewebeschädigender Sauerstoffradikale zukünftig eine größere Bedeutung erlangen als ihre enzymatische Quantifizierung, die in jedem Fall eine Probenvorbehandlung voraussetzt. Bisher liegen nur vereinzelte Mitteilungen über radioimmunologische [3, 7, 12] und enzymimmunologische [16] Bestimmungen der Cu/Zn SOD vor. Der hier beschriebene EIA läßt auf Grund des Einsatzes hochaffiner mAK Inkubationszeiten von nur wenigen Minuten zu, so daß Aussagen zur SOD-Konzentration innerhalb von 30 min nach Probenaufarbeitung getroffen werden können. Solche superschnellen heterogenen EIAs (siehe auch Kapitel „Superschneller EIA zur Quantifizierung von Myoglobin und klinische Relevanz") verlangen eine nahezu vollautomatisierte, äußerst zeitkonstante Bearbeitung.

Die um 65% gegenüber Normalpersonen erhohte SOD-Konzentration in Erythrozyten von Patienten mit Trisomie 21 entspricht auf Grund des Gen-Dosis-Effektes den Erwartungswerten, wobei die geringe Streuung des SOD-Gehaltes in den Erythrozyten beider Gruppen sowie die Präzision und Reproduzierbarkeit der Methode eine sichere Differenzierung zulassen. SOD-Konzentrationen > 20 ng/10^6 Erythrozyten sind Hinweis auf das Vorliegen eines Down-Syndroms [19]. Mit dem SOD-EIA konnten wir bereits bei einem Säugling mit phänotypischen Hinweiszeichen auf ein Down-Syndrom, aber normalem Chromosomenbefund, die Verdachtsdiagnose Translokations-Trisomie (3—5% aller Down-Fälle) bestätigen. Für eine Pränataldiagnostik ist die Bestimmung der SOD-Konzentration in fetalen Erythrozyten nur bei Risikoschwangerschaften indiziert, wobei die Herkunft des Blutes (kindlich/mütterlich) zweifelsfrei sein muß. Die hohe Empfindlichkeit des

EIA gestattet allerdings die SOD-Quantifizierung aus Blutmengen von 50 bis 100 µl. Bei der SOD-Quantifizierung in Amnionepithelzellen bestimmten Baeteman et al. [1] zwei von insgesamt vier Fällen mit Trisomie 21 noch innerhalb der 90—95 Perzentile der SOD-Konzentration von normalen Amnionzellen. Amnionflüssigkeit reflektierte die intrazelluläre SOD-Konzentrationserhöhung nicht. Überraschend war die hohe Cu/Zn SOD-Serumkonzentration bei Trisomie-21-Patienten, die auch von Baret et al. [2] gefunden wurde. Eine verstärkte Hämolyse nach Blutentnahme konnte von uns ausgeschlossen werden, so daß ein erhöhter Zellumsatz in vivo als Ursache angenommen werden muß. Die doppelt so hohe SOD-Ausscheidung bei Patienten mit Trisomie 21 im Urin gegenüber Gesunden ist als Hinweis auf eine relativ begrenzte tubuläre Rückresorptionskapazität für dieses Enzym nach seiner glomerulären Filtration zu werten.

Eine erhöhte SOD-Ausscheidung bei chronischen Nierenschädigungen, bereits von Nishimura et al. [16] beschrieben, zeigte in unseren Untersuchungen eine gute Korrelation mit der Erhöhung von Lysozym und der NAG im Urin, wobei die diagnostische Empfindlichkeit der SOD-Bestimmung die der NAG-Quantifizierung als bisher einem der empfindlichsten Parameter für Nierenfunktionsstörungen sogar übertraf [18]. Allerdings bedarf es weiterer Untersuchungen zur Abklärung der Herkunft sowie der diagnostischen Wertigkeit der SOD bei Nierenschädigungen.

Zusammenfassung

Mit epitopdifferenten monoklonalen Antikörpern gegen Cu/Zn SOD mit Bindungskonstanten $> 10^{10}$ l × Mol^{-1} wurde ein superschneller EIA mit einer Testdauer von 20 min und einer unteren Nachweisgrenze von 0,5 µg SOD/l erarbeitet. Er gestattet die SOD-Quantifizierung in biologischen Flüssigkeiten ohne Probenvorbehandlung. Patienten mit Trisomie 21 weisen in Erythrozyten erwartungsgemäß um etwa ein Drittel höhere SOD-Konzentrationen als Gesunde (99-Perzentile 19,3 ng SOD/10^6 Zellen) auf, haben aber 3,8fach höhere SOD-Serum- und 2fach höhere SOD-Urinkonzentrationen. Die SOD-Bestimmung im Urin ist eine empfindliche Methode zur Diagnostik chronischer Nierenschädigungen.

Literatur

1 Baeteman MA, Mattei MG, Baret A, Gamerre M, Mattei JF (1985) Immunoreactive SOD-1 in amniotic fluid, amniotic cells and fibroblasts from trisomy 21 fetus Acta Paediat Scand 74: 697
2 Baret A, Baeteman MA, Mattei JF, Michel P, Broussolle B, Giraud F (1981) Immunoreactive CuSOD and MnSOD in the circulating blood cells from normal and trisomy 21 subjects. Biochem Biophys Res Commun 98· 1035
3 Baret A, Michel R, Imbert MR, Morcellet JL, Michelson AM (1979) A radioimmunoassay for copper containing superoxide dismutase Biochem Biophys Res Commun 88: 337
4. Chellack WS, Petkau A (1981) Concentration-dependent inactivation of superoxide dismutase Biochim Biophys Acta 660. 83
5. Crosti N, Bajer J, Serra A, Rigo A, Scarpa M, Viglino P (1985) Coordinate expression of Mn-containing superoxide dismutase and Cu/Zn-containing superoxide dismutase in human fibroblasts with trisomy 21. J Cell Sci 79: 95
6 Crosti N, Bajer J, Serra A, Rigo A, Scarpa M, Viglino P (1985) Coordinate expression of MnSOD and CuSOD in human fibroblasts Exp Cell Res 160. 396

7 Del Villano BC, Tischfeld JA (1979) A radioimmunoassay for human cupro-zinc superoxide dismutase and its application to erythrocytes J Immunol Methods 29· 253
8 Fridovich I (1985) Handbook of methods for oxygen radical research. In. Greenwald RA (ed) CRC Press, Boca Raton, Florida, p 213
9 Fridovich I (1975) Superoxide dismutase Ann Rev Biochem 44 147
10 Friguet B, Chaffotte AF, Djavadi-Ohaniance L, Goldberg ME (1985) Measurement of the true affinity constant in solution of antigen-antibody complexes by enzyme-linked immunosorbent assay J Immunol Methods 77 305
11 Keen CL, Tamura T, Lonnerdal B, Hurley LS, Halsted CH (1985) Changes in hepatic superoxide dismutase activity in alcoholic monkeys Am J Clin Nutr 41 929
12 Kenneth AK, Petkau A (1985) In Greenwald RA (ed) Handbook of methods for oxygen radical research CRC Press, Boca Raton, Florida, p 263
13 Kohler G, Milstein C (1975) Continuous cultures of fused cells secreting antibodies of predefined specificity Nature 256 495
14 Marklund L (1984) Properties of extracellular superoxide dismutase from human lung Biochem J 220. 269
15 McCord JM, Fridovich I (1969) Superoxide dismutase An enzymic function for erythrocuprein (hemocuprein) J Biol Chem 244 6049
16 Nishimura N, Ito Y, Adachi T, Hirano K, Sugiura M, Sawaki S (1982) Enzyme immunoassay for cuprozinc-superoxide dismutase in serum and urine J Pharm Dyn 5. 394
17 Oyanagui Y (1984) Reevaluation of assay methods and establishment of kit for superoxide dismutase activity Anal Biochem 142. 290
18 Pergande M, Jung K, Porstmann T, Jahn S, Schulze B-D (im Druck) Determination of intracellular Cu/Zn superoxide dismutase in urine of patients with chronic nephropathy Nephron
19 Porstmann T, Wietschke R, Schmechta H, Grunow R, Porstmann B, Bleiber R, Pergande M, Stachat S, von Baehr R (1988) A rapid and sensitive enzyme immunoassay for Cu/Zn superoxide dismutase with polyclonal and monoclonal antibodies Clin Chim Acta 171 1
20 Porstmann T, Porstmann B, Wietschke R, von Baehr R, Egger E (1985) Stabilization of the substrate reaction of horseradish peroxidase with o-phenylenediamine in the enzyme immunoassay J Clin Chem Clin Biochem 23 41
21 Sinet PM, Couturier J, Dutrillaux B, Poissonier M, Raoul O, Rethore M-O, Allard D, Lejeune J, Jerome H (1976) Trisomy 21 et superoxide dismutase (IPO-A) Exp Cell Res 97 47
22 Tan Y, Tischfeld J, Ruddle F (1973) The linkage of genes for the human interferon-induced antiviral protein and indophenol oxidase B traits to chromosome G-21 J Exp Med 137 317
23 Wilson MB, Nakane PK (1978) Recent developments in the periodate method of conjugating horseradish peroxidase (HRPO) to antibodies. In Immunofluorescence and related staining techniques Elsevier, Amsterdam

Anschrift des Verfassers: Prof Dr T Porstmann, Institut fur Medizinische Immunologie, Bereich Medizin (Charité), Humboldt-Universitat zu Berlin, Schumannstraße 20/21, DDR-1040 Berlin, Deutsche Demokratische Republik

Monoklonale Antikörper gegen HB$_{s}$Ag und Aufbau eines Enzymimmunoassays (EIA) zur Quantifizierung der Subtypen

B. Porstmann[1], *T. Porstmann*[2], *E. Nugel*[1], *R. Grunow*[2], *S. Jahn*[2], *H. Meisel*[3] und *R. von Baehr*[2]

[1] Institut für Pathologische und Klinische Chemie,
[2] Institut für Medizinische Immunologie und
[3] Institut für Virologie des Bereichs Medizin (Charité), Humboldt-Universität Berlin, Deutsche Demokratische Republik

Einleitung

Das Oberflächenantigen des Hepatitis-B-Virus (HB$_{s}$Ag) wird kodiert durch einen offenen Leserahmen, der Region S der HBV-DNA. Die Region S hat 3 funktionelle Startcodons zur Proteintranslation, die die S-Region in die prä-S 1-, prä-S 2- und S-Domäne teilen. Die Translationsprodukte sind 3 verschiedene Polypeptide mit gleicher karboxyterminaler Aminosäuresequenz, die partiell glykosyliert sind:

p 24/gp 27: S-Polypeptid, Molekulargewichte 24 KD und 27 KD,

gp 33/gp 36: prä-S 2-Polypeptid (aminoterminal) und S-Polypeptid (karboxyterminal), Molekulargewichte 33 KD und 27 KD,

p 39/gp 42: prä-S 1-Polypeptid (aminoterminal), prä-S 2- und S-Polypeptid (carboxyterminal), Molekulargewichte 39 KD und 42 KD.

Im HB$_{s}$Ag liegen 60 bis 120 dieser Polypeptidketten vor, so daß ein Molekulargewicht von 2 bis 4 × 10^6 resultiert. HB$_{s}$Ag wird im Verlauf der Hepatitis-B-Infektion im Überschuß produziert und als Filamente und 20-nm-Partikel sezerniert.

Der Anteil an prä-S 1 im HB$_{s}$Ag ist in den Virionen (20%) und Filamenten (10%) wesentlich höher als in den 20-nm-Partikeln (2%). Der prä-S 2-Anteil beträgt im Verlauf der Virämie in allen Partikeln 10%, bei fehlender Virämie in den 20-nm-Partikeln lediglich 1% [2]. Hohe prä-S-Antigenanteile werden stets im Initialstadium der Erkrankung nachgewiesen, zusammen mit HB$_{e}$-Antigen, HBV-DNA und hohem HB$_{s}$Ag-Titer. Sie persistieren bei Übergängen in chronische Formen. Den prä-S-Antigenen werden Funktionen hinsichtlich Virusformation und Infektion zugeschrieben. Auf dem prä-S 2 ist ein Rezeptor für glutaraldehydpolymerisiertes humanes Serumalbumin lokalisiert, jedoch auch andere noch nicht definierte Serumfaktoren sollen sich an prä-S 2 binden und seinen immunologischen Nachweis beeinträchtigen [2].

Die immunchemische Charakterisierung des HB_sAg mit monoklonalen Antikörpern (mAK) steht erst am Anfang. Es gibt Hinweise, daß die a-Determinante, die auf allen Subtypen vorhanden ist, sehr heterogen ist [4] und zumindest 3 Antigenbindungsseiten diese a-Eigenschaft besitzen [7]. A-Determinanten werden auf dem S-Antigen [3] und auf verschiedenen Abschnitten des prä-S 2-Antigens vermutet [6, 7].

Die Subtypendeterminanten d und y werden durch die Aminosäuresequenz der Positionen 122 bis 134 auf dem prä-S 2-Antigen determiniert [7]. Zur Lokalisation der Subtypendeterminanten w und r ist nichts bekannt. Selbst innerhalb eines Subtyps besteht nur in 97% DNS-Homologie und bis zu 5 Aminosäuresubstitutionen wurden beschrieben [5]. Wie am ayw 3 gezeigt wurde, verlieren zudem einige HBV-Stämme durch genetische Mutation ihre Epitope für definierte mAK [1].

Für den Aufbau eines EIA für HB_sAg mit monoklonalen Antikörpern ist eine Spezifität für die a-Determinanten anzustreben. Diese sollten aufgrund der möglicherweise eingeschränkten Zugängigkeit und der zeitlich begrenzten Nachweismöglichkeit nicht auf den prä-S-Polypeptidketten liegen. Das stellt an die Herstellung und Testung geeigneter mAK zur Quantifizierung von HB_sAg mit hoher diagnostischer und analytischer Empfindlichkeit besonders hohe Anforderungen. Zudem ist bekannt, daß selbst hochgereinigtes HB_sAg Spuren von integrierten oder fest assoziierten Serumproteinen, wie Albumin, Präalbumin, Apolipoproteine oder Gammaglobuline enthalten kann, so daß das Primärscreening auf Spezifität von synthetisierten Immunglobulinen mit HB_sAg nicht ausreicht.

Material und Methoden

Balb/c-Mäuse wurden mit gereinigtem HB_sAg [8], gewonnen aus einem Pool HB_sAg-positiver Seren von chronischen Carriern, über einen Zeitraum von 2 Jahren immunisiert. Die Milzzellen wurden nach der klassischen PEG-Methode mit p3 X 63 Ag 8/653-Myelomzellen fusioniert. Das Screening auf Anti-HB_s-Ig-Produktion erfolgte mit festphasengebundenem (Polystyronplatten), hochgereinigtem HB_sAg, humanem Serumalbumin (HSA), normalem Humanserum (NHS) und einer Ammoniumsulfatfraktion (30—50% final) von NHS. Der Nachweis der Bindung wurde mit peroxidasemarkiertem Anti-Maus-IgG durchgeführt. Es wurden nur Klone selektiert, deren produziertes IgG ausschließlich mit HB_sAg reagierte. 5 positive Klone wurden 10mal rekloniert und die Subklone nach Fähigkeit zur Aszitesbildung selektiert. Anti-HB_sAg-IgG wurde aus Aszites von 5 differenten Klonen über Protein-A-Sepharose oder über DEAE-Ionenaustauschchromatographie präpariert. Die IgG wurden eingesetzt zur Adsorption an Polystyron (96-well-Mikrotitrationsplatten) oder peroxidasemarkiert (Perjodatmethode) als Konjugate.

Experimente

1. Bestimmung der Klasse und Subklasse der HB_sAg-spezifischen mAK im EIA.
2. Einfluß des pH-Wertes des Beschichtungspuffers auf die HB_sAg-Bindungsfähigkeit der adsorbierten monoklonalen IgG. Verwendet wurden 0,05 mol/l Zi-

tratpuffer (pH 3,0 bis 4,0), Azetatpuffer (pH 4,0 bis 6,5), Phosphatpuffer (pH 6,5 bis 8,5) und Karbonatpuffer (pH 8,5 bis 10,0).

3. Die Reaktivität der 5 verschiedenen mAK mit HB_sAg wurde mit der Westernblot-Technik untersucht. HB_sAg wurde im SDS-Polyacrylamidgel getrennt (System Laemmli), auf Nitrozellulose transferiert und mit 5 verschiedenen gereinigten Anti-HB_sAg mAK inkubiert. Der Nachweis der Bindung erfolgte mit POD-markiertem Anti-Maus-IgG.

4. Bei den 7 HB_sAg-Subtypen des WHO-Panels C (Atlanta) adr, adw 2, adw 4, ayw 1, ayw 2, ayw 3 und ayw 4 wurde die Epitopzugängigkeit von 5 verschiedenen mAK einzeln und in verschiedenen Gemischen ermittelt. Die einzelne Zugangigkeit jedes mAK wurde in einem homologen Assay für jeden HB_sAg-Subtyp untersucht (gleicher mAK in festphaseadsorbierter und enzymmarkierter Form).

Die unterschiedliche Epitopspezifität wurde durch Kompetitionsexperimente aller mAK mit den verschiedenen Subtypen in flüssiger Phase durchgeführt.

5. Die optimale mAK-Kombination zur Beschichtung und als Konjugatgemisch zum hochempfindlichen Nachweis aller HB_sAg-Subtypen wurde ermittelt

Ergebnisse und Diskussion

Zu 1.. 3 anti-HB_sAg mAK gehören der Subklasse IgG 1 an (CB-F, -B und -E); CB-A ist ein IgG 2a und CB-93 ein IgG 2b.

Zu 2.: Die HB_sAg-Bindungsfähigkeit der verschiedenen mAK ist stark abhängig vom verwendeten Puffer und/oder Beschichtungs-pH. Die mAK unterscheiden sich untereinander z. T. erheblich hinsichtlich optimalem pH (Tabelle 1).

Es kann nur durch Markierungsversuche (z. B. J^{125}) der mAK geklärt werden, ob der Beschichtungs-pH die Aktivitat oder die Konzentration der adsorbierten IgG beeinflußt. MAK gleicher Subklassen zeigen stark differentes Adsorptionsverhalten. Die pH-Optima unterscheiden sich von dem polyklonalen Antiseren (meist um pH 9,5).

Zu 3. Im Westernblot sind nur CB-B und -E uniform reaktiv mit Proteinbanden in den Molekulargewichtsbereichen 33, 36, 39 und 42 KD. Nach V-8-Protease-Behandlung des HB_sAg verschwindet die Reaktivität dieser mAK sowohl im Immunoblot als auch im EIA Daraus ist abzuleiten, daß CB-B und CB-E Sequenzdeterminanten auf dem prä-S 2-Antigenabschnitt erkennen. CB-A, und -93 sind

Tabelle 1. pH-Optima bei der Festphaseadsorption von 5 anti-HB_sAg mAK mAK CB-E und -B haben 2 Optima bei differenten pH-Werten (2 gipfliges Verhalten), wobei die niedrigere Extinktion beim 2 pH-Wert angegeben ist

CB-Klone	pH-Optima	
	1 pH-Wert	2 pH-Wert
93	8,5	
A	8,5	
B	6,5	3,0
E	8,5	4,5
F	7,5	

im Westernblot nicht reaktiv. Sie sind mit hoher Wahrscheinlichkeit gegen Konformationsdeterminanten auf der S-Region gerichtet. CB-F ist bispezifisch. Dieser mAK reagiert sowohl mit einer prä-S 2-Sequenzdeterminante als auch einer S-spezifischen Konformationsdeterminante.

Zu 4.: Das Vorhandensein oder die Zugängigkeit der mAK-Epitope ist stark von HB_sAg-Subtypen abhängig. Für jeden HB_sAg-Subtyp wurde ein Epitopmapping der 5 mAK erarbeitet. Bei einigen Subtypen (adw 2, adw 4) sind mehrere mAK-Epitope eng benachbart, sie behindern sich gegenseitig in der Bindung. Wahrscheinlich existieren zwischen den Subtypen starke Konformationsunterschiede.

Obwohl die HB_sAg-Subtypen-Bindung über einen definierten mAK erfolgt, ist nicht in allen Fällen ein homologer Assay möglich (Epitope nicht mehrmals zugängig, wie es die HB_sAg-Struktur erwarten läßt). Homologe Assays mit relativ hoher Empfindlichkeit für die verschiedenen HB_sAg-Subtypen sind mit folgenden mAK möglich (Tabelle 2):

Tabelle 2. Möglichkeiten eines homologen Assays mit 5 verschiedenen mAK zur Quantifizierung von 7 HB_sAg-Subtypen

HB_sAg-Subtypen	mAK
adr	CB-A
adw 2	CB-A, -E, -F
adw 4	CB-93, CB-F
ayw 1	CB-A
ayw 2	CB-A, CB-F
ayw 3	(CB-A, -E, -93)
ayw 4	CB-E

Für CB-B besteht bei keinem Subtyp ausreichende Epitopzugängigkeit für einen homologen Test. Der mAK eignet sich auch nicht zur Kombination mit anderen mAK.

Bei einigen Subtypen sind definierte mAK-Epitope stark verdeckt oder nicht vorhanden:

adr: zweites F-Epitop schwer zugängig,

adw 2: zweites CB-93-Epitop nur minimal zugängig,

adw 4: alle E-Epitope schwer zugängig (Extinktionen <0,2 bei 1:100-Verdünnung des HB_sAg-Serums),

ayw 1: alle E- und 93-Epitope fehlen oder sind nicht zugängig. mAK CB-F kann ayw 1 binden, das Epitop ist jedoch nicht mehrmals vorhanden, der Subtyp ist nur unter Verwendung von CB-A quantifizierbar,

ayw 2: zweites CB-E Epitop nicht zugängig,

ayw 4: zweites CB-A Epitop nicht zugängig.

Zu 5.: Die Ergebnisse implizieren die Notwendigkeit der Kombination mehrerer mAK, um alle HB_sAg-Subtypen mit ausreichender Empfindlichkeit nachzuweisen. Die höchste Empfindlichkeit für alle Subtypen wird durch die Kombination CB-F + CB-A an der Festphase mit CB-A als Konjugat erreicht (Abb. 1). Ohne CB-A kann der Subtyp ayw 1 nur gebunden werden (über CB-F), ist jedoch mit den

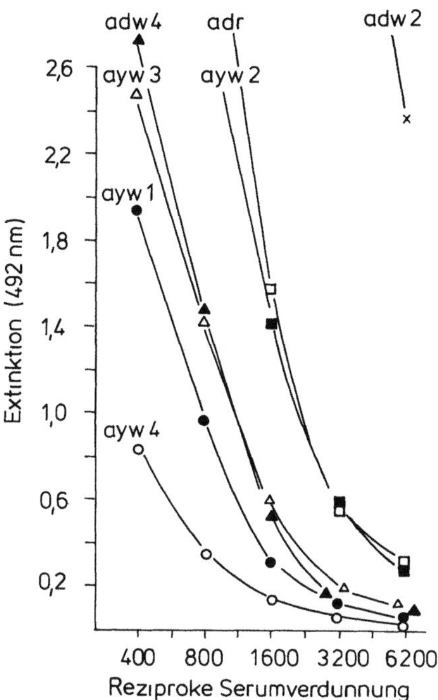

Abb. 1. Verdunnungskurven von 7 HB_sAg-positiven Seren unterschiedlicher Subtypen (WHO-Panel C) unter Verwendung von mAK A + mAK F an der festen Phase und mAK A als Konjugat

markierten mAK CB-F, -E oder -93 nicht quantifizierbar aufgrund fehlender Epitopzugängigkeit.

Die untere Nachweisgrenze für die Subtypen-Standards ad und ay (Paul-Ehrlich-Institut, Göttingen, BRD) liegt im EIA mit einer Assayzeit von 2 h bei jeweils 0,2 μg/l.

Zusammenfassend konnen zur Epitopspezifität der 5 anti-HB_sAg mAK gegenwärtig folgende Aussagen getroffen werden:

1. Alle 5 mAK erkennen differente Epitope auf dem HB_sAg. Sie kompetieren teilweise untereinander in Abhängigkeit vom HB_sAg-Subtyp, so daß hier eine sterische Nachbarschaft zu diskutieren ist.

2. Die Epitope von CB-F und CB-A sind auf jedem Subtyp mindestens einmal vorhanden, so daß es sich um eine a-Determinante handeln könnte. Bei den anderen mAK kann nur ausgeschlossen werden, daß sie weder d/y- noch w/r-spezifisch sind.

3. CB-93 und -A erkennen Konformationsdeterminanten, CB-B und -E Sequenzdeterminanten auf dem Prä-S 2-Antigenbereich. CB-F ist bispezifisch und reagiert sowohl mit einer Sequenz- als auch einer Konformationsdeterminante auf verschiedenen Strukturabschnitten des Antigens.

4. Durch eine Kombination von nur 2 mAK (CB-A und -F) lassen sich alle HB_sAg-Subtypen hochempfindlich quantifizieren.

Literatur

1. Ben Porath E, Wands JR, Wong MA, Hornstein L, Ryder R, Canias M, Lingao A, Isselbacher XJ (1985) Structural analysis of hepatitis B surface antigen by monoclonal antibodies. J Clin Invest 76· 1338
2. Gerlich WH, Heermann KH, Thomssen R (1986) Structure and function of hepatitis B virus protein. In: Marget W, Lang W, Gabler-Sandberger E (eds) Viral infections Vol 1 MMV Medizin Verlag, München, p 23
3. Karelin VP, Zhdanov VM (1981) A glycopeptide containing the group-specific antigenic determinant of hepatitis B surface antigen ($\mathrm{HB_sAg}$) Mol Immunol 18. 237
4. Kennedy RC, Matin JJ, Storthz KA, Henkel RD, Sanchez Y, Dreesman GR (1983) Characterization of anti-hepatitis B surface antigen monoclonal antibodies Intervirology 19: 176
5. Lo SJ, Chen ML, Chien ML, Lee YHW (1986) Characteristics of pre-S 2 region of hepatitis B virus. Biochem Biophys Res Comm 135 382
6. Neurath AR, Kent SBH, Strick N (1984) Monoclonal antibodies to hepatitis B surface antigen ($\mathrm{HB_sAg}$) with anti-a-specificy recognize a synthetic peptide analogue (S 135—155) with unmodified lysine (141) J Virol Methods 9. 341
7. Peterson DL, Paul JL, Tribby JJE, Achord DT (1984) Antigenic structure of hepatitis B surface antigen. identification of the "d" subtype determinant by chemical modification and use of monoclonal antibodies J Virol 132. 920
8 Porstmann T, Porstmann B, Schmechta H, Nugel E, Meisel H, Geserick G (1980) Entwicklung eines Doppel-Sandwich-Enzymimmunoassays zum quantitativen Nachweis von HBsAg. Dtsch Gesundh Wesen 30 1587

Anschrift des Verfassers: Prof Dr. Barbel Porstmann, Institut für Pathologische und Klinische Biochemie, Bereich Medizin (Charité), Humboldt-Universitat Berlin, Schumannstraße 20/21, DDR-1040 Berlin, Deutsche Demokratische Republik

Charakterisierung von monoklonalen Antikörpern gegen TSH (β) sowie ihre Anwendung im Enzymimmunoassay

I. Behn, U. Hommel, G. Ackermann, W. Ackermann, G. Hellthaler und *H. Fiebig*

Bereich Tierphysiologie und Immunbiologie, Sektion Biowissenschaften, Karl-Marx-Universitat, Leipzig, Deutsche Demokratische Republik

Um ein analytisches Verfahren entwickeln zu können, das eine empfindliche, zeitsparende und kostengünstige Bestimmung von humanem, die Thyreoidea stimulierendes Hormon (TSH) gestattet, mußten mAK hergestellt und charakterisiert werden, die bestimmten Anforderungen entsprachen. Der aufzubauende Assay sollte der klinischen Relevanz der TSH-Bestimmung im Rahmen der In-vitro-Schilddrüsendiagnostik gerecht werden und variabel genug sein, um an spezielle spektralphotometrische Meßverfahren adaptierbar zu sein. Des weiteren sollte es sich um ein Verfahren nach dem Prinzip des Zwei-Seiten Enzymimmunoassays (Sandwich-Prinzip) unter alleiniger Verwendung monoklonaler Antikörper als immunologische Reagenzien handeln, das besonders für die Bestimmung von humanem TSH aus Serum bzw. Blut geeignet ist.

Die molekulare Struktur des TSH ist heute weitgehend bekannt. Es hat ein Molekulargewicht von 28 900 und besteht aus zwei Untereinheiten, der α- und der β-Kette. Beide haben eine sehr ähnliche Aminosäurezusammensetzung, unterscheiden sich aber in ihrer Primärsequenz. Die α- und β-Ketten sind nicht kovalent verknüpft. Das TSH-Molekül ist seinem Aufbau nach mit den anderen Gonadotropinen FSH, LH und HCG verwandt. Die α-Ketten dieser Hormone sind nahezu identisch. Unterschiede sind lediglich in den Kohlenhydratresten zu suchen. Die β-Ketten sind hormonspezifisch und tragen die spezifischen Antigendeterminanten. Aber erst in Kombination mit der α-Kette sind sie in der Lage, biologisch wirksam zu werden. Die α-Ketten werden im Organismus im Überschuß synthetisiert [1].

Von seiten der Molekülgröße ist TSH als Antigen gut geeignet. Schwierigkeiten fur die Herstellung spezifischer Antikörper ergeben sich jedoch aus der strukturellen Ähnlichkeit mit den anderen Gonadotropinen.

Um einer zu schnellen Proteolyse des TSH durch endogene Proteasen nach Applikation in die Maus entgegenzuwirken, wurde ein Konjugat zwischen TSH und Thyreoglobulin mittels Glutardialdehydvernetzung hergestellt. Da nur geringe

Mengen an TSH zur Verfügung standen, wurden bei jeder Immunisierung mit 100 µl Konjugat etwa 15 µg TSH injiziert. Die Primärimmunisierung erfolgte mit komplettem Freundschen Adjuvans (KFA) intraperitoneal; jede folgende ohne KFA. Die letzte Boosterinjektion wurde 4 Tage vor der Zellfusion gesetzt.

Die Zellfusion wurde im Maussystem in bekannter Weise mittels 50%igem PEG und die Selektion im HAT-Medium nach Littlefield durchgeführt. Unter den etwa 60 mit TSH reaktiven Klonen wurden zwei als β-ketten-spezifische mAK ausgewählt und näher charakterisiert. Tabelle 1 gibt eine Übersicht über das Bindungsmuster dieser ausgewählten mAK im Radiobindungstest mit ^{125}I-markiertem TSH, FSH, LH und HCG. Des weiteren standen für diese Untersuchungen geringe Mengen jodierter α- und β-Ketten zur Verfügung. Diese Experimente wurden durchgeführt, um etwaige Kreuzreaktionen dieser mAK auszuschließen. Nach diesen Testergebnissen verfügen wir mit dem mAK TSH (ß) 216 über einen Fangantikörper, der für den Aufbau eines Sandwich-Enzymimmunoassays geeignet ist, da er mit TSH (β) spezifisch reagiert, LH, FSH und HCG nicht bindet und, wie experimentell belegt werden konnte, hochaffin ist (Tabelle 2). Für den Einsatz im Testsystem wird dieser mAK aus Ascites durch mehrmalige Fällung mit Natriumsulfat und DEAE-Ionenaustauschchromatografie gereinigt und an Mikrotiterplatten adsorbiert. Der mAK TSH (β) 216 bindet selbst bei dem physiologischen Überschuß der anderen Gonadotropine im Serum von Gesunden bzw. Patienten TSH (β) hochaffin. Tabelle 3 zeigt Spezifitätsmerkmale der beiden mAK BL-TSH (β) 63 und BL-TSH (β) 216.

Der Nachweis des gebundenen TSH erfolgt im Assay durch den Einsatz eines bzw. eines Gemisches von POD-markierten mAK gegen die α-Kette. Bisher wurden von uns vier mAK entsprechender Spezifität etabliert. Diese Antikörper werden aus Kulturüberständen gewonnen und vor der Markierung mit Peroxidase mehreren Reinigungsschritten unterzogen. Durch den Einsatz von α-Ketten spezifischer Antikörper werden nur intakte TSH-Moleküle, bestehend aus α- und β-Kette, nachgewiesen. Vorteile gegenüber bereits kommerziell erhältlichen Testkits bestehen vor allem darin, daß nur monoklonale Antikörper mit entsprechender

Tabelle 1. Bindung [B/T %] von ^{125}I-markiertem TSH, TSH (β), LH, FSH, HCG und HCG (β) im Radiobindungstest

mAK aus Ascites	TSH	TSH (β)	LH	FSH	HCG	HCG (β)
BL-TSH (β) 216	77	61	8	3	0	0
BL-TSH (β) 63	72	61	7	3	0	0

Tabelle 2. Angabe der ermittelten Affinitätskonstanten für die monoklonalen Antikörper gegen TSH (β)

mAK	Affinitätskonstante	Verwendung
BL-TSH (β) 216	$K_A = 1 \times 10^{10}\ M^{-1}$	Fangantikorper
BL-TSG (β) 63	$K_A = \times 10^{7}\ M^{-1}$	Affinitätschromatografie

Tabelle 3. Spezifitätsmerkmale der ausgewählten monoklonalen Antikörper gegen TSH (β)

	TSH-Sollwert [mU/l]	TSH-Ist-Wert [mU/l]				
		bei Zugabe von				
		FSH	LH		HCG	
		50U/l	150 U/l	60 U/l	120 U/l	200 U/l
BL-TSH (β) 216	0	0,3	0,9	0,8	1,2	0,1
BL-TSH (β) 63	0	0,2	0,9	0,6	1,1	0,1

Tabelle 4. Präzision und Reproduzierbarkeit des TSH-Tests (Screening-Variante)

TSH-Konzentration	Serielle Präzision (n = 20) VK %	Zeitabhängige Präzision (n = 10) VK %
10 mU/l	15	24
20 mU/l (Cut-off-Wert)	7	15
30 mU/l	11	15
50 mU/l	8	12

Empfindlichkeit (B_o + 3 s) = 5 mU/l

Spezifität und Reinheit standardisierbar zum Einsatz kommen und aufwendige Absorptionsschritte zur Reinigung bzw. Präparationsschritte zur Fab_2-Fragmentierung entfallen.

Der Nachweis des festphase-gebundenen Hormon-Antikörper-Enzym-Konjugat- Komplexes erfolgt mit Hilfe gebräuchlicher Substrat-Chromogen-Gemische. Die Qualitätsmerkmale des Tests in der für das neonatale Hypothyreosescreening erarbeiteten Variante (Verwendung von auf Filterpapier getrocknetem Blut als Probenmaterial) zeigt Tabelle 4.

Literatur

1. Pierce JG, Parsons ThF (1981) Glycoprotein hormones: structure and functions. Ann Rev Biochem 50: 465

Anschrift des Verfassers: Dr Ingrid Behn, Bereich Tierphysiologie und Immunbiologie, Sektion Biowissenschaften, Karl-Marx-Universität, Talstraße 33, DDR-7010 Leipzig, Deutsche Demokratische Republik

Monoklonale Antikörper gegen neuronenspezifische Enolase

J. Zinsmeyer[1], *C. Büttner*[2], *J. Gross*[1], *K. Kato*[3], *M. Kasper*[4], *F. Mielke*[5], *St. Kießig*[6] und *H. J. Thiele*[2]

[1] Institut fur Pathologische und Klinische Biochemie,
[5] Universitatsklinik fur Innere Medizin,
[6] Institut fur Medizinische Immunologie, Humboldt-Universität zu Berlin, Bereich Medizin (Charité), Deutsche Demokratische Republik
[2] Forschungsinstitut fur Medizinische Diagnostik, Dresden, Deutsche Demokratische Republik
[3] Institute of Developmental Research, Aichi Prefectural Colony, Aichi, Japan,
[4] Pathologisches Institut des Bezirkskrankenhauses, Gorlitz, Deutsche Demokratische Republik

Einleitung

Das Glykolyseenzym Enolase (2-Phospho-D-Glycerat-Hydrolase, E.C. 4.2.1.11) ist ein dimeres Protein, das aus drei immunologisch verschiedenen Untereinheiten (α, β, γ) besteht. Fünf Isoenzyme ($\alpha\alpha$, $\beta\beta$, $\gamma\gamma$, $\alpha\beta$, $\alpha\gamma$) wurden in verschiedenen Geweben nachgewiesen. Die γ-Untereinheit, immunologisch identisch mit dem hirnspezifischen Protein 14-3-2 [2], kommt in hoher Konzentration nur in Neuronen [16] und neuroendokrinen Zellen [17] vor und wird neuronenspezifische Enolase (NSE) genannt. Tapia et al. [20] berichteten 1981, daß NSE auch von neuroendokrinen Tumoren produziert wird. Bedingt durch diese hohe Zellspezifität werden Konzentrationserhöhungen der NSE im Serum oder Liquor cerebrospinalis festgestellt bei akuter Hirnschädigung, u. a. durch verschiedene komatose Zustände [15], Schädelhirntrauma [4] oder zerebrovaskulärer Insuffizienz [9] sowie bei Neuroblastomen [10], Insulinomen [14] und insbesondere bei kleinzelligen Bronchialkarzinomen [3, 1, 6]. Darüber hinaus deuten NSE-Erhöhungen im Fruchtwasser auf ZNS-Schädigungen des Feten hin [21].

Von verschiedenen Arbeitsgruppen [8, 12, 18, 19] wurden monoklonale Antikörper (mAK) gegen NSE erzeugt, um sie als Zellmarker bzw. für Immunoassays zur Quantifizierung der NSE in biologischem Material einzusetzen.

Material und Methoden

Antigen: Human-NSE, gereinigt aus dem Gehirn Verstorbener durch Ammoniumsulfatfraktionierung des Zytosols und anschließende Anionenaustauschchromatographie an Mono Q®, Molekulargewichtstrennung über Superose 12® und Chromatofokussierung an Mono P®.

Immunisierung von acht Wochen alten weiblichen Balb/c-Mäusen über einen Zeitraum von einem Jahr mit insgesamt 700 µg an mit Pferdemilzferritin gekoppelter NSE sowie 70 µg reiner NSE vier Tage vor der Hybridisierung [7].

Fusionierung der Milzzellen mit Myelomzellen (X 63/Ag 8.653) [11] mittels PEG [13], Selektionierung in HAT-Medium, RPMI 1640, 10% FKS; Etablierung der mAK nach zweimaliger Reklonierung durch limitierte Verdünnung [7].

Screening auf NSE-Antikörper durch Enzymimmunoassay (NSE an die Festphase gebunden; zweite Immunreaktion mit peroxidasemarkiertem Ziegen-Anti-Maus-Immunglobulin).

Antikörperproduktion durch intraperitoneale Injektion von Hybridomzellen bei Balb/c-Mäusen zur Gewinnung von Aszites.

Reinigung der mAK aus Aszites durch Ammoniumsulfatfällung der Globulinfraktion und Chromatographie an Mono Q® in 20 mmol/l Tris-HCl, pH 7,7 mit einem linearen Gradienten von 0 bis 525 mmol/l NaCl.

Ergebnisse und Diskussion

Aus einer Reihe von verschiedenen Hybridomen mit Produktion eines monoklonalen Anti-NSE-Ig konnte bisher der Antikörper 1 A 11 näher charakterisiert werden. Wachstumsrate und relative Antikörperproduktion (dargestellt als Extinktion in einem Bindungsassay) der beiden Subklone sind in den Abb. 1 und 2 dargestellt. Beide Subklone produzieren den gleichen IgGl-Antikörper; die Affinitätskonstante beträgt $5{,}1 \pm 1{,}8 \times 10^{-10}$ Mol pro Liter (bestimmt nach [5]). Immunhistochemisch reagiert der Antikörper in ZNS-Schnitten ausschließlich mit Neuronen, nicht mit Glia- oder Ependymzellen. Bei der Testung anderer Gewebe wurde eine Reaktion mit Querstreifen der Muskulatur festgestellt. Die Testung auf Reaktivität mit verschiedenen festphasegebundenen Antigenen zeigte eine Reaktion mit sechs von acht angebotenen Antigenen, insbesondere mit repetitiven

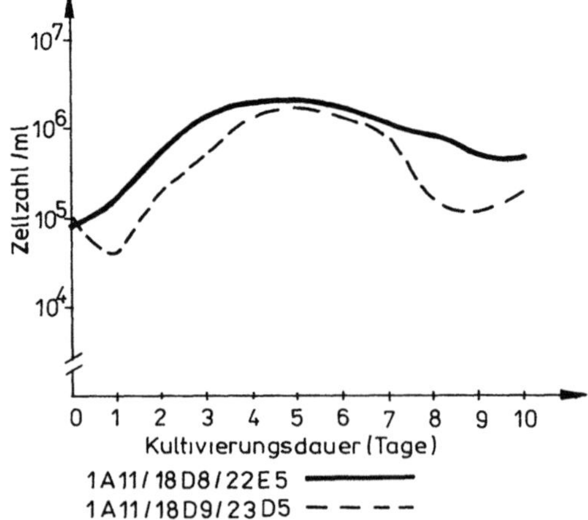

Abb. 1. Wachstum der Hybridome 1 A 11/18 D 8 und 1 A 11/18 D 9 in vitro uber 10 Tage

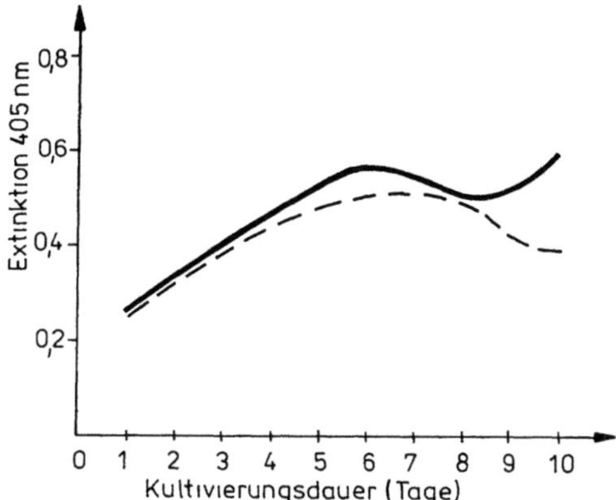

Abb. 2. In-vitro-Antikorperproduktion der Hybridome 1 A 11/18 D 8 und 1 A 11/18 D 9 uber 10 Tage. Als relative Konzentrationseinheit wurde die Lichtabsorption im NSE-antikorperspezifischen Enzymimmunoassay gewahlt

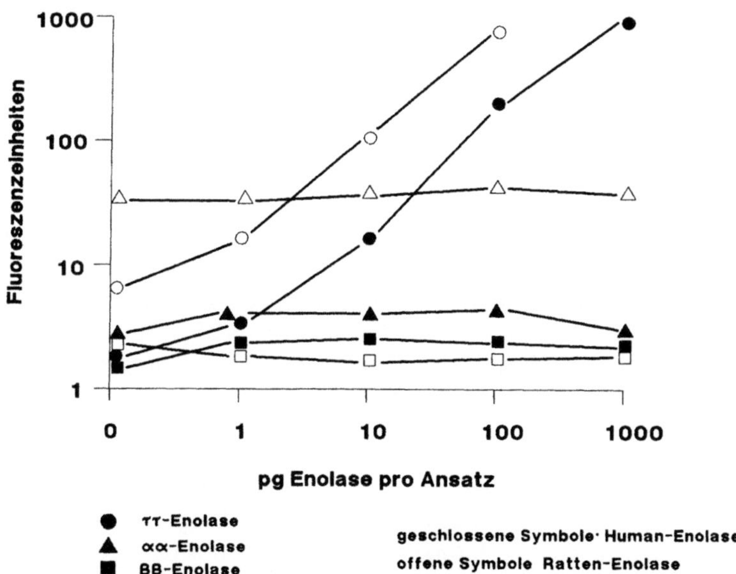

Abb. 3. Spezifitat des Antikorpers 1 A 11 für Enolase-Isoenzyme von Ratte (○△□) und Mensch (●▲■)

Sequenzen, wie DNA und Keratin. Diese Multireaktivität wurde durch Immunoblot bestätigt: Eine Reaktion erfolgte außer mit NSE (bei ca. 49 kD) mit einer Reihe nicht näher identifizierter Polypeptidketten aus Skelettmuskulatur (bei ca. 45 kD), aus dem Herzmuskel (bei ca. 47 kD), sowie aus Plasma und verschiedenen Gewebeüberständen (bei ca. 55 kD).

Der Antikörper reagiert mit einem identischen Epitop der NSE von Ratte und Mensch, er reagiert wesentlich schwächer mit NSE vom Schwein.

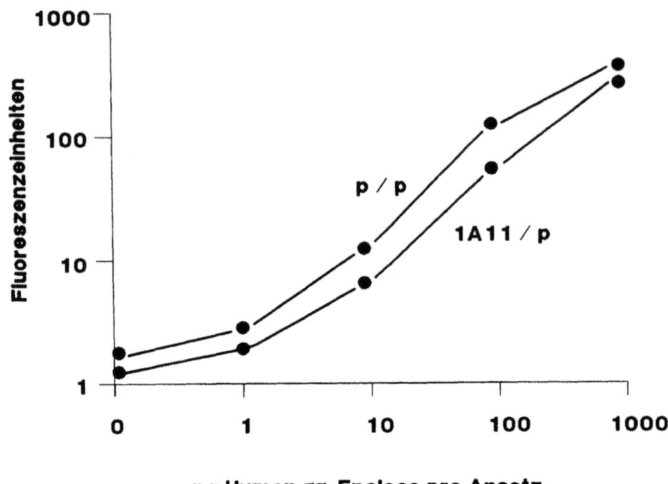

Abb. 4. Vergleich der Standardkurven im ELISA Festphase-Antikorper· 1 A 11-Ig bzw Anti-NSE, polyklonal. Antigen gereinigte NSE Konjugat. Anti-NSE, polyklonal, mit β-D-Galaktosidase markiert (p — polyklonal)

Die Sensitivität eines ELISA mit dem festphasegebundenen 1 A 11-Ig und seine Spezifität wurden in einem von Kimura et al. [12] beschriebenen Testsystem untersucht. Als Festphase dienten Polystyren-Kugeln, als Antigen wurden gereinigte Enolase-Isoenzyme von Ratte und Mensch eingesetzt; als Konjugat wurden mit β-D-Galaktosidase-markierte Antikörper gegen die entsprechenden Isoenzyme benutzt. Wie Abb. 3 zeigt, reagiert der 1 A 11-Antikörper spezifisch mit γγ-Enolase von Ratte und Mensch. Die Sensitivität entspricht etwa der des Testsystems unter Verwendung des E 1-G 3-Antikörpers von Kimura et al. [12].

Ein Vergleich der Standardkurven im ELISA mit festphasegebundenem 1 A 11-Ig bzw. polyklonalem Antikörper zeigt bei Einsatz von polyklonalem Konjugat ähnliche Resultate (Abb. 4).

Auf Grund der hohen Affinität des Antikörpers zur NSE ist er für den Einsatz im Immunoassay geeignet. Seine Verwendbarkeit wird wegen der Multireaktivität wahrscheinlich auf den Einsatz als markierter Antikörper in Kombination mit einem monospezifischen polyklonalen oder nichtmultireaktiven monoklonalen festphaseadsorbierten Antikörper begrenzt bleiben.

Literatur

1 Ariyoshi Y, Kato K, Ishiguro Y, Ota K, Sato T, Suchi T (1983) Evaluation of serum neuron specific enolase as a tumour marker for carcinoma of the lung Gann 74 219
2. Bock E, Dissing J (1975) Demonstration of enolase activity connected to the brain specific protein 14-3-2 Scand J Immunol [Suppl 2] 4: 31
3. Carney DN, Marangos PJ, Ihde DC, Bunn Jr PA, Cohen MH, Minna JD, Gazdar AF (1982) Serum neuron-specific enolase. a marker for disease extent and response to therapy of small-cell lung cancer Lancet i: 583
4 Dauberschmidt R, Marangos PJ, Zinsmeyer J, Bender V, Klages G, Gross J (1983) Severe head trauma and the changes of concentration of neuron-specific enolase in plasme and cerebrospinal fluid. Clin Chim Acta 131. 165

5 Friguet B, Chafotte AF, Djavadi-Ohaniance L, Goldberg M (1985) Measurement of the true affinity constant in solution of antigen-antibody complexes by enzyme-linked immunosorbent assay J Immunol Methods 77. 305
6 Fujita K, Haimoto H, Imaizumi M, Abe T, Kato K (1987) Evaluation of γ-enolase as a tumour marker of lung cancer Cancer 60: 362–369
7 Goding WG (1980) Antibody production by hybridomas J Immunol Methods 39. 285
8 Haan EA, Boss BD, Cowan MW (1982) Production and characterization of monoclonal antibodies against the "brain-specific" proteins 14-3-2 and S 100 Proc Natl Acad Sci USA 79 7585
9 Hay E, Royds JA, Davier-Jones GAB, Lewtas NA, Timperley WR, Taylor CB (1984) Cerebrospinal fluid enolase in stroke J Neurol Neurosurg Psych 47 724
10 Ishiguro Y, Kato K, Shimizu A, Ito T, Nagaya M (1982) High levels of immunoreactive nervous system specific enolase in sera of patients with neuroblastoma Clin Chim Acta 121 173
11 Kearney JF, Radbruch A, Liesegang B, Rajewsky K (1979) A new mouse myeloma cell line that has lost immunoglobuline expression but permits the construction of antibody secreting hybrid cell lines J Immunol 123 1548
12 Kimura S, Hayano T, Kato K (1984) Properties and application to immunoassay of monoclonal antibodies to neuron-specific γ-enolase. Biochim Biophys Acta 799 252
13 Littlefield JW (1964) Selection of hybrids from matings of fibroblasts in vitro and their presumed recombinants Science 145 709
14 Prinz RA, Marangos PJ (1982) Use of neuron-specific enolase as a serum marker of neuroendocrine neoplasma Surgery 92 887
15 Scarna H, Delafosse B, Steinberg R, Debilly G, Mandrand B, Keller A, Pujol JF (1982) Neuron-specific enolase as a marker of neuronal lesions during various comas in man Neurochem Internat 4 405
16 Schmechel D, Marangos PJ, Zis AP, Brightman MW, Goodwin FK (1978 a) Brain enolases as specific markers of neuronal and glial cells Science 199 313
17 Schmechel D, Marangos PJ, Brightman MW (1978 b) Neuron-specific enolase is a molecular marker for peripheral and central neuroendocrine cells Nature 276 834
18 Seshi B, Bell Jr CE (1985) Preparation and characterization of monoclonal antibodies to human neuron-specific enolase Hybridoma 4 13
19. Soler-Federspiel BS, Cras P, Gheuens J, Andries D, Lowenthal A (1987) Human γγ-enolase two-site immunoradiometric assay with a single monoclonal antibody J Neurochem 48. 22
20 Tapia FJ, Polak JM, Barbosa AJA, Bloom SR, Marangos PJ, Dermody C, Pearse AGE (1981) Neuron-specific enolase is produced by neuroendocrine tumours Lancet i 808
21 Zinsmeyer J, Marangos PJ, Issel EP, Gross J (1987) Neuron specific enolase in amniotic fluid—a possible indicator for fetal distress and brain implication J Perinat Med 15 199

Anschrift des Verfassers: Dr J Zinsmeyer, Institut fur Pathologische und Klinische Biochemie, Bereich Medizin (Charité) der Humboldt-Universitat zu Berlin, DDR-1040 Berlin, Deutsche Demokratische Republik

Monoklonale Antikörper gegen humanes IL-2

J. Kopp[1], *I.-J. Körner*[1], *C. Lange*[1], *R. Dettmer*[1], *A. Makower*[1], *J. Stahl*[1], *P. Jantscheff*[1], *W. Malz*[1] und *H.-D. Volk*[2]

[1] Akademie der Wissenschaften der DDR, Zentralinstitut fur Molekularbiologie, Bereich Experimentelle und Klinische Immunologie, Berlin,
[2] Institut Medizinische Immunologie, Bereich Medizin (Charité), Humboldt-Universitat zu Berlin, Deutsche Demokratische Republik

Interleukin-2 (IL-2) ist eine Voraussetzung für die Proliferation von Regulator- und Effektor-T-Lymphozytenklonen und beeinflußt die Proliferation von B-Lymphozyten und anderen immunologisch aktiven Zelltypen. Es induziert oder steigert die Produktion einer Vielzahl von Lymphokinen und spielt dadurch eine zentrale Rolle sowohl für die zellvermittelte als auch für die humorale Immunität [3]. Die derzeitigen Kenntnisse über die biologischen Wirkungen des IL-2 versprechen neue Ansätze in der Therapie verschiedener Krankheiten. In diesem Zusammenhang ist eine Bestimmung von IL-2 sowohl in Körperflüssigkeiten von Patienten als auch bei der Produktionskontrolle von IL-2 essentiell. Wünschenswert ist ein einfacher und schneller Routinetest auf der Basis monoklonaler Antikörper (mAK) als Alternative zu dem bisher üblichen, sehr aufwendigen und störanfälligen biologischen IL-2 Test. Als Voraussetzung dafür wurde eine Gruppe von mAK gegen humanes IL-2 entwickelt und einer Teilcharakterisierung unterzogen. Zur Gewinnung der mAK wurden Balb/c-Mäuse mit verschiedenen Mengen von rekombinantem IL-2 (rec IL-2) in Kombination mit natürlichem IL-2 (nat IL-2), das nach Stimulierung von „buffy coat"-Lymphozyten mit ConA/Phorbolmyristatazetat oder Ca-Ionophor/Phorbolmyristatazetat gewonnen und mittels eines 2-Stufen-Verfahrens zur Homogenität aufgereinigt [4] wurde, immunisiert. Im Ergebnis mehrerer Fusionsexperimente wurden insgesamt 15 verschiedene Hybridomklone mit Produktion von mAK gegen humanes IL-2 gewonnen. Als Testsystem wurde ein Immunodottest verwendet, bei dem auf Nitrozellulose (3 × 3 mm) eine Menge von 5—10 ng rec oder nat IL-2 als Antigen angetrocknet und der immunchemische Nachweis von mAK im Hybridomkulturüberstand mit Anti-Maus-Ig-Antikörpern (POD-markiert) und 2-Brom-1-naphthol geführt wurde. Der Nachweis der spezifischen Reaktion der mAK mit humanem IL-2 erfolgte durch Westernblot nach SDS-PAGE unter reduzierenden Bedingungen.

Keiner der gewonnenen mAK zeigte deutliche neutralisierende Aktivität im biologischen Test. Wurden IL-2-Rezeptor-tragende Zellen mit rec IL-2 und nach Waschung anschließend mit verschiedenen mAK gegen humanes IL-2 inkubiert, konnte eine Bindung der meisten mAK an das IL-2 am IL-2-Rezeptor gezeigt werden. Im vorliegenden Beispiel reagieren die beiden mAK K 14 H 9 und K 14 A 1 nicht oder nur schwach, wohingegen die anderen mAK die Zellen, deren IL-2-Rezeptoren besetzt sind, deutlich stärker markieren.

Aus der Palette monoklonaler Antikorper gegen humanes IL-2 wurden 7 auf Eignung für die Entwicklung eines IL-2-Nachweissystems geprüft. Insgesamt kamen 3 verschiedene Testsysteme zur Anwendung. Die im ELISA eingesetzten IL-2-Konzentrationen wurden auf der Basis der biologischen Einheiten kalkuliert, für deren Bestimmung der international übliche biologische Test nach Gillis et al. [2] benutzt wurde. Als 1 Einheit/ml (E/ml) wurde die IL-2-Konzentration definiert, bei der halbmaximaler ^{3}H-Thymidin-Einbau in die DNS der Zellen erfolgt. Es wurde davon ausgegangen, daß 1 E IL-2 einer Proteinmenge von 100 pg entspricht.

Beim Festphase-ELISA wurde das IL-2 an die Mikrotestplatte adsorbiert (50 µl/well, 16 h, 4 °C) und die wells nachfolgend mit einem mAK gegen IL-2 (25 µg/ml, 50 µl/well) 4 Stunden bei Raumtemperatur inkubiert. Nach anschließender Inkubation mit einem POD-markierten Anti-Maus-Ig-Antikörper und enzymatischer Reaktion des gebundenen POD mit dem Substrat (o-Phenylendiamin) wurde die optische Dichte nach Abstoppen der Reaktion mit 4,5 M H_2SO_4 bei 492 nm gemessen. Bei diesem, wie bei den nachfolgend beschriebenen IL-2-Testsystemen, wurden die Mikrotestplatten vor jeder Inkubationsstufe 6—8mal mit PBS-Tween-Puffer gewaschen.

Im Festphase-ELISA reagieren alle eingesetzten mAK sowohl mit rec als auch mit nat IL-2, aber mit unterschiedlicher Empfindlichkeit.

Es sind mAK dabei, die eine stärkere Reaktion mit nat IL-2 als mit rec IL-2 zeigen (z. B. K 13 E 4, Abb. 1) und umgekehrt bzw. mit rec IL-2 und nat IL-2 gleich stark reagieren (z. B. K 15 F 7, Abb. 1). Von den getesteten mAK zeigt der K 13 E 4 die stärkste Reaktivität gegenüber nat IL-2. Mit 25 µg/ml mAK (50 µl/well) sind noch weniger als 0,4 E/well, das entspricht weniger als 80 pg, sicher bestimmbar.

Das Hauptinteresse galt der Frage, wie groß die minimale Antigenmenge ist, die durch einen unserer mAK in einer mit viel Fremdprotein belasteten Lösung bestimmbar ist.

Zur Klärung dieser Frage benutzten wir 2 verschiedene Formen eines Sandwich-ELISA. Im ersten Fall [1] wurde ein mAK (25 µg/ml, 50 µl/well, 16 h, 4 °C) als Fänger eingesetzt und als Nachweis-mAK ein FITC-markierter mAK (1 µg/ml, 50 µl/well, 4 h Raumtemperatur) benutzt. Über einen POD-markierten Anti-FITC-mAK [5] und enzymatische Reaktion des gebundenen POD mit dem Substrat wurde die Menge des gebundenen IL-2 (Inkubation von 50 µl/well, 16 h, 4 °C) ermittelt. In diesem System reagieren alle eingesetzten mAK mit rec IL-2 relativ empfindlich (Abb. 2). Bei Vorliegen des K 14 A 1 als Fänger-mAK und Einsatz des K 15 F 7 als Nachweis-mAK können noch 0,05 E/well (0,1 ng/ml) sicher bestimmt werden. Bei keiner der möglichen Kombinationen zwischen unmarkiertem und FITC-markiertem mAK war eine Reaktion mit nat IL-2 nachweisbar. Die Tatsache, daß beim Einsatz eines unmarkierten mAK als Fänger und des gleichen mAK FITC-markiert als 2. Antikörper mit rec IL-2 eine gleich starke Reaktion

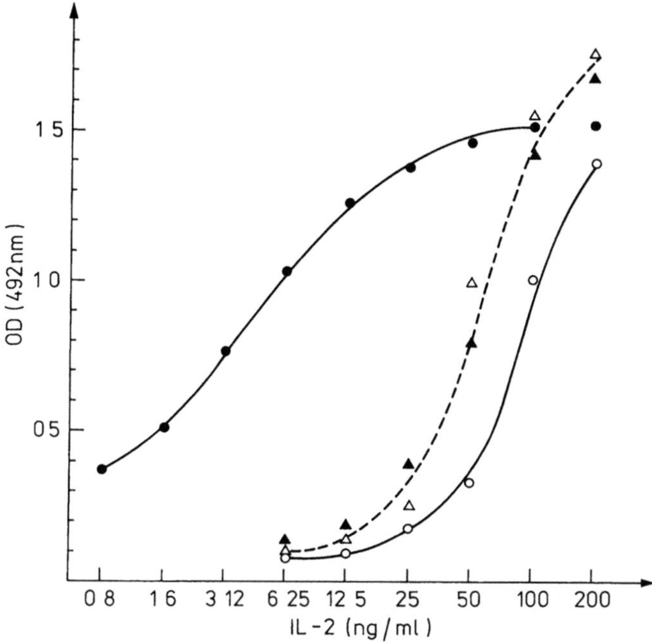

Abb. 1. Vergleich der Reaktivitaten von 2 Anti-IL-2 mAK K 13 E 4 (———) und K 15 F 7 (– – –) mit rec IL-2 (offene Symbole) und nat IL-2 (geschlossene Symbole) im Festphasen-ELISA Die Nachweisgrenze liegt bei einer OD = 0,1

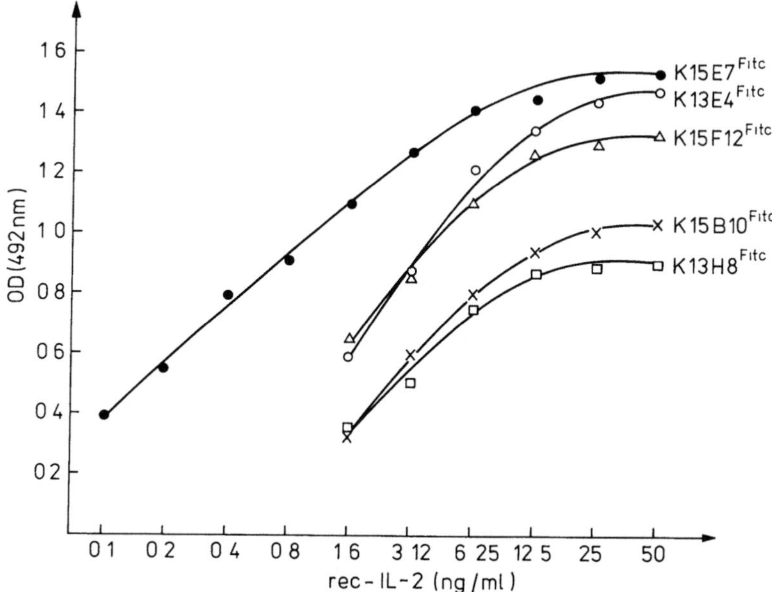

Abb. 2. Bestimmung von rec IL-2 im Sandwich-ELISA [1] Der mAK K 14 A 1 wurde als Fänger an die Mikrotiterplatte adsorbiert (25 µg/ml, 50 µl/well) Nach der Inkubation mit IL-2 wurden 5 verschiedene FITC-markierte mAK (1—3 µg/ml, 50 µl/well) eingesetzt Die Nachweisgrenze liegt bei einer OD = 0,15

erfolgt wie bei der Verwendung zweier unterschiedlicher mAK läßt den Schluß zu, daß das rec IL-2 als Multiepitop (z. B. in aggregierter Form) vorliegen könnte. Der Fall eventuell dicht beieinander liegender Epitope auf dem IL-2 und einer möglichen sterischen Behinderung bei der Bindung der mAK würde unter den Bedingungen eines Multiepitops vernachlässigbar sein, beim Vorliegen des nat IL-2 in monomerer Form aber ein Ausbleiben der Reaktion erklären können.

Bei der zweiten Form des Sandwich-ELISA [2] wurde als Fänger ein Anti-IL-2-mAK (50 µg/ml, 50 µl/well, 16 h, 4 °C) und als Nachweis-Antikörper ein polyklonales Anti-IL-2-Kaninchenserum (1 µg/ml, 50 µl/well, 4 h, Raumtemperatur) benutzt. Über ein POD-markiertes Anti-Kaninchen-Ig-Antiserum und enzymatische Reaktion des gebundenen POD mit dem Substrat erfolgte die Bestimmung der optischen Dichte.

Abbildung 3 zeigt 2 Beispiele für die Reaktivität der Anti-IL-2-mAK mit rec IL-2. Die untere Grenze des Nachweises liegt für den mAK K 15 F 7 bei 0,4 ng/ml und für den mAK K 14 A 1 bei ca. 0,8 ng/ml. Alle eingesetzten mAK reagieren in diesem Nachweissystem mit nat IL-2, allerdings wesentlich unempfindlicher als mit rec IL-2. Aus Abb. 4 ist die untere Grenze der Nachweisbarkeit für den K 15 F 7 und den K 15 B 10 mit etwa 30 ng/ml und für den mAK K 14 H 9 mit etwa 60 ng/ml zu ersehen.

Ein wichtiges Qualitätsmerkmal eines Antikörpers ist seine Affinität. Um diese zu bestimmen, haben wir ein von Friguet [1] beschriebenes Verfahren ausgewählt, dessen Vorteil darin liegt, daß weder das Antigen noch der mAK markiert werden müssen. Das Prinzip besteht darin, daß in einem ersten experimentellen Schritt in

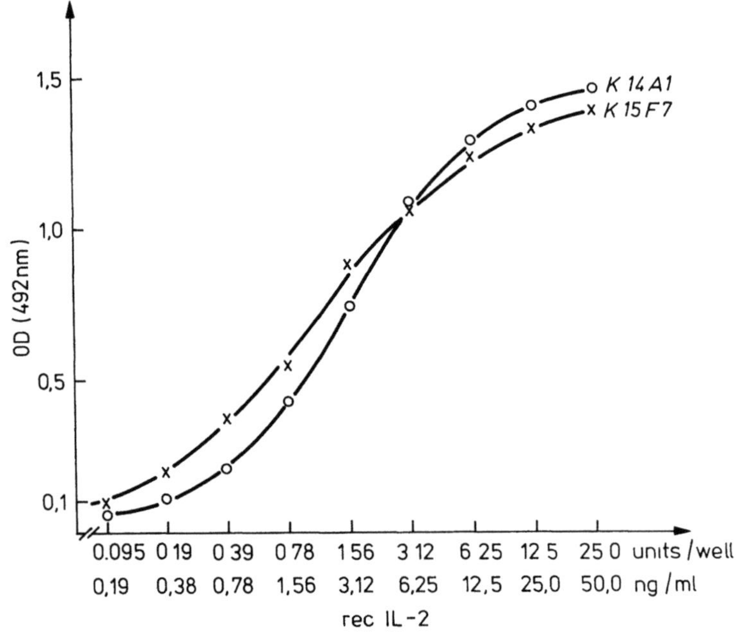

Abb. 3. Bestimmung von rec IL-2 im Sandwich-ELISA [2] mit 3 verschiedenen Anti-IL-2 mAK als Fänger (25 µg/ml, 50 µl/well). Nach der IL-2-Inkubation wurde als zweiter Antikörper ein polyklonales Anti-IL-2-Kaninchenserum (1 µg/ml, 50 µl/well) eingesetzt

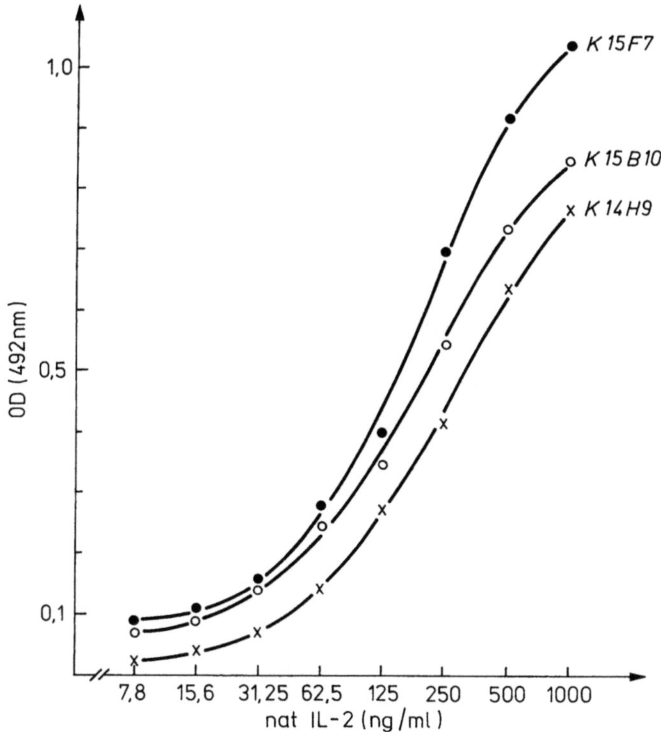

Abb. 4. Bestımmung von nat IL-2 ım Sandwıch-ELISA [2] mıt dreı verschıedenen Antı-IL-2 mAK als Fanger (25 µg/ml, 50 µl/well) Nach der IL-2-Inkubatıon erfolgte der Eınsatz eınes polyklonalen Antı-IL-2-Kanınchenserums (1 µg/ml, 50 µl/well) als 2 Antıkorper

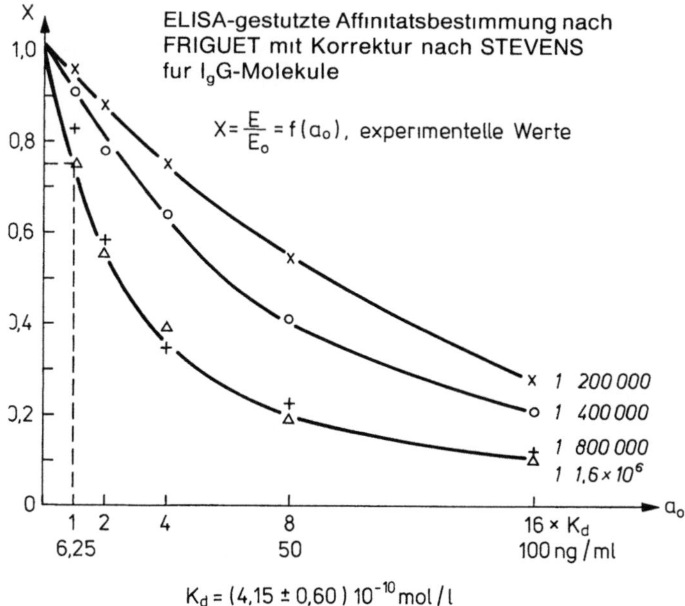

Abb. 5. Bestımmung der Dıssozıatıonskonstanten (Kd) fur den mAK K 15 F 7 nach dem Verfahren von Frıguet

Lösung befindliche unterschiedliche Konzentrationen des Antigens bei konstanter Antikörperkonzentration inkubiert werden und in einem nachfolgenden zweiten Schritt die Menge der in Lösung vorhandenen freien Antikörper in einem ELISA bestimmt wird, bei dem das Antigen an die feste Phase adsorbiert ist. Aus der Extinktion E_o bei einer vorgegebenen Antikörperkonzentration ohne Antigen und der Extinktion E bei der gleichen Antikörperkonzentration plus Antigen wird das Verhältnis $x = \frac{E}{E_o}$ gebildet. In Abb. 5 sind die Extinktionsverhältnisse für verschiedene Antikörperkonzentrationen als Funktion der Antigenkonzentration aufgetragen. Für den Fall des Antigenüberschusses kann man den zu x = 0,75 gehörenden Wert der Antigenkonzentration auf der Abszisse ablesen. Dieser Wert ist gleich dem Wert der Dissoziationskonstante, wenn die Antigenkonzentration in Mol/l ausgedrückt wird. Daß der Fall des Antigenüberschusses vorliegt, ergibt sich daraus, daß die beiden unteren Kurven praktisch übereinander liegen, d. h., eine Verdopplung der Antikörperkonzentration hat hier keine Änderung des Extinktionsverhältnisses bewirkt. Bei dem von uns getesteten mAK K 15 F 7 ergibt das für die Reaktion mit rec IL-2 eine Dissoziationskonstante von $6{,}25 \times 10^{-10}$ Mol/l.

Literatur

1 Friguet B, Chaffotte AF, Djavadi-Ohaniance L, Goldberg ME (1977) Measurements of the true affinity constant in solution of antigen-antibody complexes by enzyme-linked immunosorbent assay. J Immunol Methods 77. 305–319

2 Gillis S, Ferm MM, Ou W, Smith KA (1978) T cell groth factor: parameters of production and a quantitative microassay for activity. J Immunol 120. 2027–2032

3 Greene WC (1988) Cytokines. interleukin-2 and its receptor In. Gallin JI, Goldstein IM, Snyderman R (eds) Inflammation. basic principles and clinical correlates Raven Press, New York, pp 209–228

4 Körner IJ, Dettmer R, Kopp J, Gaestel M, Malz W (1986) Simple preparative two-step purification of interleukin-2 from culture medium of lectin stimulated normal human lymphocytes. J Immunol Methods 87 185–191

5 Micheel B, Jantscheff P, Bottger V, Scharte G, Stolley P, Karawajew L (1988) The production and radioimmunoassay application of monoclonal antibodies to fluorescein isothiocyanate (FITC) J Immunol Methods 111. 89–94

Anschrift des Verfassers: Dr. J. Kopp, Akademie der Wissenschaften der DDR, Zentralinstitut für Molekularbiologie, Bereich Experimentelle und Klinische Immunologie, Robert-Rössle-Straße 10, DDR-1115 Berlin, Deutsche Demokratische Republik

Kompetitiver Anti-HIV-1-ELISA mit einem enzymmarkierten humanen monoklonalen Antikörper

S.-H. Döpel[1], *T. Porstmann*[1], *R. Grunow*[1], *P. Henklein*[2], *A. Jungbauer*[3], *F. Steindl*[3] und *R. von Baehr*[1]

[1] Institut fur Medizinische Immunologie, [2] Institut für Pharmakologie und Toxikologie, Bereich Medizin (Charité), Humboldt-Universitat zu Berlin, Deutsche Demokratische Republik
[3] Institut fur Angewandte Mikrobiologie (IAM), Universitat fur Bodenkultur, Wien, Österreich

Enzymimmunoassays (ELISA) werden auch in Zukunft die entscheidende Rolle zum Nachweis induzierter virusspezifischer Antikörper bei einer HIV-Infektion spielen. Die seit 1985 verfügbaren Sandwich-Tests der sogenannten ersten Generation basieren auf der Grundlage von insolubilisiertem Viruslysat. Kontaminationen mit nicht abtrennbarem Wirtszellmaterial führen dabei einerseits zu einer Reihe von falsch positiven Resultaten [1], andererseits zu falsch negativen Ergebnissen aufgrund einer schwer standardisierbaren Antigenzusammensetzung und einer häufig unzureichenden Konzentration von diagnostisch relevanten Proteinen des env-Genabschnitts an der festen Phase. Die Sensitivität dieser Testsysteme erstreckte sich von 97.2% bis 100%, deren Spezifität von 70% bis 100% [2]. Eine Serokonversion ist mit diesen Tests frühestens 6—8 Wochen nach Infektion nachweisbar [3].

Ausgehend von diesen Erkenntnissen ist das Ziel weiterer Entwicklungen darauf gerichtet, die Sensitivität und Spezifität der Screeningtests zu erhöhen und die diagnostische Lücke vom Zeitpunkt der Infektion bis zur Serokonversion zu verkürzen.

Darum werden in Testsystemen der 2 und 3 Generation gentechnische Proteine bzw. synthetische Peptide als Antigene verwendet. Die Antigenzusammensetzung ist im Gegensatz zu Testen der 1. Generation besser standardisierbar und reproduzierbar, wobei die Epitopdichte ausgewählter immunologisch relevanter Virusproteine enorm gesteigert werden kann.

Eine Verkürzung der diagnostischen Lücke setzt auch den Nachweis der in der immunologischen Primärreaktion auftretenden IgM-Antikörper voraus. Dieses gewährleistet am besten ein kompetitives Testprinzip, wobei alle Antikörper des gleichen Ideotyps unabhängig ihres Isotyps nachgewiesen werden (Abb. 1).

Um beide Forderungen — die Erhöhung von Spezifität und Sensitivität und die frühere Erkennung einer Infektion — zu vereinigen, erarbeiteten wir einen kompetitiven ELISA, bei dem ein humaner monoklonaler Anti-HIV-Antikörper mit spezifischen Anti-HIV-Antikörpern im Serum der Probanden um die Bindung an ein insolubilisiertes rekombinantes HIV-Protein konkurriert.

Als Antigen verwendeten wir ein hochgereinigtes rekombinantes glykosyliertes gp 160. Dieses Protein ist der Vorläufer des Hüllproteins gp 120 und des Transmembranproteins gp 41. Beide sind für die serologische Anti-HIV-Diagnostik hochrelevant, da einerseits in der Frühphase einer Infektion vorrangig spezifische Antikörper gegen Proteine des env-Genabschnittes nachgewiesen werden, und andererseits die Immunantwort bis hinein in das Stadium des Vollbildes von AIDS (SDS-Klassifikation IV) erhalten bleibt [4].

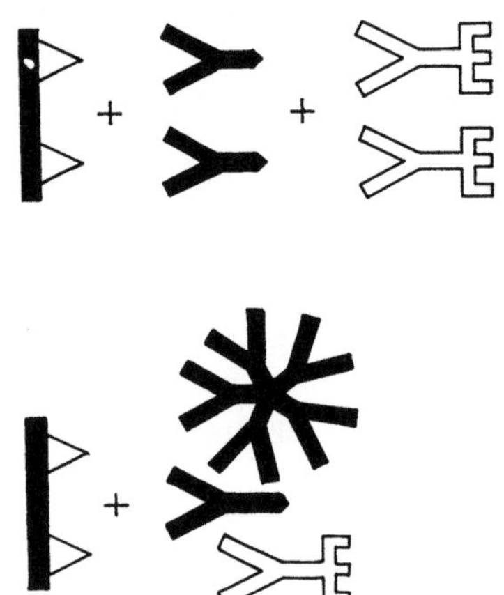

Abb. 1. Vergleich von Sandwich-Prinzip (Antiglobulintechnik) und kompetitivem ELISA

Die Adsorption an Polystyrolmikrotestplatten (VEB Polyplast Halberstadt, DDR) erfolgte in einem 0.1 mol/l Karbonatpuffer, pH 9.5 in einer Konzentration von 10 mg/l über 12 Stunden bei 4 °C. Ungebundenes Protein wurde mittels 0.01 mol/l Phosphatpuffer, pH 7.4, 0.3 mol/l NaCl, 0.1% Tween 20 (PST) entfernt.

Der humane monoklonale Anti-HIV-Antikörper (CB-HIV-1 gp 41) [5] wurde aus Zellkulturüberstand durch Präzipitation am isoelektrischen Punkt (pH 8.7) und Fast-Protein-Liquid-Chromatographie an Mono Q und Protein-A-Sepharose (Pharmacia, Uppsala, Schweden) gereinigt. Im Westernblot (Abb. 2) ist deutlich zu erkennen, daß dieser Antikörper nicht nur mit gp 41 und dem Vorläufer gp 160 reagiert, sondern auch ein Epitop auf dem Hüllprotein gp 120 erkennt.

Die Konjugation des Antikörpers mit POD (RZ 3.2) wurde nach der Methode von Wilson und Nakane [6] im molaren Verhältnis von 1 : 4 (IgG : POD) durchgeführt.

Dieses Konjugat wurde zur Optimierung des Assays, ausgehend von einer Konzentration von 20 mg/l, geometrisch verdünnt und mit gleichen Volumenanteilen mit anti-HIV-antikörperpositiven bzw. -antikörpernegativen Standardseren versetzt. Als Verdünnungsmedium diente jeweils PST, 5.0% Schafserum. Die optimale Differenzierung zwischen dem anti-HIV-positiven und -negativen Standard

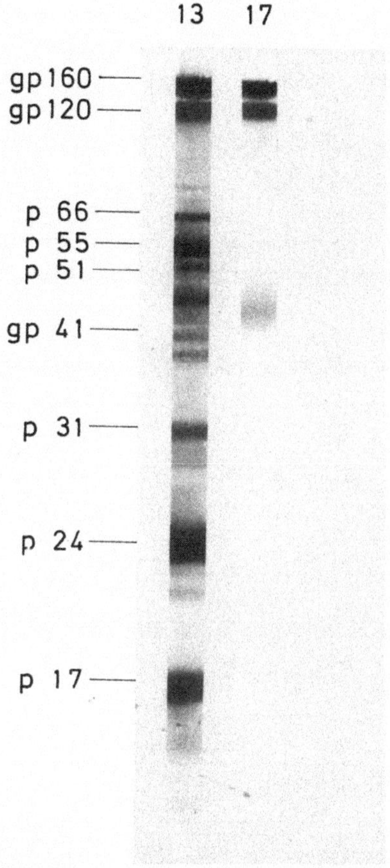

Abb. 2. Reaktionsmuster eines humanen monoklonalen Anti-gp41-Antikorpers im Westernblot der Antikorper reagiert eindeutig mit beiden Teilen (gp 120 und gp41) des Vorlauferproteins gp 160

(P/N-Ratio) erreichten wir bei einer Konjugatkonzentration von 10 mg/l und einer Serumverdunnung von 1 . 2 (finale Konjugatkonzentration. 5 mg/l; finale Serumverdunnung 1 . 4). Um die Handhabung des Tests zu erleichtern, d. h. eine Vorverdünnung des Serums zu umgehen, inkubierten wir letztendlich 75 µl des 6.5 mg/lkonzentrierten Konjugates mit 25 µl unverdünntem Serum. Das Extinktionsverhalten in Abhangigkeit von der Inkubationszeit wurde jeweils nach 15, 30, 45 und 60 Minuten bestimmt. Das Gleichgewicht zwischen den an das Antigen gebundenen und ungebundenen Konjugatmolekulen hatte sich bereits nach 45 Minuten eingestellt. Nach Abtrennung der ungebundenen Reaktanten mittels fünfmaligem Spulen der Kavitäten mit PST erfolgte die Substratreaktion mit 20 mmol/l oPD und 22 mmol/l Wasserstoffperoxid. Nach 10 Minuten wurde die Reaktion durch Zugabe von 2 mol/l Schwefelsäure, 0.05 mol/l Natriumsulfit terminiert [7].

Die Testbedingungen sind nochmals aus Tabelle 1 ersichtlich. Die Praktikabilität des Tests verdeutlichen folgende Parameter. Der Untersucher benötigt keine Serumverdunnung; nach nur einem Separationsschritt und anschließender kurzer

Substratreaktionszeit liegt das Testergebnis bereits nach einer Stunde vor. Außerdem gewährleistet das kompetitive Testprinzip eine hohe Sicherheit gegenüber fehlerhafter Durchführung, da diese Fehler stets zu positiven, das heißt wiederholungspflichtigen Ergebnissen führen.

In dem optimierten Assay testeten wir Seren von 102 HIV-Infizierten und 500 gesunden Blutspendern. Als Referenz diente uns der Anti-HTLV-III-ELISA (Ortho Diagnostic Systems, U.S.A.). Unter Zugrundelegung einer 30%igen Bindungshemmung des Konjugates gegenüber der Extinktion des anti-HIV-antikörpernegativen Serumpools (0% Bindungshemmung), was in etwa dem Extinktions-

Tabelle 1. Kompetitiver Anti-gp 41-ELISA mit enzymmarkiertem CB-HIV 1 gp 41

	Reaktanten	Konz./Vol.	Reaktions-bedingungen
Festphaseantigen	rek. gp 160 (Immuno, Wien)	10 mg/l Karbonatpuffer pH 9,5	12 h, 6 °C
Untersuchungsmaterial	Serum/Plasma	unverd., 25 µl	simultan 45 min, 37 °C
Konjugat	CB-HIV 1 gp 41-POD	6,5 mg IgG/l, 75 µl	
Substrat	o-Phenylendiamin/H_2O_2	20 mmol/l/22 mmol/l	10 min, 20—25 °C
Reaktionsstopp	Schwefelsr./ Natriumsulfit	2,0 mol/l/0,05 mol/l	
Seren	**n**	**Initial positiv**	**Nach Wiederholung positiv**
anti-HIV-Antikörper-Träger	102	102	—
Blutspender	500	1	o
Spezifität = 99,8%			
Sensivität = 100%			

mittelwert minus der dreifachen Standardabweichung entspricht, wurden die Seren aller Infizierten eindeutig als anti-HIV-antikörperpositiv bestimmt. Sie hemmten die Bindung des Konjugates von 33.5 bis 99.6%. Die durchschnittliche Bindungshemmung aller untersuchten Seren belief sich auf 93.6%. Die Erfassung aller Infizierten spricht für die Immundominanz des durch unseren monoklonalen Antikörper erkannten Epitops.

Von den Seren der 500 gesunden Blutspender wurde in einem Fall eine positive Reaktion (Bindungshemmung über 30%) festgestellt, welche jedoch in der Wiederholungsuntersuchung eindeutig negativ ausfiel. Die daraus errechnete Spezifität beträgt 99.8% bei einer Sensitivität von 100%.

Den Vergleich zum Anti-HTLV-III-ELISA (ODS) zeigt Abb. 3. Ein Serum eines HIV-Infizierten wurde mit diesem Test als anti-HIV-negativ bestimmt. Dieses falsch negative Testergebnis ist durch die eindeutig geringere Menge an insolubilisiertem gp 41/gp 120 im Anti-HTLV-III-ELISA (ODS) bedingt, was wir durch die Bindung unsers enzymmarkierten monoklonalen Antikörpers an die festphaseinsolubilisierten Proteine nachweisen konnten.

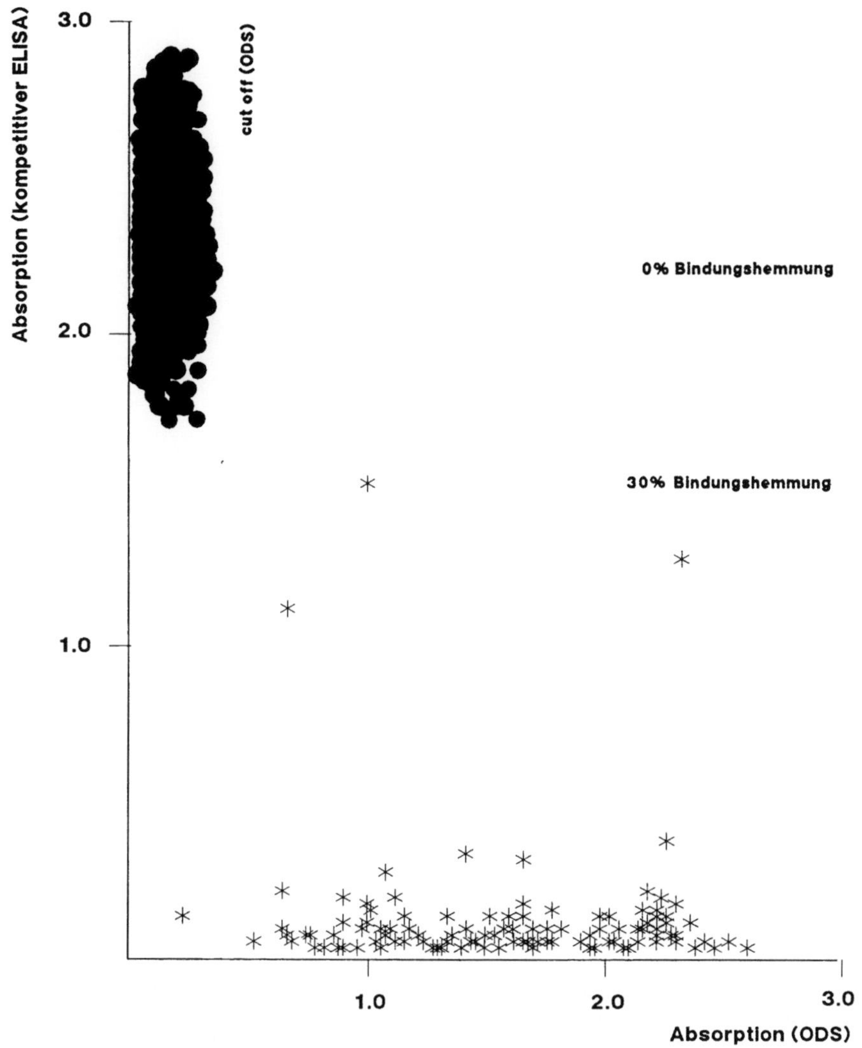

Abb. 3. Vergleich der Reaktivität der 102 anti-HIV-antikörperpositiven Seren (Sterne) mit denen der 500 gesunden Blutspender (Kreise) im kompetitiven ELISA und im Anti-HTLV-III-ELISA (ODS)

Die höhere Sensitivität des kompetitiven Tests im Vergleich zu Sandwichtesten der ersten Generation bezüglich des Nachweises von Antikörpern gegen die Proteine des env-Genabschnitts wird auch durch die Reaktion dieses Serums im Westernblot bestätigt (Abb. 4). In der Frühphase einer HIV-Infektion werden vorrangig Antikörper gegen gp 160/gp 120 im Serum gebildet. Aufgrund der hohen gp 41-/gp 120-Epitopdichte im kompetitiven ELISA und Verdrängung unseres Anti-gp 41-Antikörpers sowohl von IgG- als auch IgM-Antikörpern gegen gp 41, 120 und 160, werden HIV-Infektionen früher als mit herkömmlichen Tests erkannt.

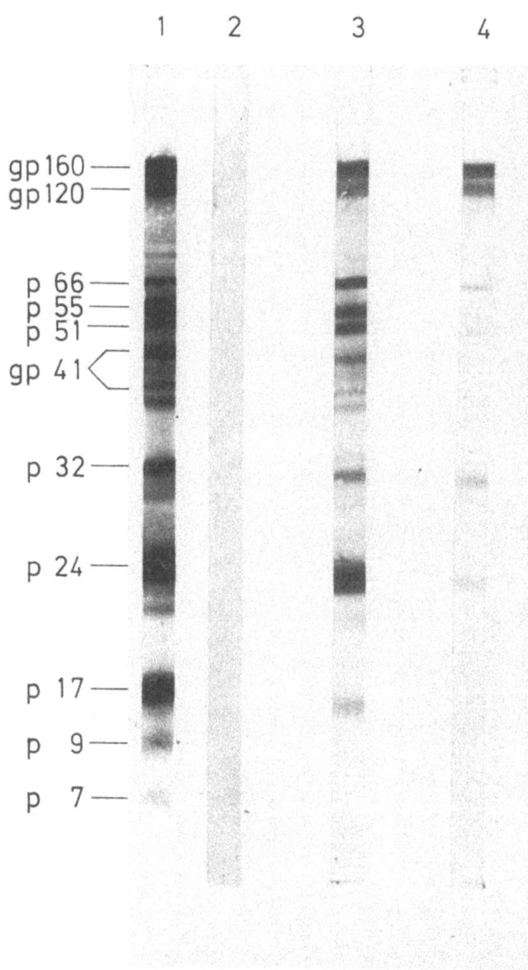

Abb. 4. Reaktionsmuster im Westernblot in Abhängigkeit vom Zeitpunkt der Infektion. *1* Positivkontrolle, *2* Negativkontrolle, *3* Reaktionsmuster eines HIV-Infizierten (Stadium III), *4* Reaktionsmuster der Sexualpartnerin des HIV-Infizierten

Literatur

1. Kühnl P, Seidl S, Holzberger G (1985) HLA DR 4 antibodies cause positive HTLV III antibody ELISA results. Lancet i: 1222
2. Gürtler LG, Eberle J, Lorbeer B, Deinhardt F (1986) Sensitivity and specificity of commercial ELISA kits for screening anti LAV/HTLV III. J Virol Methods 15: 11
3. Alter HJ (1986) Transmission of LAV/HTLV III by blood products. In: Acquired immunodeficiency syndrome. Elsevier, Paris
4. Goudsmit J, Lange JMA, Pal DA, George J, Dawson J (1987) Antigenemia and antibody titers to core and envelope proteins in AIDS, AIDS-related complex, and subclinical human immunodeficiency virus infections. Concise Comm 155: 558
5. Grunow R, Jahn S, Porstmann T, Kießig ST, Steinkellner H, Steindl F, Mattanovich D, Gurtler L, Deinhardt F, Katinger H, von Baehr R (1988) The high efficiency, human B cell immortalizing heteromyeloma CB-F 7. J Immunol Methods 106: 257

6 Wilson MB, Nakane PK (1978) Recent developments in the periodate method of conjugating horseradish peroxidase (HRPO) to antibodies In Immunofluorescence and related staining techniques Elsevier, Amsterdam
7 Porstmann T, Porstmann B, Wietschke R, von Baehr R, Egger E (1984) Stabilization of the substrate reaction of horseradish peroxidase with o-phenylenediamine in the enzyme immunoassay J Clin Chem Clin Biochem 23. 41

Anschrift des Verfassers: Dr S -H Dopel, Institut für Medizinische Immunologie, Bereich Medizin (Charité), Humboldt-Universitat zu Berlin, Schumannstraße 20/21, DDR-1040 Berlin, Deutsche Demokratische Republik

Einsatz monoklonaler Antikörper in der immunhistologischen Diagnostik

Anwendung monoklonaler Antikörper für die histologische Diagnostik

St. Zotter† und *A. Lossnitzer*

Medizinische Akademie Dresden, Institut fur Pathologische Anatomie, Dresden, Deutsche Demokratische Republik

Selbst erfahrenen Pathologen gelingt es nicht immer, bioptische oder autoptische Gewebeproben bei der feingeweblichen Untersuchung eindeutig zu diagnostizieren. Dies gilt insbesondere für die histologische Tumordiagnostik. Der Anteil der mittels Routinefärbeverfahren nicht abzuklärender Fälle dürfte auch bei erfahrenen Untersuchern etwa 5% betragen. Dafür waren histochemische Methoden und ultrastrukturelle Analysen noch bis vor wenigen Jahren Verfahren der Wahl, um bestimmte differentialdiagnostische Probleme zu klären. Enzymhistochemie und Elektronenmikroskopie werden jedoch zunehmend durch immunhistologische und -zytologische Untersuchungen ersetzt, die weniger aufwendig sind und meist klarere Ergebnisse liefern.

Methodische Probleme

Einen besonderen Aufschwung hat die Immunhistologie durch die Hybridomtechnik genommen. Monoklonale Antikörper (mAK) sind ideale Reagenzien für den Nachweis bestimmter Proteine bzw. Antigene in Gewebeproben oder Zellpräparationen. Allerdings ergab sich mit der Einführung von mAK in die Immunhistologie ein neues methodisches Problem, das noch nicht vollständig überwunden ist. Viele der mit mAK reagierenden Antigendeterminanten werden durch die Routineaufbereitung (Formalinfixierung, Paraffineinbettung) von Gewebeproben denaturiert. Nur in einigen Fällen können derartige Effekte wieder rückgängig gemacht werden, z. B. die Proteinvernetzung infolge des Aldehydeinflusses durch nachträgliche Proteasebehandlung. Diese Verfahrensweise ist notwendig, um eine Reihe diagnostisch wichtiger Antigendeterminanten immunhistologisch nachzuweisen. Heute werden im wesentlichen zwei Strategien verfolgt:

1. Es werden nur solche Antikörper eingesetzt, die am Routineparaffinschnitt gute Resultate liefern.
2. Von den Gewebeproben wird ein Teil bei − 70 °C aufbewahrt, da an Gefrierschnitten nach geeigneter Fixierung (z. B. Alkohol oder Aceton) die meisten

Determinanten noch nachgewiesen werden können. Dieses Vorgehen erfordert einen zusätzlichen Aufwand, da die Routineverfahren ohnehin durchgeführt werden müssen. Viele Institute halten sich an diese Strategie, wobei immer wieder auf die Bedeutung der gegenüber dem Routine-Aufbereitungsverfahren sensiblen Antigene verwiesen wird und viele Fragestellungen der Diagnostik sowie der Forschung an den Nachweis dieser Determinanten gebunden sind.

Das Bemühen, mAK zu entwickeln, die am Paraffinschnitt nach Formalinfixierung einsetzbar sind, ist sehr groß. Für eine Reihe bedeutsamer, offenbar sehr empfindlicher Antigene ist die Herstellung entsprechender mAK nicht möglich.

Gewebemarker

Voraussetzung für den Einsatz immunhistologischer Methoden in der Diagnostik ist die Kenntnis gut definierter Gewebemarker. Die wichtigsten Markergruppen sind in Tabelle 1 zusammengestellt.

Tabelle 1. Zusammenstellung einiger Gruppen von Gewebemarkern

1 Strukturen des Zytoskeletts
2. Fetale Antigene
3 Hormone
4. Blutgruppenantigene
5. Zellrezeptoren
6 Marker für lympho-histiozytäre Zellen
7 Virale Antigene
8 Onkogen-Produkte
9. Andere Markerproteine

Zu den wichtigsten Markerproteinen gehören Strukturen des Zytoskeletts, speziell die sogenannten Intermediärfilamente (vgl. Tabelle 2). Allein mit mAK gegen diese Marker sind einige der wichtigsten differentialdiagnostischen Fragestellungen zu beantworten, so z. B.:

Epithelialer/nichtepithelialer Tumor.
Mesenchymaler Tumor neurogenen, myogenen oder fibromatösen Ursprungs.

Während Actin und Myosin am Paraffinschnitt mittels mAK nicht ohne weiteres nachweisbar sind, gehören die Intermediärfilamente zu den bereits gut gesicherten Markerproteinen für den Routineeinsatz. Allein gegen die Zytokeratine wurden zahlreiche mAK hergestellt, die mit einzelnen oder Gruppen dieser Marker reagieren. Der Mollsche Keratin-Katalog [6] sowie einige hervorragende Übersichten [8, 11] erleichtern die diagnostische Verwertung der unterschiedlichen Gewebeverteilung der gegenwärtig bekannten 19 Zytokeratine.

Von erheblichem diagnostischen Wert sind Antikörper gegen Desmin und Vimentin, wobei Desmin in myogenen und Vimentin in nichtmuskulären Sarkomen exprimiert werden [11]. Unter den fetalen Antigenen hat das traditionsreiche Carcinoembryonale Antigen (CEA) auch auf dem Gebiet der Gewebediagnostik Bedeutung erlangt. Es ist gegenüber der Routineeinbettung stabil und gilt als ein zuverlässiger Epithelmarker mit allerdings eingeschränkter Verbreitung in den verschiedenen Karzinomen. Hormone lassen oft Schlüsse auf die endokrine Herkunft von Tumoren zu. Sie werden u. a. für die Klassifizierung von Hypophysentumoren, den Nachweis von Metastasen der Schilddrüsenkarzinome und für die Erkennung neuroendokriner Tumoren eingesetzt. Von praktischem Wert ist der Nachweis von Zellrezeptoren für Steroidhormone im Hinblick auf die Tumortherapie. Die kaum noch übersehbare Zahl von Markern der Leukozyten hat zu einer neuen Klassifizierung von Leukämien und Lymphomen geführt. Allerdings sind wegen der Labilität dieser Marker spezielle Fixierungsmethoden notwendig. Virale Antigene haben z. B bei der Hepatitisdiagnostik am Gewebeschnitt, dem Nachweis der virogenen Natur von Papillomen, bestimmten Karzinomen

Tabelle 2. Einige dem Zytoskelett zugehörende Gewebemarker

1 Mikrofilamente (6 nm ∅)	Actin	(myogene Tumoren)
2 Intermediärfilamente (7 – 11 nm)	Zytokeratine	(epitheliale Tumoren)
	Neurofilament	(neurogene Tumoren)
	GFAP	(gliose Tumoren)
	Desmin	(myogene Tumoren)
	Vimentin	(Sarkome)
3 Makrofilamente (25 nm)	Myosin	(myogene Tumoren)

(Zervix) und Lymphomen (Burkitt-Lymphom) Bedeutung erlangt. Als weitere Methode kommt hier die In-situ-DNA-Hybridisierung hinzu. Dem Nachweis von Onkogenprodukten als Proliferationsmarker kommt gegenwärtig vor allem in der Forschung eine Bedeutung zu. Eine Reihe von mAK gegen diese Antigengruppe kann am Paraffinschnitt eingesetzt werden [3]. Zu den übrigen Markerproteinen gehören solche Epithelmarker wie EMA (Epithelial Membrane Antigen) und MBrl oder auch organspezifische Proteine wie das Prostata-spezifische Antigen (PSA)

Eigene Erfahrungen

Tabelle 3 zeigt eine Zusammenstellung mehrerer uns zur Verfügung stehender mAK, die für Paraffinschnitte geeignet sind. Über die Nützlichkeit des Einsatzes dieser Antikörper haben wir bereits früher berichtet [14].

Es ist aber wichtig, auf das Problem der Antikörperspezifität einzugehen. Die Erfahrungen mit einem „Anti-Melanom-Antikörper" [13] hatten eindrucksvoll auf die Notwendigkeit einer exakten Spezifitatstestung von mAK hingewiesen. Wir unterziehen daher jeden neu zum diagnostischen Einsatz vorgesehenen Antikörper einer Reaktionsprüfung an Schnittserien von etwa 150 Tumoren verschiedener Organherkunft und Differenzierungsgrade. Einige Beispiele solcher Testreaktionen sind in Tabelle 4 wiedergegeben.

Bei derartigen Studien haben sich relativ oft unerwartete Nebenreaktionen ergeben, die entweder zur Eliminierung des jeweiligen Antikörpers aus dem Repertoire oder zum lediglich beschränkten Einsatz geführt haben.Eine größere Studie dieser Art haben wir mit 20 mAK gegen EMA und EMA-verwandte Antigene durchgeführt. Dabei hat sich gezeigt, daß nicht nur Einzelantikörper gegen diese Epithelmarker mit Lymphomen, Sarkomen und Hirntumoren reagieren, sondern

Tabelle 3. Monoklonale Antikörper zur Anwendung an Routineschnitten

Antikörper	Antigen	Tumoren	Herkunft
lu-5	Cytokeratine (5, 18, 19)	Karzinome	La Roche
CAM 5 2	Cytokeratine (8, 18, 19)	Karzinome	[4]
AE 1/3	Cytokeratine (viele)	Karzinome	Hybritech
RCK 102	Cytokeratine (?)	Karzinome	Eurodiagnostics
MNF	Neurofilament	Neurogene Tm	Eurodiagnostics
MGF	GFAP	Gliatumoren	Eurodiagnostics
Viele mAK	CEA	Viele Karzinome	Koop. ZIM AdW
			Hybritech
			Behring
			[1, 10]
MTH	Thyrcoglobulin	Schilddrusen Tm	Eurodiagnostics
2 H 10	Chromogranin	Neuroendokrine Tm	[12]
H 22	Östrogenrezeptor	Karzinome von Mamma, Uterus	Abbott
JS 34/32	Östrogenrezeptor	Prostata	[7]
E 29	EMA	Karzinome	DAKO
HMFG-1, -2	HMFG	Karzinome	[9]
115 D 8	MAM-6	Karzinome	[2]
67 D 11	MAM-3	Karzinome	[2]
MBr 1	MCF-7 Protein	Karzinome	[5]
MPA	Prostata-spez Ag	Prostatakarzinome	Eurodiagnostics
NKI [4]	Melanozyten-Ag.	Melanome	NKI, Amsterdam
BMA 120	Endothelial-Ag	Gefäßtumoren	Behring
MCO	Kollagen IV	Basalmembran	Eurodiagnostcs

Tabelle 4. Reaktivität einiger ausgewählter monoklonaler Antikorper an Schnittserien von 140 Tumoren

Tumor (n)	VII 23 CEA	E 29 EMA	67 D 11 MAM-3	MPA PSA	2 H 10 Chromogranin
Kolonkarzinom (10)	9	10	9	0	0
Magenkarzinom (10)	9	10	6	0	0
Mammakarzinom (10)	2	10	9	0	1
Parotistumor (10)	3	9	9	0	0
Bronchialkarzinom (15)	11	14	10	0	1
Plattenepithelkarzinom (10)	9	9	1	0	0
Prostatakarzinom (10)	4	9	0	7	0
Blasenkarzinom (10)	5	10	7	0	0
Nierenzellkarzinom (10)	0	10	0	0	0
Ovarialkarzinom (10)	2	10	3	0	0
Endometriumkarzinom (10)	3	10	9	0	0
Melanoblastom (10)	0	0	0	0	0
Hirntumor (10)	0	4	0	0	0
Sarkom (15)	0	6	0	0	0

daß oft mehr als 10 relevante Epitope in diesen nichtepithelialen Geschwülsten nachweisbar waren. Obwohl diese Reaktionen oft nur schwach ausgeprägt waren, muß man solche Befunde beachten, wenn man Antikörper dieser Spezifität für diagnostische Zwecke einsetzen will. Solche Studien vermitteln uns neue Einblicke in die Biologie von Geschwülsten, die darauf hinweisen, daß nicht mehr nur morphologisch orientierte Gewebe- bzw. Tumorklassifikationen notwendig und sinnvoll sind.

Literatur

1 Acolla RS, Carrel S, Mach JP (1980) Monoclonal antibodies specific for carcinoembryonic antigen and produced by two hybrid cell lines Proc Natl Acad Sci USA 77 563–566

2 Hilkens J, Buijs F, Hilgers J, Hageman Ph, Calafat J, Sonnenberg A, van der Valk M (1984) Monoclonal antibodies against human milk fat globule membranes detecting differentiation antigens of the mammary glands and its tumors Int J Cancer 34 197–206

3 Klein G, Klein E (1986) Conditioned tumorigenicity of activated oncogenes Cancer Res 46. 3211–3224

4 Makin CA, Bobrow LG, Bodmer WF (1984) Monoclonal antibody to cytokeratin for use in routine histopathology J Clin Path 37. 975–983

5 Mènard S, Tagliabue E, Canevari S, Fossati G, Colnaghi MI (1983) Generation of monoclonal antibodies reacting with normal and cancer cells of human breast Cancer Res 43 1295–1300

6 Moll R, Franke WW, Schiller DL, Geiger B, Krepler R (1982) The catalog of human cytokeratins patterns of expression in normal epithelia, tumors and cultured cells. Cell 31 11–24

7 Moncharmont B, Su JL, Parikh I (1982) Monoclonal antibodies against estrogen receptor interaction with different molecular forms and functions of the receptor Biochemistry 21 6918–6921

8 Osborn M, Weber K (1983) Biology of disease Tumor diagnosis by intermediate filament typing A novel tool for surgical pathology. Lab Invest 48 372–394

9 Taylor-Papadimitriou J, Peteron JA, Arklie J, Burchell L, Ceriani RL, Bodmer WF (1981) Monoclonal antibodies to epithelium-specific components of the human milk fat globule membrane production and reaction with cells in culture Int J Cancer 28 17–21

10 Verstijnen BPHJ, Arends JW, Moerkerk PIM, Warnaar S, Hilgers J, Bosman FT (1986) CEA-specificity of CEA-reactive monoclonal antibodies Immunochemical and im-

11 Wang E, Fischman D, Liem RKH, Sun TT (eds) (1985) Intermediate filament associated proteins Ann New York Acad Sci 455. 32–56

12 Wilson BS, Lloyd RV (1984) Detection of chromogranin in neuroendocrine cells with a monoclonal antibody Am J Path 115. 458–468

13. Zotter St, Grossmann H, Lossnitzer A, Müller M (1984) Monoclonal antibodies to tumor-associated antigens Arch Geschwulstforsch 54 1–12

14 Zotter St, Lossnitzer A, Kunze KD, Müller M (1986) Immunhistologischer Nachweis von Gewebsmarkern in der histopathologischen Diagnostik Zentralbl Allg Pathol Pathol Anat 132: 181–191

Anschrift des Verfassers: Dr. A Lossnitzer, Medizinische Akademie Dresden, Institut für Pathologische Anatomie, Fetscherstraße 74, DDR-8019 Dresden, Deutsche Demokratische Republik

Anwendung monoklonaler Antikörper in der Immunhistologie

H. Kupper, I. Behn, U. Hommel, M. Seifert und *H. Fiebig*

Sektion Biowissenschaften der Karl-Marx-Universität Leipzig, Deutsche Demokratische Republik

Einleitung

Ein wesentliches Anwendungsgebiet von monoklonalen Antikörpern gegen Leukozytenantigene ist die Immunhistologie. Für die medizinische Diagnostik und Forschung steht heute ein breites Methodenspektrum an Immunfluoreszenz- und Immunenzymtechniken, einschließlich der Möglichkeit von Doppelmarkierungen, zur Verfügung Darüber hinaus kommt immunhistologischen Untersuchungen bereits im Prozeß der Selektion und Charakterisierung von antikörperproduzierenden Hybridzellklonen zur Erfassung von Leukozytendifferenzierungsantigenen eine entscheidende Bedeutung zu [9]. Nach Zellfusionen kann parallel zur Untersuchung der Kulturüberstände mit Einzelzellsuspensionen mit dem immunhistologischen Screening begonnen werden. Anhand der Reaktionsmuster von Antikörpern mit den immunhistologisch gut charakterisierten lymphatischen Organen sind frühzeitig Aussagen zur möglichen Spezifität der Antikörper zu treffen und es kann hiervon ausgehend die weitere gezielte Abklärung eingeleitet werden. Neben Lymphozyten- und Makrophagenpopulationen sind in der Gaumentonsille z. B. eine Reihe von Zellen lokalisiert, deren Reaktivität oder Nichtreaktivität gleichfalls wichtige Informationen liefert und die nur immunhistologisch leicht zugänglich sind. Hierzu zählen z. B. follikuläre dendritische, interdigitierende und fibroblastische Retikulumzellen, epitheliale Zellen, Langerhans-Zellen und Endothelzellen. Neben der Untersuchung von lymphatischen Organen trägt auch die Prüfung der Antikörperreaktivität mit nichtlymphatischen Geweben zur weiteren Charakterisierung der Antikörper bei und gibt ggf. Aufschluß über mögliche Nebenreaktivitäten. Nachfolgend sollen anhand von Beispielen charakteristische immunhistologische Reaktionsmuster ausgewählter monoklonaler Antikörper der BL-Serie mit normalen und pathologisch veränderten Geweben vorgestellt werden.

Material und Methoden

Gewebe

A. Untersucht wurden operativ entnommene Gewebe (Gaumentonsille, Thymus, Synovialmembranen) sowie Autopsiematerial (Milz, Niere, Leber < 5 Std. post mortem)*. Größere Gewebeproben wurden in Stücke von 5 bis 7 mm Kantenlänge geschnitten. Von den in flüssigem Stickstoff eingefrorenen und hierin bis zur Untersuchung gelagerten Geweben wurden Kryostatschnitte von 6 µm Stärke hergestellt.

B. Untersucht wurde weiterhin formalinfixiertes, routinemäßig in Paraffin eingebettetes Gewebe (Gaumentonsille, Thymus). Nach dem Entparaffinieren der Schnitte wurden die Immunenzymreaktionen analog dem Vorgehen bei Kryostatschnitten ausgeführt.

Monoklonale Antikörper (mAK)

Die verwendeten monoklonalen Antikörper der BL-Serie (Sektion Biowissenschaften der KMU Leipzig) sind in Tabelle 1 erfaßt.

Von den als Aszitesflüssigkeit vorliegenden Antikörpern wurde die Gebrauchsverdünnung in Vorversuchen ermittelt. Sie lag je nach Güte des Aszites zwischen 1 : 100 und 1 : 1000. Antikörperhaltige Kulturüberstände wurden unverdünnt verwendet.

Tabelle 1.

mAK	CD[a]	Spezifität	Isotyp	Charge[b]
BL-TP 3	3	T-Lymphozyten	IgG 1	Asz
BL-TH 4	4	T-Helfer-/Induktorzellen	IgM	Asz.
BL-TP 6 a	6	T-Lymphozyten	IgG 1	Asz.
BL-TS 8	8	T-Suppressor-/zytotox Zellen	IgG 1	Asz.
BL-Calla/1	10	CALLA	IgG 1	Asz.
BL-M 11 c	11 c	Monozyten-/Makrophagen	IgG 1	KÜ
BL-M 14	14	Monozyten/Makrophagen-subpopulation, FDRC	IgG 1	KÜ
BL-LGL/1	16	NK-Zellen, Granulozyten	IgG 1	KÜ
BL-B 22	22	B-Lymphozyten	IgG 2 a	KÜ
BL-Ac 38	38	Thymozyten, akt. T-Lymphozyten, NK-Zellen, Plasmazellen	IgG 1	KÜ
BL-TB 45 R/1	45 R	B-Lymphozyten, Subpop. T	IgG 3	KÜ
BL-I a/4	—	HLA-Klasse-II-Antigen	IgG 1	Asz.
BL-T 2	—	T-Lymphoz., Subpop. B.	IgG 1	Asz.
BL-IgM/11	—	IgM	IgG 1	Asz.
BL-IgD/4	—	IgD	IgG 2 a	Asz.
BL-IgA/1	—	IgA	IgG 1	KÜ

[a] Cluster of Differentiation vgl. [11]
[b] *Asz.* Aszites, *KÜ* Kulturüberstand

* Für die Überlassung der Gewebe danken wir der Klinik für HNO-Heilkunde, der Klinik für Herz- und Gefäßchirurgie und dem Institut für Pathologische Anatomie des Bereiches Medizin der KMU Leipzig

Immunenzymtechnik

Bei der eingesetzten Enzym-Brückentechnik wurden folgende Inkubationsschritte ausgeführt:

1. monoklonaler Antikörper,
2. Ziegen-anti-Maus-Immunglobulinserum (1 : 30 verdünnt),
3. monoklonaler Maus-anti-Peroxidase-Antikörper (BL-POD 11, KÜ, vgl. [1]),
4. Meerrettich-Peroxidase (0,05 g/l, AWD Dresden, RZ 0,3).

Die Inkubationszeiten betrugen einheitlich 30 min. Das Waschen der Praparate erfolgte für jeweils 3 × 2 min mit PBS. Zur Kernfärbung wurde Hämatoxylin verwendet.

Ergebnisse und Diskussion

Immunhistologische Reaktionsmuster von BL-Antikörpern

T-Lymphozyten (CD 3, 4, 6, 8)

In Gaumentonsillen markieren die mAK BL-TP 3 und BL-TP 6 a vorzugsweise die interfollikulären Lymphozyten. Zumeist einzeln liegende T-Lymphozyten befinden sich auch innerhalb der Mantelzonen sowie in den Keimzentren der Sekundärfollikel (Abb. 1). Die zur Charakterisierung von T-Zell-Subpopulationen verwendeten Antikörper BL-TH 4 und BL-TS 8 erfassen Anteile von T-Lymphozyten etwa im Verhältnis von 2 : 1. Es zeigt sich, daß die immunhistologisch in den Sekundarfollikeln lokalisierten T-Zellen vorwiegend CD 4-positiv sind. Der Anteil CD 8-positiver Zellen ist zumeist gering, kann jedoch von Patient zu Patient deutlich verschieden sein. Die Reaktivität der Antikörper BL-TH 4 und BL-TS 8 mit Thymusgewebe ist ähnlich. Von den Antikörpern werden alle kortikalen Thymozyten erfaßt sowie im Thymusmark sich einander ausschließende Zellpopulationen markiert. Die Pan-T-Zell-Antikörper hingegen reagieren vorzugsweise mit Markthymozyten.

B-Lymphozyten (CD 22, 38, IgM, IgD, IgA)

Mit dem mAK BL-B 22 wird ein Leukozytendifferenzierungsantigen erfaßt, das auf den B-Lymphozyten der Mantelzone stärker ausgeprägt ist als auf Zentroblasten und Zentrozyten. Einzelne B-Zellen sind in der interfollikulären Zone nachweisbar.

Der Antikörper BL-Ac 38 erfaßt ein Antigen, das von verschiedenen Zellpopulationen exprimiert wird. In Gaumentonsillen werden die Keimzentrumszellen schwach, Plasmazellen besonders intensiv markiert. Im Thymus werden über 90% der Thymozyten erfaßt. Gleichfalls prägen aktivierte T-Lymphozyten sowie ein Anteil der NK-Zellen dieses Antigen aus.

Der Nachweis von Isotypen humaner Immunglobuline zeigt in der Tonsille charakteristische immunhistologische Verteilungsmuster. IgM und IgD sind als membranständige Immunglobuline auf den Zellen der Mantelzone deutlich nachweisbar. Zusätzlich ist IgM in Form eines retikulären Netzwerkes innerhalb der Keimzentren zu erfassen, darüber hinaus in Plasmazellen nachweisbar.

Vereinzelte Lymphozyten mit membrangebundenem IgA sind in der Mantelzone vorhanden, in den Keimzentren stellt sich gleichfalls eine netzartige Markierung dar.

Makrophagen (CD 11 c, 14)

Mit dem Antikörper BL-M 11 c werden mit Ausnahme der Makrophagen der roten Milzpulpa und Kupfferschen Sternzellen fast alle Makrophagen in lymphatischen und nichtlymphatischen Geweben erfaßt (Abb. 2). Demgegenüber ist das CD 14-Antigen nur auf einer Subpopulation von Makrophagen ausgeprägt, die in Gaumentonsillen vorwiegend subepithelial lokalisiert sind. Zusätzlich werden mit dem Antikörper BL-M 14 follikuläre dendritische Retikulumzellen erfaßt.

I a-Antigen

Die vom Antikörper BL-I a/4 erfaßte nichtpolymorphe Determinante des MHC-Klasse-II-Antigens ist in der Tonsille auf B-Lymphozyten, Makrophagen aktivierten T-Zellen, interdigitierenden Retikulumzellen sowie auf Langerhans-Zellen deutlich nachweisbar. Als Nebenreaktivität des verwendeten Antikörpers tritt auch eine Markierung von Fibrozyten auf. Im Thymus stellt sich ein retikuläres Netzwerk markierter epithelialer Zellen dar (Abb. 3).

CD 45 R

Der Antikörper BL-TB 45 R/1 markiert in Gaumentonsillen die B-Lymphozyten der Mantelzone, einzelne Keimzentrumszellen sowie Anteile von CD 4- und CD 8-positiven Lymphozyten. Die funktionell interessante Zellpopulation der CD 4^+/ CD 45 R^+-Zellen (Induktoren für T-Suppressor-Zellen) ist nur durch Doppelmarkierungsexperimente zu erfassen.

Nebenreaktivitäten

Eine größere Anzahl von monoklonalen Antikörpern mit Spezifität für humane Leukozyten reagiert auch mit Strukturen in einigen wenigen bzw. mehreren nichtlymphatischen Organen [3]. Es zeigt sich, daß die immunologische Spezifität monoklonaler Antikörper in zahlreichen Fällen eine relative Spezifität ist, die die Anwendung der Antikörper im jeweiligen Testsystem zumeist nicht einschränkt. Der Antikörper BL-TS 8 erfaßt neben den CD 8-positiven Lymphozyten gleichzeitig die Sinuswände der roten Milzpulpa (Abb. 4). Diese Nebenreaktivität ist charakteristisch für CD 8-Antikörper [10]. CD 16-Antikörper reagieren mit dem niedrig affinen Fc-Rezeptor für IgG auf NK-Zellen und neutrophilen Granulozyten. Zusätzlich wird eine Reaktivität mit Zellen des mononukleär-phagozytären Systems beobachtet (Abb. 5), die für die einzelnen CD 16-Antikörper zudem heterogen ausfällt. Der Antikörper BL-LGL/1 erfaßt hierbei subepitheliale Makrophagen in Gaumentonsillen, Thymus-Makrophagen und Kupffersche Sternzellen. Auch immunhistologische Untersuchungen von nichtlymphatischen Geweben können bei der Charakterisierung von monoklonalen Antikörpern gegen Leukozytendifferenzierungsantigene wertvolle Hinweise geben. Die Abb. 6 zeigt die Reaktivität des CD 10-Antikörpers BL-CALLA/1 mit Glomeruli und proximalen Tubuli der Niere.

Paraffineingebettetes Gewebe

Die Anwendung monoklonaler Antikörper in der Immunhistologie ist weitgehend auf Kryostatschnitte beschränkt. Durch die Fixierung und routinemäßige Paraf-

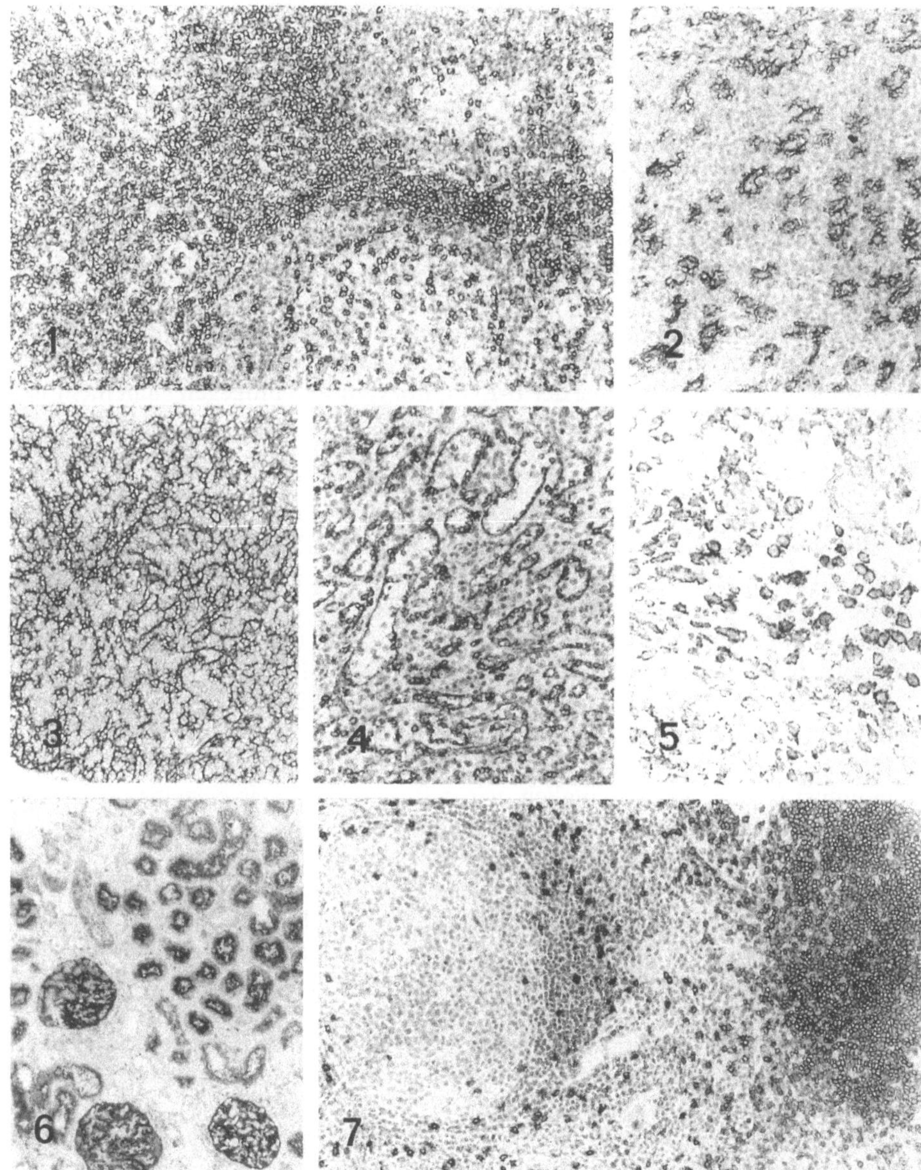

Abb. 1. Gaumentonsille BL-TP 6 a Bevorzugte Lokalisation von T-Lymphozyten in den interfollikularen Arealen

Abb. 2. Gaumentonsille· BL-M 11 c. Erfassung von Makrophagen in einem Keimzentrum

Abb. 3. Thymus BL-I a/4 Retikuläres Netzwerk markierter epithelialer Zellen

Abb. 4. Milz BL-TS 8 Markierung der Sinuswande in der roten Milzpulpa durch einen CD 8-Antikorper

Abb. 5. Synovialmembran BL-LGL/1 Reaktivität des CD 16-Antikorpers mit Makrophagen

Abb. 6. Niere BL-CALLA/1 Charakteristische Nebenreaktivitat des CD 10-Antikorpers mit Glomeruli und proximalen Tubuli der Niere

Abb. 7. Thymus. BL-TS 8 Markierung aller kortikalen Thymozyten sowie einzelner medullarer CD 8-positiver Zellen bei Myasthenia gravis mit einem Sekundarfollikel im Thymusmark fineinbettung der Gewebe werden Membranantigene im allgemeinen so verändert, daß sie von den monoklonalen Antikörpern nicht mehr erfaßt werden [4]. Es gibt nur wenige monoklonale Antikörper, die zum Nachweis von Membranmarkern in paraffineingebettetem Gewebe geeignet sind [2].

Von den T-Zell-Antikörpern in Tabelle 1 reagiert lediglich der Antikörper BL-T2 mit Paraffinschnitten. Bei identischen Bedingungen für die immunzytochemischen Nachweisreaktionen werden jedoch im Vergleich zu Kryostatschnitten weniger Zellen erfaßt.

Am Paraffinschnitt können des weiteren die monoklonalen Anti-Immunglobulin-Antikörper zur Differenzierung von Plasmazellen eingesetzt werden. Membranständige Immunglobuline der B-Lymphozyten sind hingegen nicht mehr nachweisbar.

Anwendungsbeispiele

Für eine größere Anzahl von Krankheitsprozessen, die unter wesentlicher Mitbeteiligung des Immunsystems verlaufen, ist auch die immunzytochemische In-situ-Charakterisierung von Lymphozyten und Zellen des mononukleär-phagozytären Systems von Interesse. Die immunhistologische Zelldifferenzierung gibt Aufschluß über qualitative und quantitative Aspekte der im Gewebe lokalisierten Zellpopulationen über sowie ihre topographischen Beziehungen zueinander als auch zu den verschiedenen Gewebestrukturen. Abbildung 5 zeigt als Beispiel die immunzytochemische Erfassung von Makrophagen in der Synovialmembran eines Patienten mit Rheumatoidarthritis. Auch prozentual kleine Zellpopulationen sind immunhistologisch gut zugänglich, wie z. B. der Nachweis einzelner B-Lymphozyten im Thymusmark belegt. Darüber hinaus werden im „normalen" Thymus follikuläre Strukturen beobachtet. Immunzytochemisch konnten bei 35% der untersuchten Kinder (n = 20) mit angeborenen Herzfehlern Sekundärfollikel im Thymus nachgewiesen werden [7]. Bei Autoimmunerkrankungen wie z. B. Myasthenia gravis sind derartige Befunde häufiger und ausgeprägter. Die im Thymusmark lokalisierten Sekundärfollikel zeigen dabei im Vergleich mit den Tonsillen oder Lymphknoten analoge immunhistologische Befunde (Abb. 7).

Eine besondere Bedeutung kommt monoklonalen Antikörpern bei der Charakterisierung von Neoplasien lymphatischer Organe zu (vgl. z. B. [8]). Durch den gezielten Einsatz von Antikörpern können Möglichkeiten zur differenzierten Diagnostik erschlossen werden. Hierin liegt ein Hauptanwendungsgebiet monoklonaler Antikörper mit Spezifität für Leukozytendifferenzierungsantigene.

Literatur

1. Behn I, Hellthaler G, Fiebig H (1984) Herstellung von monoklonalen Antikörpern gegen Meerrettichperoxydase. Wiss Z Karl-Marx-Univ, Leipzig, Math Naturwiss R 33: 659
2. Epstein AL, Marder RJ, Winter JN, Fox RI (1984) Two new monoclonal antibodies (LN-1, LN-2) reactive in B 5 formalin-fixed, paraffin-embedded tissues with follicular center and mantle zone human B lymphocytes and derived tumours. J Immunol 133: 1028
3. Hsu SM, Zhang HZ, Jaffe ES (1983 a) Monoclonal antibodies directed against human lymphoid, monocytic, and granulocytic cells: reactivities with other tissues. Hybridoma 2: 403

4 Hsu SM, Zhang HZ, Jaffe ES (1983 b) Utility of monoclonal antibodies against B and T lymphocytes and monocytes in paraffin-embedded sections Am J Clin Pathol 80 415

5 Kupper H, Behr I, Fiebig H (1984) Einsatz monoklonaler Antikorper in der Immunhistologie Wiss Z Karl-Marx-Univ, Leipzig, Math Naturwiss R 33 677

6. Kupper H, Ziermann S, Fiebig H, Vogt S, Heidrich L (1986) Sekundarfollikel im Thymus — Immunhistologische Charakterisierung der B-Lymphozyten mit monoklonalen Antikorpern. Zentralbl Allg Pathol 135. 269

7 Mason DY, Naiem M, Abdulaziz Z, Nash JRG, Gatter KC, Stein H (1982) Immunohistological applications of monoclonal antibodies In. McMichael AJ, Fabre JW (eds) Monoclonal antibodies in clinical medicine Academic Press, London

8 Naiem M, Gerdes J, Abdulaziz Z, Sunderland CA, Allington MJ, Stein H, Mason DY (1982) The value of immunohistological screening in the production of monoclonal antibodies J Immunol Meth 50 145

9 Pulford KAF, Knight PM, Gatter KC, Mason DY (1982) Immunocytochemical characterization of monoclonal anti-leucocyte antibodies. In Bernard A et al (eds) Leucocyte typing I. Springer, Berlin Heidelberg New York, 1984

10. Shaw S (1987) Characterization of human leucocyte differentiation antigens Immunology today 8: 1

Anschrift des Verfassers: Dr. med H. Kupper, Sektion Biowissenschaften der Karl-Marx-Universität Leipzig, Talstraße 33, DDR-7010 Leipzig, Deutsche Demokratische Republik.

Immunhistologie mit monoklonalen Antikörpern gegen Zytokeratine

U. Karsten[1], *M. Kasper*[2], *G. Papsdorf*[3] und *P. Stosiek*[2]

[1] Zentralinstitut für Molekularbiologie der Akademie der Wissenschaften, Berlin-Buch,
[2] Pathologisches Institut, Bezirkskrankenhaus, Görlitz,
[3] Zentralinstitut für Krebsforschung der Akademie der Wissenschaften, Berlin,
Deutsche Demokratische Republik

Einleitung

Monoklonale Antikörper (mAK) haben ihre Licht- und Schattenseiten. In der Immunhistologie zeigen sie sich von ihrer besten Seite, und gerade die Anwendung von mAK gegen Intermediärfilamentproteine hat eine reiche Ernte neuer Erkenntnisse eingebracht und ganz neue diagnostische Möglichkeiten eröffnet. Die Existenz der Intermediärfilamente wurde erst vor rund 15 Jahren entdeckt. Ihre Bedeutung für die Immunhistologie liegt darin, daß sie die seit langem gesuchten gewebspezifischen Marker darstellen, die auch unter den Bedingungen der Zellkultur oder nach maligner Transformation noch aussagefähig bleiben. Zwar hat sich in den letzten Jahren im Zusammenhang mit der sehr viel breiteren Untersuchung der Intermediärfilamente ein differenziertes Bild ergeben, aber die Grundaussage bleibt nach wie vor bestehen. So sind in einigen Typen von Muskelzellen Zytokeratine nachgewiesen worden, aber in sehr viel geringerer Menge als in Epithelzellen.

Die mindestens 19 Zytokeratin-Proteine [11] bilden das biochemische Material der Intermediärfilamente von Epithel- und Mesothelzellen, wobei die Filamente Heteropolymere aus je einem Vertreter der beiden Subfamilien darstellen. Die einzelnen Epitheltypen sind durch charakteristische Muster ihrer Zytokeratine gekennzeichnet. So finden sich in Plattenepithelien als Grundkomponenten die Zytokeratine (CK) 5 und 14 der Nomenklatur von Moll et al. [11] In verhornendem Plattenepithel werden sie durch die Zytokeratine 1, 2, 9, 10, 11 komplettiert, während in nichtverhornendem Plattenepithel von Schleimhäuten die Zytokeratine 4 und 13 zu den Grundkomponenten hinzukommen [10]. Die Expressionsmechanismen der Zytokeratine sind allerdings ebenso wie ihre Funktion im Detail noch weitgehend unbekannt Einige werden offenbar sehr konstant, andere variabel exprimiert. Die Analyse der Zytokeratinmuster der einzelnen Epithelien kann mittels zweidimensionaler Gelelektrophorese vorgenommen werden. Einfacher und zugleich mit hoher struktureller Auflösung kann sie immunhistologisch mit

Hilfe von mAK erfolgen. Dies setzt aber die Verfügbarkeit von mAK voraus, deren Spezifität entweder sehr breit oder sehr eng, vor allem aber gründlich abgesichert und histologisch überprüft ist. Wir haben 3 eigene Hybridome entwickelt, von denen mindestens 2 diese Bedingungen voll erfüllen ([4, 8] sowie unpublizierte Ergebnisse):

1. *A 45-B/B 3 (Maus, IgG 1)*. Erkennt ein Spektrum von Zytokeratinen (CK 18, 8, 5, 1), das diesen mAK zu einem panepithelialen Reagenz macht. Zuverlässiges Reagenz zur Identifizierung von Epithel- und Mesothelzellen und ihrer Tumoren oder Zellkulturen daraus, auch tierischer Zellen (Abb. 1, 2).

2. *A 53-B/A 2 (Maus, IgG 2 a)*. Spezifisch für menschliches Zytokeratin 19 (40 kD), daher geeignet zur Subdifferenzierung verschiedener Epithelien bzw. Karzinome, negativ u. a. mit adulter Haut und Hepatozyten.

3. *A 51-B/H 4 (Maus, IgG 2 a)*. Reagiert mit einer Subgruppe von Zytokeratinen, erlaubt ebenfalls eine Differenzierung innerhalb verschiedener Epithelien, ist u. a. positiv mit Basalzellen der Haut und mit Hepatozyten. Kreuzreaktiv mit Laminen (Kernmatrixproteinen), daher Reaktion mit Kernen von z. B. Fibroblasten.

Im Folgenden sollen einige Anwendungsbeispiele für mAK gegen Zytokeratine genannt werden. Sie sind nicht vollständig und beziehen sich vorwiegend auf eigene Ergebnisse.

Untersuchungen an Zellkulturen

Unterscheidung von Epithel- und Nichtepithelzellen

Dies war vor der Entdeckung der Intermediärfilamente ein schwieriges Problem. Für eine derartige Aufgabe ist ein Breitband-Antizytokeratin-Antikörper wie A 45-B/B 3 hervorragend geeignet (Abb. 1).

Untersuchung etablierter Zellinien auf eventuelle Kontamination mit anderen Zellinien, z. B. HeLa

Für die Identitätsuntersuchung einer gegebenen Zellinie bieten die weitgehend stabilen Expressionsmuster der Intermediärfilamente sehr erwünschte zusätzliche Marker. So würde der Nachweis von Zytokeratin 19 in einer fraglichen Zellinie eine Kontamination mit HeLa ausschließen.

Analyse von Epithel-Subpopulationen

In Zellinien aus normalem menschlichem Mammaepithel konnten wir mit Hilfe des für Zytokeratin 19 spezifischen mAK zwei Zellpopulationen unterscheiden. Eine davon wurde inzwischen von uns durch weitere mAK näher charakterisiert. Sie reagiert nicht mit A 53-B/A 2, enthält aber andere Zytokeratine [17, 14, 5], die sie als Abkömmlinge der Basalzellen ausweisen. Wir halten sie für eine Population von pluripotenten oder Stammzellen der menschlichen Mamma (Manuskript in Vorbereitung).

Untersuchungen an Gefrierschnitten normaler Gewebe

Zytokeratin-Nachweis in speziellen Strukturen

Mit Hilfe des Breitband-mAK A 45-B/B 3 konnte Zytokeratin erstmals in einer Reihe spezieller, in bezug auf Intermediärfilamente bisher noch nicht untersuchter

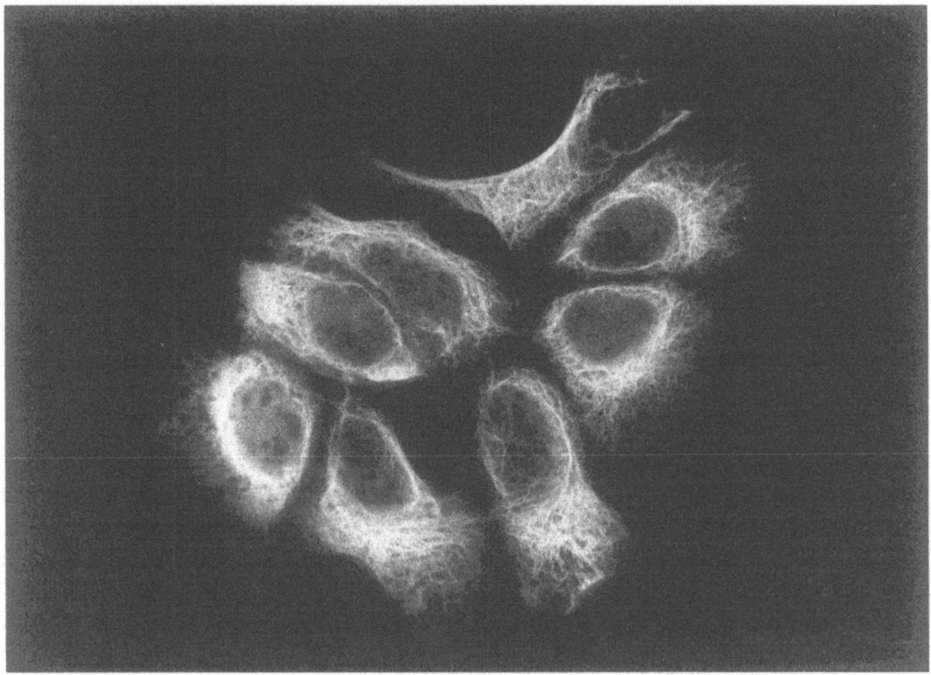

Abb. 1. Zellen der Mammakarzinom-Zellinie MCF-7 nach Anfärbung mit dem panepithelialen (Zytokeratin-)Antikorper A 45-B/B 3 Das zytoplasmatische Netzwerk der Intermediarfilamente ist deutlich angefarbt, der Zellkern bleibt ausgespart Indirekte Immunfluoreszenztechnik, Originalvergroßerung 660 ×

Gewebe nachgewiesen werden, so z. B. im Plexus choroideus [5], in der Stria vascularis des Meerschweinchenohres [9] und im Zystenepithel der Rathkeschen Zysten der Hypophyse [6].

In den genannten Fällen kommt Zytokeratin neben Vimentin vor, ein für normale Gewebe relativ seltener Fall. Interessant ist, daß diese Koexpression mit gewissen funktionellen Besonderheiten korreliert zu sein scheint [6].

Nachweis von Zytokeratin 19 im adulten Korneaepithel

Dieses Zytokeratin war bisher mittels biochemischer Methoden nur im fetalen, nicht im adulten Korneaepithel gefunden worden [11]. Immunhistologisch konnte nun jedoch mit Hilfe des mAK A 53-B/A 2 dank der größeren Auflösung und Empfindlichkeit der Immunhistologie der Nachweis von CK 19 in einer distinkten Subpopulation auch im adulten Korneaepithel geführt werden [7].

Untersuchungen an Gefrierschnitten von Tumoren

Diagnosehilfe bei Tumoren unklarer Gewebeherkunft

Etwa 5% der dem Pathologen vorliegenden Tumorproben sind hinsichtlich ihrer Gewebeherkunft nur schwer oder nicht eindeutig einzuordnen. Die Immunhistologie mit Hilfe von mAK gegen Intermediärfilamente ist hier die Methode der

Wahl [2]. Moll [10] hat ein Fließdiagramm zum Vorgehen in solchen Fällen entworfen.

Differenzierung benigner und maligner Mammatumoren

Gutartige Tumoren und Karzinome der menschlichen Brustdrüse sind mit unterschiedlichen Mustern von Intermediärfilamentproteinen ausgestattet. Dies läßt sich immunhistochemisch mit geeigneten spezifischen mAK auf einfache Weise feststellen. So weisen gutartige Proliferationen gleichzeitig Marker von Drüsenepithelzellen (z. B. CK 8) und von Myoepithelzellen (z. B. CK 17 und Vimentin) auf, während Karzinomzellen nur lumenale Marker exprimieren [3]. Ferner sind gutartige Tumoren der Mamma — im Gegensatz zu den meist einheitlich positiven Karzinomen — durch eine mosaikartige Reaktion mit mAK gegen CK 19 gekennzeichnet [1].

Erkennung von Karzinommetastasen in Lymphknoten

Eine von Stosiek et al. [12] durchgeführte vergleichende Studie an regionalen Lymphknoten bei Mammakarzinomen hat ergeben, daß die Immunhistologie mit dem mAK A 45-B/B 3 gegenüber der konventionellen pathologischen Analyse eine sichere Aussage über den Befall der Lymphknoten ermöglicht. Der Antikörper A 45-B/B 3 ist für diesen Anwendungsfall prädestiniert, weil er hinsichtlich des

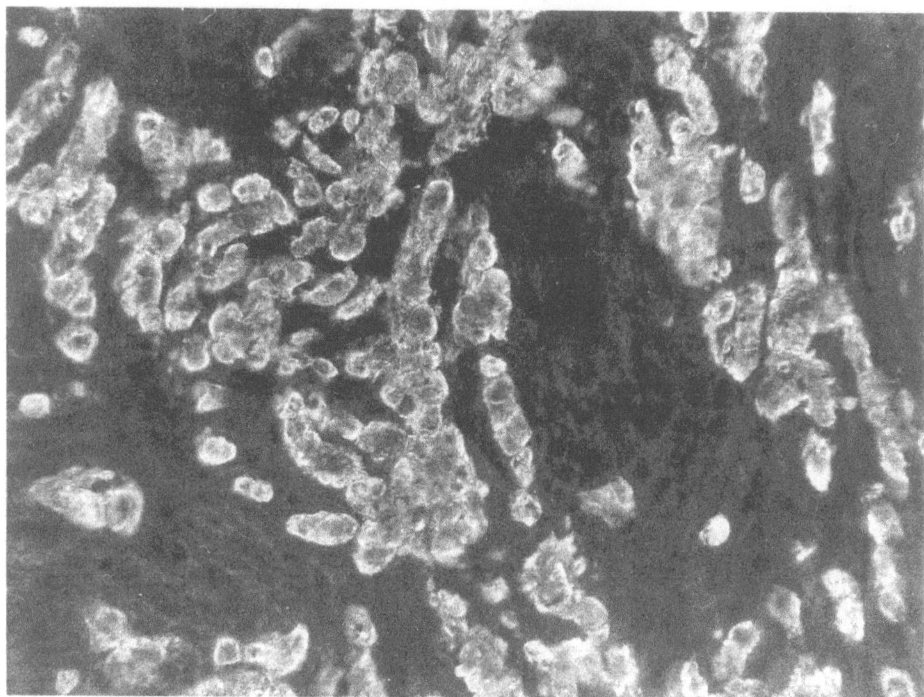

Abb. 2. Gefrierschnitt durch ein Mammakarzinom nach Anfärbung mit dem monoklonalen Antikörper A 45-B/B 3 Alle Karzinomzellen heben sich deutlich von den mesenchymalen (kein Zytokeratin enthaltenden) Stromazellen ab. Indirekte Immunfluoreszenztechnik, 360 ×

von ihm erfaßten Zytokeratinspektrums genügend breit ist, um alle Karzinome zu erfassen, und andererseits jede Zelle eines Karzinoms Zytokeratin enthält (Abb. 2), was für Differenzierungs- und Tumorantigene selten zutrifft.

Diese wenigen und nur kurz dargestellten Beispiele mögen zeigen, in wie vielfältiger Weise mAK gegen Zytokeratine immunhistologisch einsetzbar sind. Es muß aber auch darauf aufmerksam gemacht werden, daß die übliche Formalinfixierung der Gewebe für die meisten mAK gegen Intermediärfilamente nicht anwendbar ist.

Danksagung

Wir danken Prof Dr W W Franke und Dr G Krohne (Heidelberg) fur ihre Unterstutzung bei der Spezifitatsaufklarung der Antikorper

Literatur

1 Bártek J, Bártková J, Schneider J, Taylor-Papadimitriou J, Kovařík J, Rejther A (1986) Expression of monoclonal antibody-defined epitopes of keratin 19 in human tumours and cultured cells Eur J Cancer Clin Oncol 22 1441
2 Gown AM, Vogel AM (1985) Monoclonal antibodies to human intermediate filamente proteins III Analysis of tumours Am J Clin Pathol 84 413
3 Guelstein VI, Tchypysheva TA, Ermilova VD, Litvinova LV, Troyanovsky SM, Bannikov GA (1988) Monoclonal antibody mapping of keratins 8 and 17 and of vimentin in normal human mammary gland, benign tumours, dysplasias and breast cancer Int J Cancer 42 147
4 Karsten U, Papsdorf G, Roloff G, Stolley P, Abel H, Walther I, Weiss H (1985) Monoclonal anti-cytokeratin antibody from a hybridoma clone generated by electrofusion Eur J Cancer Clin Oncol 21 733
5 Kasper M, Goertchen R, Stosiek P, Perry G, Karsten U (1986) Coexistence of cytokeratin, vimentin and neurofilament protein in human choriod plexus An immunohistochemical study of intermediate filaments in neuroepithelial tissues Virch Arch A410 173
6 Kasper M, Karsten U (1988) Coexpression of cytokeratin and vimentin in Rathke's cysts of the human pituitary gland Cell Tissue Res 253 419
7 Kasper M, Moll R, Stosiek P, Karsten U (1988) Patterns of cytokeratin and vimentin expression in the human eye Histochemistry 89: 369
8 Kasper M, Stosiek P, Typlt H, Karsten U (1987 a) Histological evaluation of three new monoclonal anticytokeratin antibodies 1 Normal tissues Eur J Cancer Clin Oncol 23 137
9 Kasper M, Stosiek P, Varga A, Karsten U (1987 b) Immunohistochemical demonstration of the co-expression of vimentin and cytokeratin(s) in the guinea pig cochlea Arch Otorhinolaryngol 244 66
10 Moll R (1986) Epitheliale Tumormarker Verh Dtsch Ges Path 70 28
11 Moll R, Franke WW, Schiller DL, Geiger B, Krepler R (1982) The catalog of human cytokeratins patterns of expression in normal epithelia, tumours and cultured cells Cell 31. 11
12 Stosiek P, Kasper M, Goertchen R, Karsten U (1986) Metastasenachweis beim Mammakarzinom Vergleichende histologische and immunhistochemische Untersuchungen mittels monoklonaler Anti-Zytokeratin-Antikorper an axillären Lymphknoten Pathologe 7. 324

Anschrift des Verfassers: Dr U Karsten, Zentralinstitut fur Molekularbiologie der Akademie der Wissenschaften, DDR-1115 Berlin-Buch, Deutsche Demokratische Republik

Immunhistochemische Untersuchungen mit monoklonalen Insulin- und Glukagonantikörpern an Rattenpankreas mit normalem und reduziertem Insulingehalt

S. Lucke, E. Radloff und *H. J. Hahn*

Zentralinstitut für Diabetes „Gerhardt Katsch", Karlsburg, Deutsche Demokratische Republik

Einleitung

Die morphologische Charakterisierung des endokrinen Pankreas schließt u. a. die Erfassung der β-Zellmasse ein. Wie bereits beschrieben [3, 7, 9, 10] sind für die β-Zellen übliche histochemische Färbemethoden, z. B. Aldehydfuchsin- und Ivič-Färbung, bei reduziertem Insulingehalt der β-Zellen nicht uneingeschränkt einsetzbar. Deshalb wählten wir für unsere Untersuchungen die indirekte Immunfluoreszenzmethode, mit der im Vergleich zu den o. g. Färbungen im Pankreas mit reduziertem Insulingehalt die größte relative β-Zelldichte ermittelt werden konnte [7].

Ziel dieser Arbeit sollte die Klärung der Frage sein, ob durch den Einsatz eines monoklonalen Antikörpers die Empfindlichkeit der Methodik weiter gesteigert werden kann und somit auch bei Pankreata hyperglykämischer BB-Ratten mit drastisch reduziertem Insulingehalt noch aussagekräftige Resultate zu erzielen sind.

Material und Methodik

Für unsere Untersuchungen setzten wir Pankreasgewebe von normoglykämischen Wistarratten (WOK) als Kontrolle ein, als Modell eines Pankreas mit stark reduziertem Insulingehalt dienten Pankreasproben von diabetischen BB/OK-Ratten, die auch eine drastische Abnahme der relativen β-Zelldichte erkennen ließen [8].

Das durch Biopsie in Hexobarbitalnarkose entnommene Pankreas [6] wurde Bouin-fixiert und in Paraffin eingebettet. Serienschnitte wurden entparaffiniert und nach der indirekten Immunfluoreszenzmethode [5] angefärbt. Als primäre Antikörper wurden eingesetzt:

1. polyklonales Anti-Insulinserum GPAIS 28482 [1],
2. polyklonales Anti-Glukagonserum RAGS 22878 [14],
3. ein monoklonaler Insulinantikörper K 36 a C 10 [4, 12, 13] und
4. ein monoklonaler Glukagonantikörper K 79 bB 10 [12].

Als sekundäre Antikörper kamen FITC-markiertes Anti-Meerschweinchenglobulin, Anti-Kaninchenglobulin und Anti-Mausglobulin (Staatliches Institut für Immunpräparate und Nährmedien, Berlin) in einer Verdünnung von 1 : 20 zur Anwendung. Die Spezifität der immunhistochemischen Reaktion wurde durch Omission und Substitution des primären Antikörpers und durch Absorptionskontrolle überprüft.

Die Auswertung der angefärbten Schnitte erfolgte mit Hilfe des Fluoreszenzmikroskops „Fluoval 2" (VEB Carl Zeiss Jena). Die relative β-Zelldichte ermittelten wir nach dem Punktzählverfahren [11].

Ergebnisse

In Abb. 1 sind die Resultate zur Ermittlung der optimalen Antikörperverdünnung bei Kontrolltieren und bei Ratten mit reduziertem Pankreasinsulingehalt zusammengefaßt. Daraus ergaben sich für die anschließenden Untersuchungen folgende Antikörperverdünnungen: Insulinantikörper, polyklonal: 1 + 20; monoklonal: 1 + 2 000; Glukagonantikörper, polyklonal: 1 + 2; monoklonal: 1 + 1 000.

Die Fluoreszenzintensität beim Insulinnachweis war bei Tieren mit reduziertem Pankreasinsulingehalt etwas schwächer als bei Kontrolltieren, jedoch konnten in beiden Tiergruppen die gleichen Antikörperverdünnungen verwendet werden.

Der reduzierte Insulingehalt wirkte sich verständlicherweise auf die Fluoreszenzintensität beim Glukagonnachweis nicht aus. Untersuchungen am endokrinen Pankreas von BB-Ratten zum Zeitpunkt der Diabetesmanifestation ergaben, daß in Abhängigkeit von der Glykämielage Unterschiede in der ermittelten relativen β-Zelldichte auftreten [8]. Oberhalb einer Plasmaglukosekonzentration von 13 mmol/l waren bei keinem Tier β-Zellen mehr nachweisbar, während es bei einer Plasmaglukosekonzentration zwischen 8,3 und 13 mmol/l sowohl Ratten mit als auch Tiere ohne sichtbare β-Zellen gab (Abb. 2).

Da diese Befunde mit polyklonalem Antiserum erhoben worden waren, wollten wir prüfen, ob mit dem monoklonalen Antikörper mehr (degranulierte) β-Zellen zu erfassen sind. Die relative β-Zelldichte wurde an identischem Pankreasmaterial von diabetischen BB-Ratten mit poly- und monoklonalem Antikörper bestimmt.

Die Ergebnisse sind in Tabelle 1 gezeigt. Es ergeben sich keine signifikanten Unterschiede in der ermittelten relativen β-Zelldichte in Abhängigkeit vom eingesetzten primären Antikörper.

Abbildung 3 zeigt den immunhistochemischen Nachweis von Insulin und Glukagon am Normalpankreas mit monoklonalem Antikörper. In Abb. 4 wurde der immunhistochemische Hormonnachweis am Pankreas mit reduziertem Insulingehalt durchgeführt. Deutlich erkennbar sind die Reduktion der Zahl insulinpositiver Zellen und die Abnahme der Fluoreszenzintensität in einer Reihe von Zellen. Bei den glukagonpositiven Zellen gibt es keine Differenz in der Intensität der Fluoreszenz im Vergleich zu den Kontrolltieren.

Diskussion

Im Gegensatz zu den Befunden von Dorn et al. [2] fanden Witt et al. [12], daß die auch in dieser Untersuchung eingesetzten monoklonalen Antikörper sehr gut für die Darstellung von Insulin und Glukagon im Rattenpankreas geeignet sind. Wir

1 Insulinantikörper
polyklonal (GPAIS 28482)

Antikorper-verdunnung	1+5	1+10	1+20	1+50	1+100	1+500
Kontrolle	– ++++	++++ +++	+++ +++	+ +	+ +	+ –
reduzierter Insulingehalt	+++ ++	+++ ++	++ +	+ +	+ ϕ	(+) ϕ

monoklonal (36a C10)

Antikorper-verdunnung	1+500	1+1000	1+2000	1+5000	1+10000	1+20000
Kontrolle	++++ ++++	++++ ++++	+++ ++++	++ +++	+ +	+ ϕ
reduzierter Insulingehalt	++++ +++	++++ ++	++ ++	+ +	ϕ ϕ	ϕ ϕ

2 Glukagonantikorper
polyklonal (RAGS 22878)

Antikorper-verdunnung	1+1	1+2	1+5	1+10	1+20
Kontrolle	+++ +++	++ ++	++ +	+ +	ϕ ϕ
reduzierter Insulingehalt	+++ +++	+++ +++	++ ++	++ –	ϕ ϕ

monoklonal (79b B10)

Antikorper-verdunnung	1+100	1+200	1+500	1+1000	1+2000	1+5000	1+10000
Kontrolle	++++ ++++	++++ ++++	++++ ++++	++++ ++++	++ ++	+ +	ϕ +
reduzierter Insulingehalt	++++ ++++	++++ ++++	++++ ++++	++ ++	++ ++	ϕ ϕ	ϕ ϕ

Abb. 1. Ermittlung der optimalen Verdunnung der primaren Insulin- und Glukagonantikorper

konnten nachweisen, daß der monoklonale Insulinantikörper auch bei Pankreata von diabetischen BB-Ratten mit stark reduziertem Insulingehalt einzusetzen ist.

Wesentliche Vorteile der monoklonalen Antikörper gegenüber polyklonalen Antiseren sind ihre hohe Spezifität, ein großer Reinheitsgrad, gute Reproduzierbarkeit und die Möglichkeit, sie in großen Mengen herzustellen. Außerdem sind

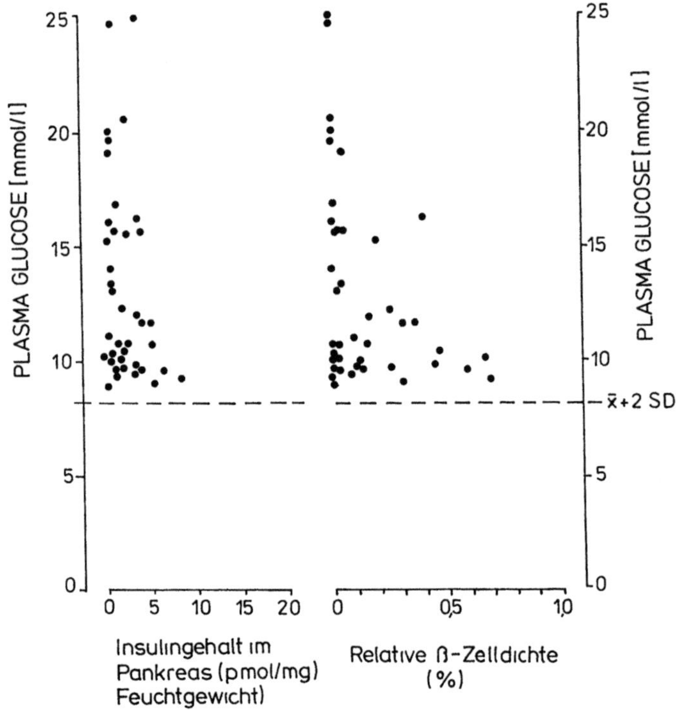

Abb. 2. Pankreasinsulingehalt und relative β-Zelldichte von BB-Ratten zum Zeitpunkt der Diabetesmanifestation in Abhängigkeit von der Plasmaglukosekonzentration

Tabelle 1. Ermittlung der relativen β-Zelldichte im Pankreas von diabetischen BB-Ratten mit polyklonalen und monoklonalen Antikorpern

Pankreas von BB-Ratten zur Diabetesmanifestation	Relative β-Zelldichte [%]	
	primarer Antikörper	
	polyklonal	monoklonal
β-Zellen nachweisbar (n = 9)	$0{,}36 \pm 0{,}06$	$0{,}28 \pm 0{,}06$
	n. s.	
Keine β-Zellen nachweisbar (n = 5)	0	0

sie sehr ökonomisch einzusetzen, da sie in großer Verdünnung verwendet werden können.

Für unsere Untersuchungen an diabetischen BB-Ratten zur Therapie des Diabetes durch Stimulation der β-Zellreplikation und/oder immunologische Behandlung der Tiere sind nur Ratten geeignet, bei denen noch β-Zellen vorhanden sind. Deshalb kommt es vor allem darauf an, diese β-Zellen noch identifizieren zu können. Da sie aber infolge der bestehenden Hyperglykämie größtenteils degranuliert sind, ist es erforderlich, auch geringste Insulinmengen nachzuweisen.

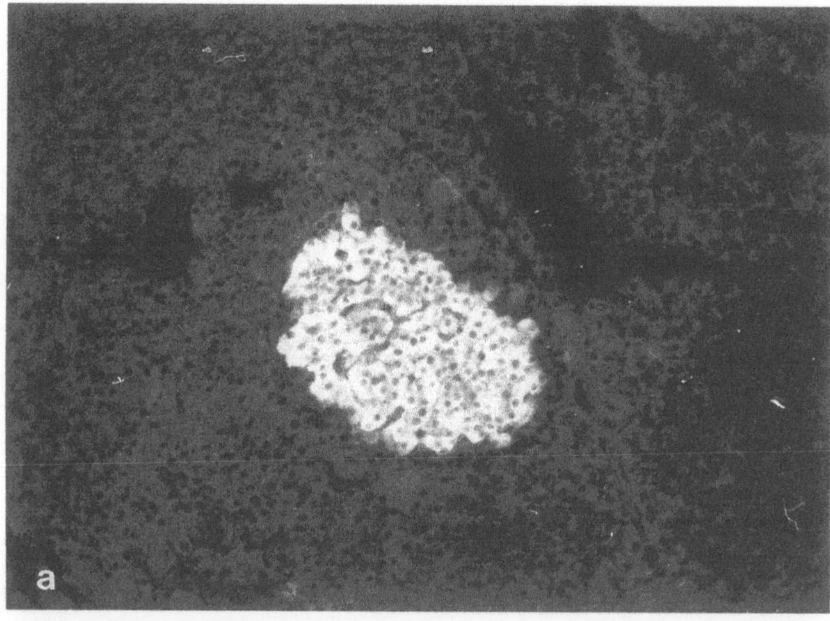

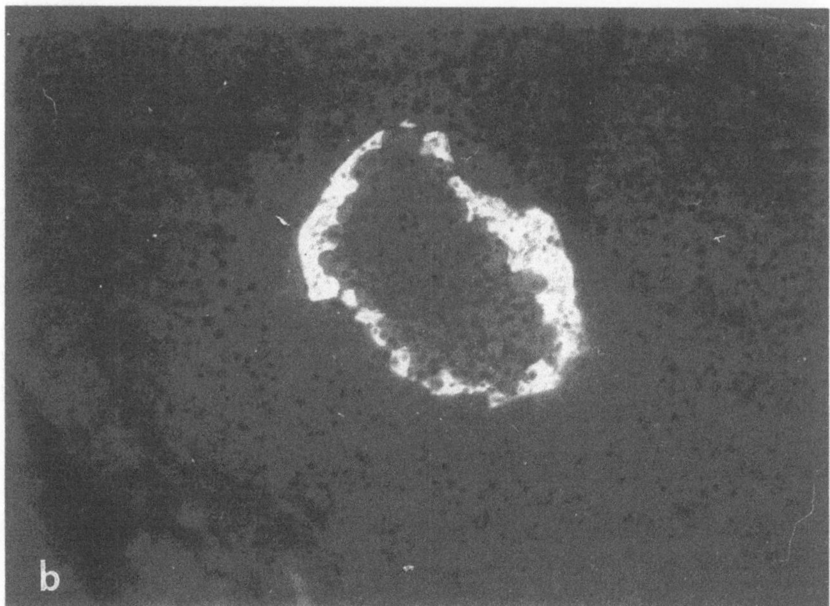

Abb. 3. Immunhistochemischer Hormonnachweis (indirekte Immunfluoreszenz) mit monoklonalen Antikörpern am normalen Rattenpankreas **a** Insulin, **b** Glukagon

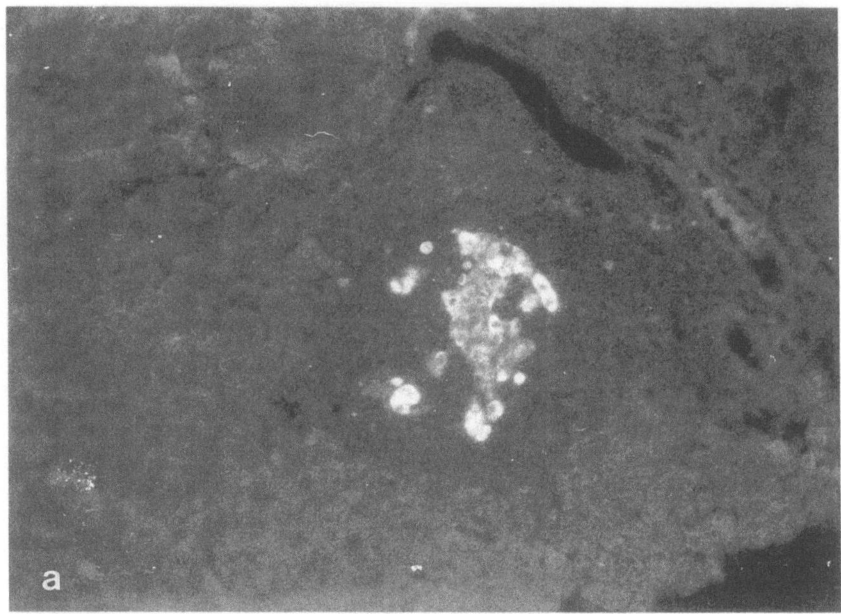

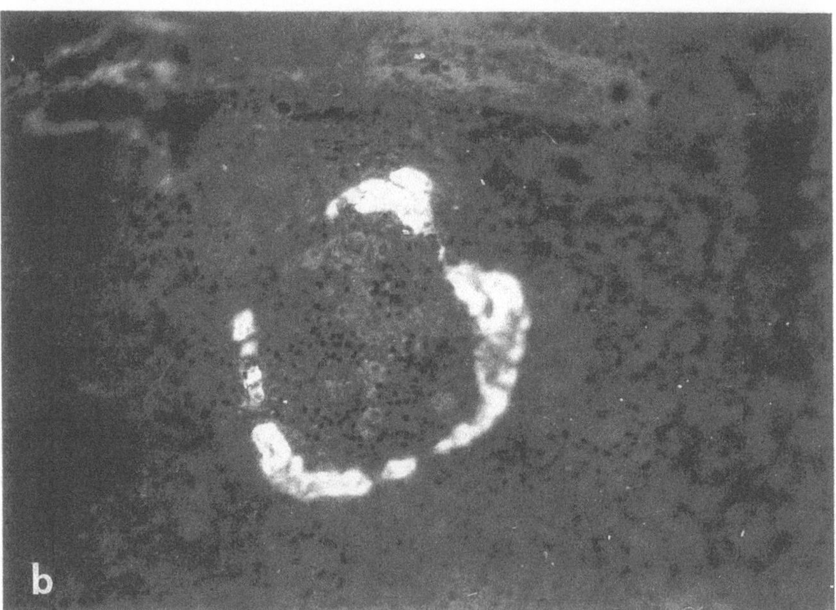

Abb. 4. Immunhistochemischer Hormonnachweis am Pankreas einer diabetischen BB-Ratte (Plasmaglukose 12,3 mmol/l) mit reduziertem Pankreasinsulingehalt (2,02 pmol/mg ≙ ca. 10% der Kontrolle. **a** Immunfluoreszenz/Insulin, **b** Immunfluoreszenz/Glukagon

Die Annahme, daß durch die höhere Spezifität des monoklonalen Antikörpers dieser eventuell besser als der polyklonale Antikörper geeignet sein könnte, auch einzelne Insulingranula in den verbliebenen β-Zellen darzustellen, bestätigte sich bei Verwendung des gleichen Indikatorsystems (Immunfluoreszenz) nicht. Die in einer vergleichenden Untersuchung mit polyklonalem und monoklonalem Antikörper ermittelten Werte fur die relative β-Zelldichte von Pankreata diabetischer BB-Ratten waren identisch.

Es laufen z. Z. Versuche, andere Nachweissysteme einzuführen, die die Empfindlichkeit der Methodik eventuell noch steigern konnten.

Unsere Untersuchungen belegen die allgemeine Feststellung, daß in der Immunhistochemie gegenwärtig die polyklonalen und monoklonalen Antikorper gleichberechtigt einzusetzen sind

Danksagung

Diese Arbeit ist Bestandteil der HFR 22 „Diabetes mellitus und Fettstoffwechselstorungen" des Ministeriums fur Gesundheitswesen der DDR

Fur die Bereitstellung der Antikorper bedanken wir uns herzlich bei der Radioimmunologischen Abteilung (Leiter Dr K D Kohnert) und der Abteilung Experimentelle Immunologie (Leiter Frau Dr B Ziegler) des Zentralinstituts fur Diabetes, Karlsburg

Frau M Henkel, Frau C Kauert und Frau H Ohlrich danken wir fur die gute Unterstutzung bei der Versuchsdurchfuhrung

Literatur

1 Besch W, Kohnert KD, Lorenz D, Hahn HJ, Ziegler M (1984) A rapid radioimmunoassay for insulin suitable for testing pancreatic tissue prior to transplantation Clin Chim Acta 142 249

2 Dorn A, Ziegler M, Bernstein HG, Dietz H, Rinne A (1983) Introducing a monoclonal antibody to insulin the islets of Langerhans as a model for immunocytochemistry Acta Histochem 73 293

3. Hegre OD, Leonard RJ, Erlandsen SL, McEvoy RC, Parsons JA, Elde RP, Lazarow A (1975) Transplantation of islet tissue in the rat Acta Endocr (Kph) 79: 257

4 Keilacker H, Dietz H, Witt S, Woltanski KP, Berling R, Ziegler M (1986) Kinetic properties of monoclonal insulin antibodies. Biomed Biochim Acta 45 1093

5 Lacy PE, Davies J (1959) Demonstration of insulin in mammalian pancreas by the fluorescent antibody method Stain Technol 34 85

6 Logothetopoulos J, Valiquette N, Madura E, Cvet D (1984) Onset and progression of pancreatic insulitis in the overt, spontaneously diabetic, young adult BB-rat studied by pancreatic biopsy Diabetes 33 33

7 Lucke S, Ziegler B, Diaz-Alonso JM, Hahn HJ (1985) Eignung spezifischer Farbemethoden fur die Bestimmung des β-Zellvolumens im Rattenpankreas mit normalem und reduziertem Insulingehalt Acta Histochem 77 107

8 Lucke S, Besch W, Kauert C, Hahn HJ (1988) The endocrine pancreas of BB/OK-rats before and at diagnosis of hyperglycaemia Exp Clin Endocrinol 91 161

9 McEvoy RC, Hegre OD (1977) Morphometric quantitation of the pancreatic insulin-, glucagon-, and somatostatin-positive cell populations in normal and alloxan-diabetic rats Diabetes 26 1140

10 Orci L (1976) Some aspects of the morphology of insulin secreting cells Acta Histochem 55 147

11 Weibel ER (1969) Stereological principles for morphometry in electron microscopic cytology Int Rev Cytol 26 235

12 Witt S, Dietz H, Ziegler B, Keilacker H, Ziegler M (1988) Erzeugung und Anwendung monoklonaler Glukagon- und Insulinantikorper — Reduktion des Pankreasinsulins bei Ratten durch Behandlung mit komplettem Freund'schem Adjuvans Acta Histochem [Suppl 35]. 217

13 Ziegler M, Dietz H, Keilacker H, Witt S, Ziegler B (1984) Monoclonal antibodies to human insulin and their antigen binding behaviour. Biomed Biochim Acta 43. 695

14 Ziegler M, Keilacker H, Woltanski KP, Besch W, Schubert J (1980) Radioligandassays Methodik und Anwendung. II. Einfluß der Glukagonkopplung bei der Erzeugung von Antiglukagonseren mit geeigneten Bindungsparametern für den Radioimmunoassay Acta Biol Med Germ 39· 305

Anschrift des Verfassers: Dr. Silke Lucke, Zentralinstitut für Diabetes „Gerhardt Katsch“, DDR-2201 Karlsburg, Deutsche Demokratische Republik

*Gewinnung und Anwendung monoklonaler Antikörper gegen Inselzellantigene für die Diabetesforschung**

M. Ziegler, B. Ziegler, S. Witt, B. Hehmke und *H. Keilacker*

Zentralinstitut fur Diabetes „Gerhardt Katsch“, Karlsburg, Deutsche Demokratische Republik

Einleitung

Die klinische Manifestation des insulinabhängigen (Typ 1) Diabetes mellitus, verursacht durch den Verlust der insulinproduzierenden pankreatischen β-Zellen, ist in den meisten Fällen mit dem Auftreten einer Insulitis [1] und der Pravalenz von Autoantikörpern gegen Inselzellantigene [2, 3, 4] assoziiert. Aufgrund dieser und weiterer Befunde zur zellulären Immunität wird der Typ-1-Diabetes als eine Autoimmunerkrankung [5] betrachtet, jedoch sind die ätiologischen Faktoren bisher ungeklärt geblieben.

Bei den Inselzellautoantikörpern (ICA) unterscheidet man nach den Targetantigenen, die bei der Nachweismethode zur Reaktion kommen, zwischen den zytoplasmatischen Inselzellautoantikorpern (ICCA) [2], nachgewiesen am humanen Pankreasschnitt, und den Inselzelloberflächenantikörpern (ICSA) [3, 4], nachgewiesen an lebenden Inselzellen. Die ICCA zeigen meistens eine Reaktion mit allen endokrinen Inselzellen, besitzen aber eine gewisse Speziesspezifität. Die ICSA reagieren in der Regel β-zellspezifisch [4] und speziesunspezifisch. Während die ICCA und ICSA als Marker für eine ablaufende β-Zellzerstörung angesehen werden, konnen, wie In-vitro-Befunde zeigen, die ICSA eine β-zellspezifische Lyse vermitteln, jedoch bleibt die In-vivo-Relevanz der in vitro erhobenen Befunde zu den antikorper-(ICSA-)abhängigen β-zelltoxischen Mechanismen, wie der Komplementaktivierung (CAMC) [6], der K-Zellaktivierung (ADCC) [7] und zu dem direkten Einfluß der Autoantikorper auf die Insulinsekretion [8] nachzuweisen. Monoklonale ICSA (mc-ICSA) werden bei der Beantwortung dieser Fragen eine besondere Rolle spielen. Es ist jedoch ein sehr zeitaufwendiges Unternehmen, um aus dem heterogenen Pool der polyklonalen ICSA beim Typ-1-Diabetes die entscheidenden, die diabetogenen ICSA als monoklonale Antikörper zu gewinnen. Aber auch dann, wenn die ICSA nicht an dem β-zellzerstörenden Prozeß beteiligt sein sollten, was sehr unwahrscheinlich ist, wären die mc-ICSA sehr gut dazu

* Dem ehrenden Gedenken an Prof G Katsch (1887—1961) zu seinem 100 Geburtstag

geeignet, die beim Typ-1-Diabetes als Autoantigene fungierenden β-Zellbestandteile zu isolieren, mit deren Hilfe ein sehr empfindlicher Immunoassay zur Bestimmung der ICSA/ICCA als prädiktiver Marker aufgebaut werden könnte. Zum anderen sind die β-zellspezifischen mc-ICSA dazu geeignet, ein immunszintigraphisches Verfahren zu entwickeln, das die Darstellung der β-Zellmasse ermöglichen würde. Beides, die empfindliche und spezifische Bestimmung der Autoantikörper und die Quantifizierung der β-Zellmasse, wären wichtige Parameter für die Entscheidung zu einer immunmodulierenden, möglichst präventiven Therapie des Typ-1-Diabetes und zur Beurteilung der Therapiewirksamkeit.

In der vorliegenden Arbeit wird über die Spezifität, Zytotoxizität und Bioaktivität muriner mc-ICSA berichtet.

Material und Methode

Gewinnung muriner monoklonaler ICSA

Zur Induktion einer verstärkten Immunantwort gegen die β-Zellantigene wurden 8 Wochen alten weiblichen Balb/c-Mäusen in 14tägigen Abständen viermal 10^5 lebende Ratteninselzellen oder zweimal fetale humane Langerhanssche Inseln in vierwöchigem Abstand, zusammen mit komplettem Freundschen Adjuvans (CFA) intraperitoneal (i. p.) und subkutan (sk.) appliziert [9]. In einer anderen Versuchsserie wurde das Immunogen nicht von außen zugeführt, sondern durch i. p. Applikation des stark β-zytotoxischen Streptozotozins (STZ) eine Autoimmunreaktion gegen die pankreatische β-Zelle durch eine tägliche i. p. Injektion von 40 mg STZ/kg Körpergewicht an vier aufeinanderfolgenden Tagen induziert. Zur polyklonalen Aktivierung des Immunsystems wurden 24 h vor jeder STZ-Injektion 0,1 ml CFA i. p. verabreicht. Diese Methode der Autoimmunisierung gegen β-Zellen, die zum insulinabhängigen Typ-1-Diabetes führt [10], läßt eine gewisse Diabetogenität einiger mc-ICSA aus diesem Immunisierungsmodell erwarten.

Zur Gewinnung mc-ICSA wurden die Milzzellen der immunisierten Mäuse vier Tage nach letzter Boosterung isoliert und mit der Myelomzellinie X 63-Ag 8.653 fusioniert, wie an anderer Stelle detailliert beschrieben [10]. Zwei bis drei Wochen nach der Fusionierung wurden die Hybridomüberstände mittels indirekter Immunfluoreszenztechnik [11] auf Inselzelloberflächenantikörper getestet unter Verwendung von lebenden Inselzellen der Ratte bzw. von insulinproduzierenden Ratteninsulinomzellen (RIN) und Milzzellen als Target. Die ICSA-positiven Hybridzellen wurden zweimal durch Ausverdünnen der Zellen kloniert und anschließend in vitro in Kulturflaschen zur Vermehrung und Antikörperproduktion kultiviert.

Zytotoxizitätstest

Die komplementabhängige Zytotoxizität (CAMC) der mc-ICSA wurde anhand des Chromausstroms von ^{51}Cr-markierten Ratteninselzellen in einem 2-Stufen-Test bestimmt [12]. 10^5 ^{51}Cr-markierte Inselzellen wurden 30 min bei 37 °C mit Hybridomüberständen oder Aszitesverdünnungen und nachfolgend 30 min mit 1 : 4 verdünntem Kaninchenkomplement inkubiert. Durch Einsatz von markierten Milzzellen wurde mit gleicher Methode die Kreuzreaktion der mc-ICSA mit diesen Zelltypen überprüft.

Insulinsekretion isolierter Langerhansscher Inseln

50 Langerhanssche Ratteninseln wurden in 1 ml Kulturmedium (RPMI 1640, SI-FIN) mit 10 mmol/l Glukose, 5% FKS, 50 mg/l Gentamycin im Vergleich mit und ohne Zusatz von mc-ICSA 48 h bei 37 °C in feuchter Atmosphäre (97% Luft, 3% CO_2) inkubiert [13] und der Insulingehalt des Mediums radioimmunologisch bestimmt.

Ergebnisse und Diskussion

Aus 9 Fusionierungen wurden bisher 15 mc-ICSA gewonnen, davon sind zwolf IgM-Antikörper, zwei gehören zum Isotyp IgG 1. Die mc-ICSA unterscheiden sich in ihrer Antigenspezifität, in ihrer komplementabhängigen Zytotoxizität und in ihrem direkten Effekt auf die Insulinreaktion Langerhansscher Inseln. In Tabelle 1 sind die Daten von acht mc-ICSA zusammengefaßt.

Spezifität der mc-ICSA

Von besonderem Interesse sind mc-ICSA, die bevorzugt die pankreatischen β-Zellen binden und noch bedeutsamer, wenn sie Epitope erkennen, gegen die auch ICSA der Seren von Typ-1-Diabetikern gerichtet sind. Letzteres konnten wir bisher nur bei einem monoklonalen ICSA, dem K 29 aC 6, nachweisen (Abb. 1).

Wie aus Tabelle 1 zu entnehmen, reagierten von den sechs untersuchten mc-ICSA, K 29 aC 6 und K 56 aF 3 bevorzugt mit β-Zellen und K 28 D 6 bevorzugt mit α-Zellen, während die übrigen drei durch Oberflächenantigene beider Zelltypen gebunden wurden.

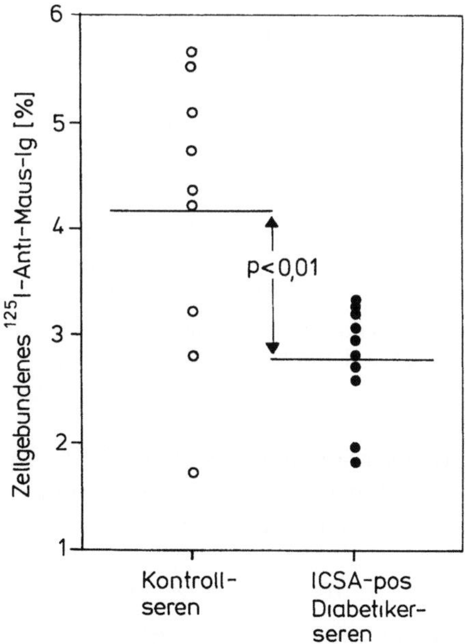

Abb. 1. Reduzierte RIN-Zellbindung des mc-ICSA K 29 aC 6 nach Vorinkubation der Zellen mit ICSA-positiven Seren (●) von Typ-1-Diabetikern, verglichen mit Kontrollseren (○)

Tabelle 1. Befunde zu monoklonalen ICSA

ICSA	Immunisiert mit	Isotyp	Hemmt Insulin-sekretion	Zytotoxizität gegen Zellen der		Als ICCA	Reagiert mit	
				Insel	Milz		α- Zellen	β- Zellen
8D6	Ratten IZ	IgM	+	+	—	+	+	(—)
9aC4	hum. Inseln	IgM	—	+	—	+	nu.	nu.
9aC6	hum. Inseln	IgM	(+)	+	—	+	(—)	+
6aF3	STZ/CFA	IgM	+	+	—	—	(—)	+
9aA12	STZ/CFA	IgM	nu.	+	—	+	+	+
aG8	STZ/CFA	IgM	—	+	—	—	+	+
aG11	+RIN	IgM	nu.	+	—	—	+	+

icht untersucht, *IZ* Inselzellen

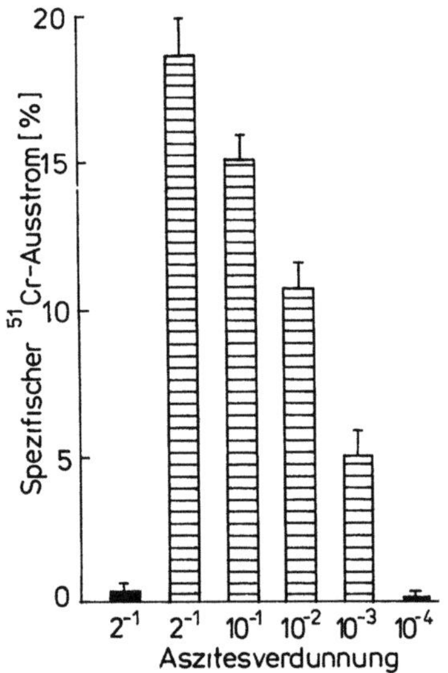

Abb. 2. Komplementabhängige Zytotoxizität des mc-ICSA K 56aF3 gegenüber Milzzellen (■) und Inselzellen (▤) der Ratte

Von den sieben mc-ICSA reagieren vier auch als ICCA am Pankreasschnitt. Bei keinem der sieben aufgeführten mc-ICSA konnte mit der indirekten Immunfluoreszenzmethode eine Kreuzreaktion mit Milzzellen gefunden werden.

Zytotoxizität der mc-ICSA

Alle in Tabelle 1 aufgeführten monoklonalen IgM ICSA verursachten eine komplementabhängige Zytoxizität gegen Inselzellen der Ratte, sie bewirkten jedoch in keinem Fall eine Zytotoxizität gegen Milzzellen.

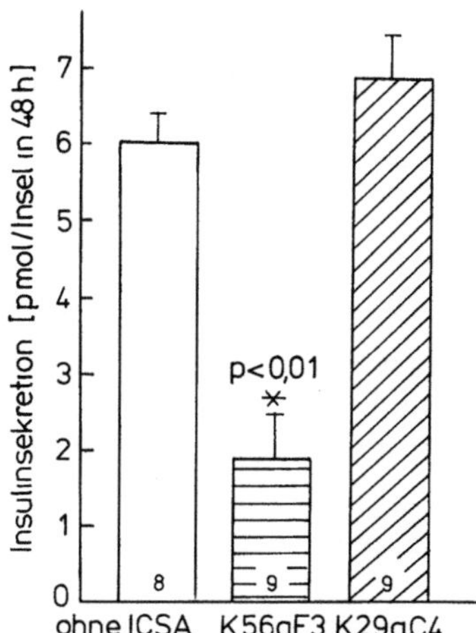

Abb. 3. Hemmung der glukosestimulierten (10 mmol/l) Insulinsekretion isolierter Langerhansscher Inseln durch den mc-ICSA K 56 aF 3

Abbildung 2 zeigt, daß der mc-ICSA K 56 aF 3 noch bei einer Aszitesverdünnung von 1 : 1000 eine Zytotoxizität gegen Inselzellen vermittelt, während die Milzzellen auch bei der 500fachen Antikörperkonzentration keine Membranschädigung zeigten.

Hemmung der Insulinsekretion durch mc-ICSA

Durch drei mc-ICSA von fünf untersuchten (Tabelle 1) wurde die glukosestimulierte Insulinsekretion gehemmt. Wie in Abb. 3 dargestellt, betrug der Insulingehalt des Mediums nach zweitägiger Inkubation in Gegenwart der mc-ICSA K 56 aF 3 weniger als 30%. Der Hemmeffekt ist reversibel, d. h. der K 56 aF 3 verursachte keine Zytotoxizität in Abwesenheit von Komplement. Welche Bedeutung diese in vitro erhobenen Befunde im Autoimmunpathogeneseprozeß, der zum Typ-1-Diabetes führt, haben, ist noch in In-vivo-Experimenten zu untersuchen. Bemerkenswert ist jedoch, daß keine Maus, die durch Immunisierung mit Inselzellen ICSA entwickelte und auch keine Maus, die über Aszitestumoren ICSA in hohen Konzentrationen bildete, hyperglykämisch wurde.

Literatur

1 Gepts W, Lecompte PM (1981) The pancreatic islets in diabetes Am J Med 70. 105
2 Bottazzo GF, Pujol-Borrell R, Doniach D (1981) Humoral and cellular immunity in diabetes mellitus. Clin Immunol Allergy 1. 63
3. Lernmark A, Freedman ZR, Hofmann C, Rubenstein AH, Steiner DF, Jackson RL, Winter RJ, Traisman HS (1978) Islet cell surface antibodies in juvenile diabetes mellitus New Engl J Med 299. 375
4 Van de Winkel M, Smets W, Gepts W, Pipeleers D (1982) Islet cell surface antibodies from insulin-dependent diabetics bind specifically to pancreatic β cells. J Clin Invest 70: 41
5. Eisenbarth GS (1986) Type 1 diabetes mellitus. A chronic autoimmune disease. N Engl J Med 314: 1360
6 Dobersen MJ, Scharff JE (1982) Preferential lysis of pancreatic B-cells by islet cell surface antibodies. Diabetes 31. 459

7 Kohler E, Knospe S, Woltanski G, Maciejewski R, Salzsieder Ch, Rjasanowski I, Strese J, Michaelis D (1984) Antibody-dependent cell-mediated cytotoxicity of mononuclear cells against Langerhans islets of Wistar rats in normal man and in patients at diabetes risk. Biomed Biochim Acta 43 627

8. Kanatsuna T, Baekkeskov S, Lernmark A, Ludvigsson J (1983) Immunoglobulin from insulin-dependent diabetic children inhibits glucose-induced insulin release Diabetes 32: 520

9. Ziegler M, Ziegler B, Dietz H, Witt S, Kohnert KD (1985) Inhibition of glucagon release of isolated islets of Langerhans by monoclonal antibodies Exp Clin Endocrinol 85. 47

10 Ziegler M, Ziegler B, Hehmke B, Dietz H, Hildmann W, Kauert Ch (1984) Autoimmune response directed to pancreatic β cells in rats induced by combined treatment with low doses of streptozotocin and complete Freund's adjuvant Biomed Biochim Acta 43 675

11 Ziegler M, Hildmann W, Ziegler B, Michaelis D (1986) Rat insulinoma cell line used as target for detection of islet cell surface antibodies in type 1 diabetics. Fresenius Z Anal Chem 324 252

12 Hehmke B, Kohnert KD, Dietz H, Zühlke H (1982) Cytotoxic effects of islet cell surface antibodies Acta Biol Med Germ 41· 1117

13 Ziegler B, Kohnert KD, Noack S, Hahn HJ (1982) Effects of 3-isobutyl-1-methylxanthine on secretory response, cAMP accumulation and DNA synthesis of islets from postnatal and adult Wistar rats Acta Biol Med Germ 41 1171

Anschrift des Verfassers: Dr. M. Ziegler, Zentralinstitut für Diabetes „Gerhardt Katsch", DDR-2201 Karlsburg, Deutsche Demokratische Republik

Einsatz monoklonaler Antikörper zur Charakterisierung von Zellen des Immunsystems, von Mastzellen und von Erythrozyten

Charakterisierung von T-Zell-Subpopulationen durch CD-45 R- und direkt markierte CD 3-, CD 4- und CD 8-mAK

U. Hommel, I. Behn, M. Seifert, H. Kupper, M. Ladusch und *H. Fiebig*

Bereich Biowissenschaften der Karl-Marx-Universität Leipzig, Abteilung Immunbiologie, Tierphysiologie, Leipzig, Deutsche Demokratische Republik

Die seit längerem bekannte Unterteilung humaner T-Lymphozyten in CD 4- und CD 8-positive Subpopulationen korreliert mit der funktionellen Differenzierung in T-Induktor-/Helfer-Zellen und T-Suppressor-/Zytotoxische Zellen. Besonders die relativ große CD 4-positive Subpopulation, die ca. $^{2}/_{3}$ der peripheren T-Lymphozyten umfaßt, schließt Induktor-Zellen für unterschiedliche regulatorische und Effektorpopulationen ein. Für die Analyse der Regulation der Immunantwort, aber auch für die detaillierte Beschreibung des Immunstatuts wäre es wünschenswert, besonders die CD 4- aber auch die CD 8-positive T-Zell-Population mittels Oberflächenmarker, die durch monoklonale Antikörper definiert sind, in Subpopulationen zu untergliedern. Eine erfolgversprechende Suchstrategie für monoklonale Antikörper muß demnach besonderen Wert auf die Reaktivität der Antikörper mit Fraktionen der CD 4- bzw. CD 8-positiven Zellen legen. Für die Suche nach monoklonalen Antikörpern, die den o. g. Anforderungen gerecht werden, wurden BALB/c-Mäuse mit mitogen-stimulierten humanen Lymphozyten immunisiert. Die Milzzellen sind in bekannter Art und Weise mittels PEG mit X 63-Ag 8.653-Myelomzellen fusioniert worden [1]. Die Selektionsstrategie wurde auf monoklonale Antikörper ausgerichtet, die nur mit Fraktionen der T-Lymphozyten reagierten, wobei die Reaktivität mit B-Lymphozyten und Monozyten untergeordnet berücksichtigt wurde. Auf diese Weise wurden 2 Hybridome selektiert, deren Antikörper ein von den klassischen Anti-T-Zell-Antikörpern (CD 1 – 8) abweichendes Reaktionsmuster aufwiesen. Nachfolgend wurden diese beiden monoklonalen Antikörper als BL-TB 45 R/1 und BL-TB 45 R/2 bezeichnet. Der erste Antikörper ist ein IgG 3-Immunglobulin, der zweite ein IgG 1. Beide Antikorper zeichnen sich dadurch aus, daß sie mit der Mehrheit der peripheren Blutlymphozyten reagieren (40 – 60%). Doppelmarkierungsexperimente mit dem BL-Ia/1-Antikörper zeigten, daß alle B-Zellen mit diesen beiden Antikörpern reagieren. Daraus ergibt sich, daß nur ein Teil der peripheren T-Zellen das von diesen beiden Antikörpern erkannte Antigen exprimieren. 60 – 70% der Lymphozyten, die aus Gaumentonsillen gewonnen wurden, reagieren mit BL-TB 45 R/1 und BL-TB 45 R/

2. Im Gegensatz dazu werden durch diese Antikörper nur ca. 5% der Thymozyten markiert. Das Reaktionsmuster der BL-TB 4 5R-Antikörper mit ausgewählten humanen Zellinien zeigte, daß diese Antikörper alle eingesetzten B-Zellinien (REH, RAJI, STAUDTE, 1419, IM 9, HMY-2) markieren, aber mit T-Zellinien und myeloiden Zellinien nicht oder aber unterschiedlich stark reagieren. Zur weiteren Charakterisierung der Antikörper wurde die Reaktivität an Kryostatschnitten humaner Gaumentonsillen sowie Thymi mittels Enzymbrückentechnik untersucht. Die BL-TB 45 R-Antikörper reagieren stark mit fast allen B-Lymphozyten der Mantelzone sowie mit einzelnen Keimzentrumszellen, die jedoch schwächer markiert sind. Die immunhistologisch nachgewiesenen T-Lymphozyten entsprechen in ihrer Verteilung weder der Gesamtheit von CD 8- noch CD 4-positiven Lymphozyten. Anhand dieser Befunde wurde eine Reaktivität eines Anteils von CD 4-

Tabelle 1. Bestimmung des prozentualen Anteils von CD 45 R-positiven Zellen bei B-Zellen und T-Zell-Subpopulationen

	BL-TB 45 R/1-reaktive Zellen in den entsprechenden Zellpopulationen
CD 3$^+$-T-Lymphozyten	53%
CD 4$^+$-T-Lymphozyten	48%
CD 8$^+$-T-Lymphozyten	61%
Ia$^+$-Lymphozyten	95%

und CD 8-positiven Lymphozyten vermutet. Im Thymusgewebe wurden einzelne Thymozyten vorwiegend in der Markzone markiert. Die o. g. Vermutung bestätigte sich in Doppelmarkierungsexperimenten, mittels derer die BL-TB 45 R-positiven Zellen zu den klassischen Subpopulationen zugeordnet werden konnten. Aus Tabelle 1 geht hervor, daß BL-TB 45 R/1 mit der großen Mehrheit der B-Zellen und einer Fraktion der T-Zellen reagiert. Sowohl die CD 4- als auch die CD 8-positiven T-Lymphozyten bestehen aus einer CD 45 R-positiven und -negativen Subpopulation. Außerdem zeigten Additionsexperimente, daß die monoklonalen Antikörper BL-TB 45 R/1 und BL-TB 45 R/2 mit den gleichen Zellen reagieren wie monoklonale Antikörper der CD 45 R-Gruppe, die vom 3. Internationalen Workshop über humane Leukozyten-Differenzierungsantigene definiert wurden. Bei allen Untersuchungen fanden sich dabei besonders starke Ähnlichkeiten hinsichtlich des Reaktionsmusters mit dem von Morimoto et al. [2] beschriebenen monoklonalen Antikörper 2 H 4 (CD 45 R). Die Autoren konnten in funktionellen Untersuchungen nachweisen, daß CD 4$^+$/2 H 4$^+$-T-Zellen die in vitro durch PWM stimulierte Immunglobulin-Sekretion hemmen. Die monoklonalen Antikörper BL-TB 45 R/1 und BL-TB 45 R/2 sind daher bei Doppelmarkierungen zur Charakterisierung von T-Zell-Subpopulationen geeignet, wobei von besonderem Interesse die CD 4$^+$/CD 45 R$^+$-T-Lymphozyten sind, da sie die Induktoren für Suppressorzellen enthalten.

Literatur

1 Behn I, Fiebig H (1984) Herstellung von monoklonalen Antikörpern durch Lymphozytenhybridomtechnik. Wiss Zeitschr KMU, Math Naturwiss Reihe 33. 612

2 Morimoto C, Letvin NL, Schlossmann SF (1986) The development of monoclonal antibodies against human immunoregulatory T cell subsets The isolation of human suppressor inducer T cell subset. In. Reinherz EL, Haynes BF, Nadler LM, Bernstein ID (eds) Leukocyte typing II, vol I Human T lymphocytes Springer, Berlin Heidelberg New York Tokyo, p 79

Anschrift des Verfassers: Dr Undine Hommel, Bereich Biowissenschaften der Karl-Marx-Universitat Leipzig, Abteilung Immunbiologie, Tierphysiologie, Talstraße 33, DDR-7010 Leipzig, Deutsche Demokratische Republik

Charakterisierung funktioneller Lymphozytenrezeptoren mit Hilfe monoklonaler Antikörper und der Transmembranpotentialmessung

E. Mix[1], *H.-L. Jenssen*[1], *K. Redmann*[2], *H.-D. Volk*[3] und *C. Hückel*[4]

[1] Klinik für Psychiatrie und Neurologie und
[4] Institut für Biochemie, W.-Pieck-Universität Rostock,
[2] Institut für Physiologie, Magdeburg,
[3] Institut für Medizinische Immunologie (Charité) Berlin, Deutsche Demokratische Republik

Methodische Fortschritte, wie die Patch-clamp-Technik [4, 16, 22], der Einsatz radiomarkierter [15] und fluoreszenzoptischer [9, 24] Tracer und die Zytofluorometrie [1, 10, 14, 17, 18, 23], haben eine breite Anwendung der Transmembranpotential-(TMP-)Messung an Einzelzellsuspensionen eingeleitet. Sie liefern zunehmend Hinweise für ein universelles Prinzip fein abgestimmter Ionenkanalaktivierung [3, 4, 7] bei der transmembranalen Signalvermittlung in sogenannten nichterregbaren Zellen. Die selektive Änderung von Ionenkanalkonduktivitäten und damit des TMP der Lymphozyten ist nach neueren Befunden essentiell für die initiale Triggerung [1, 8, 10, 16, 24], die I a-Antigenexpression [5, 18], IL 2-Sekretion [9] und zytotoxische Effektorfunktion [22]. Dabei können die aktivierten Zellrezeptoren selber als Ionenkanäle, z. B. für Ca^{++}, fungieren oder funktionell eng mit ihnen verknüpft sein, wie es Alcover et al. [1, 2] für den CD 3-Ti- und CD 2-Komplex diskutieren. Andererseits kann die Rezeptoraktivierung sekundär, z. B. über die Freisetzung intrazellulärer Messenger aus dem Phosphatidylinositolstoffwechsel [5, 8, 13, 16, 19], zu Permeabilitätsänderungen für Na^{+}/H^{+} [2, 8, 13], K^{+} [8] und Ca^{++} [1, 9, 16, 19] führen mit dem Endresultat der Erhöhung des intrazellulären pH [8] und freien Ca^{++} [1, 5, 8, 13, 16, 19, 20, 21, 24]. In jedem Fall sind die zu registrierenden TMP-Änderungen als frühe Membranereignisse nach funktioneller Rezeptor-Ligand-Wechselwirkung anzusehen [3, 8, 10, 16, 17, 24].

Wir haben dieses Phänomen bei der Interaktion ausgewählter monoklonaler

---

[1] Die mAK wurden freundlicherweise von folgenden Wissenschaftlern zur Verfügung gestellt BL-T 1, 2 und 3 Dr H Fiebig (Sektion Biowissenschaften, KMU, Leipzig), Anti-NP_{18} Dr G. Laszlo und Anti-hIgM Dr I. Bartok (Abteilung Immunologie, God, Ungarn)

Antikörper (mAK) mit Lymphozytensubpopulationen untersucht. Die verwendeten mAK und mAK-haltigen Immunkomplexe (IK) sind nicht direkt mitogen. Sie können aber in Targetzellen biologische Wirkungen, wie z. B. Regulatorfunktionen, auslösen, die Gegenstand noch laufender Untersuchungen sind [11]. Die TMP-Bestimmung erfolgte zytofluorografisch auf der Grundlage eines von uns an Makrophagen erprobten Verfahrens [14]. Die Ergebnisse werden anhand einer Hypothese interpretiert, die aus einer Vielzahl untersuchter Ligand-Rezeptor-Systeme abgeleitet wurde und geeignet erscheint, kontroverse Befunde über die Qualität und Quantität der TMP-Änderung nach zellulärer Stimulierung, insbesondere von Lymphozyten [10, 15, 17, 18, 23, 24], zu erklären.

Für die Untersuchungen an humanen Lymphozyten wurden angereicherte T-Zellen über Dichtegradienten, Glasadhärenz und Schaferythrozyten-Rosettenbildung aus peripherem Blut isoliert und nach einem unter [26] beschriebenen Verfahren in autorosettenpositive ($T_{AR}{}^{+}$) und autorosettennegative ($T_{AR}{}^{-}$) Zellen separiert. Sie wurden mit den mAK BL-T 1, 2 und 3[1] inkubiert [6]. Zur optischen TMP-Bestimmung diente der TMP-sensitive Fluoreszenzfarbstoff 3,3′-Dihexyloxacarbocyanin ($DiOC_6$; Serva, Heidelberg). Mit dem Zytofluorografen 3 OL (Ortho Instruments, Westwood, USA) erfolgte die Ermittlung der mittleren Fluoreszenzintensität in der Zeitkinetik über 50 min wie unter [14] näher beschrieben. Alle Ergebnisse wurden als prozentuale Abweichung von der unbeeinflußten Kontrolle ausgedrückt (s. Abb. 1).

Die $T_{AR}{}^{+}$-Zellen reagierten auf alle drei mAK mit Hyperpolarisation unterschiedlicher Dauer. Während BL-T 1 nur eine sehr kurze Reaktion (< 10 min)

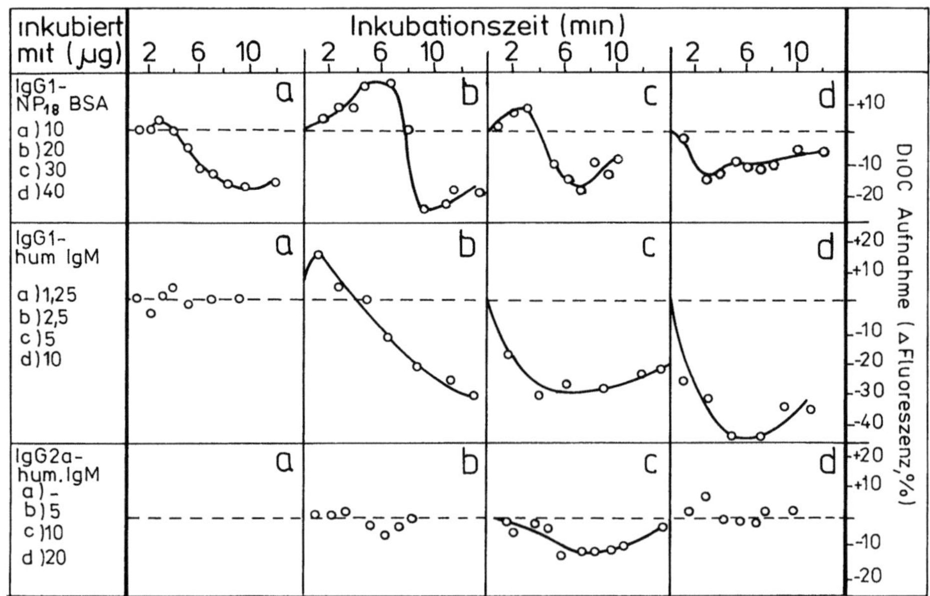

Abb. 1. Änderung des TMP allogen-stimulierter T-Lymphozyten der Maus unter dem Einfluß MAB-haltiger Immunkomplexe in Abhängigkeit von der Ligandenkonzentration und der MAB-Subklasse. Das TMP wurde zytofluorometrisch nach Äquilibrierung der Zellen mit dem Fluoreszenzfarbstoff $DiOC_6$ bestimmt

auslöste, hielt die Hyperpolarisation nach Inkubation mit BL-T 2 15 min, mit BL-T 3 über die gesamte Meßzeit von 50 min an. Demgegenüber war bei T_{AR}^{--}-Zellen keine Reaktion auf BL-T 1 nachweisbar. BL-T 2 löste eine biphasische Antwort mit Übergang von der Hyperpolarisation in die Depolarisation nach 30—40 min aus, und BL-T 3 fuhrte bereits nach 5—10 min zur Depolarisation

An Mausmilzzellen wurde die TMP-Reaktion auf mAK-haltige IK und einen gegen Fcγ-Rezeptoren (Fcγ-R) gerichteten mAK [25] geprüft Es wurden allogen stimulierte T-Zellen (T*) getestet, deren Präparation in [12] ausführlich beschrieben ist Als Kontrollen dienten ruhende T-Zellen der gleichen Mäuse. Die IK bestanden aus mAK der Subklassen IgG 1 und IgG 2a und den Antigenen NP_{18}-BSA und humanem IgM (hIgM)[1] Inkubation und zytofluorometrische TMP-Bestimmung erfolgten analog den Untersuchungen an humanen T-Zellen.

Gegenuber IgG 1-haltigen IK (Anti-NP_{18}-BSA und Anti-hIgM) ging mit zunehmender Ligandenkonzentration eine biphasische TMP-Reaktion der T* in ausschließliche Depolarisation uber (Abb. 1). IgG 2a-haltige IK (Anti-hIgM) fuhrten nur im mittleren Konzentrationsbereich (10 µg/ml) zu einer geringfügigen Depolarisation. Der gegen Fcγ-R gerichtete mAK 2.4.G 2 löste bei T* ebenso wie hitzeaggregiertes monoklonales IgG 1 und polyklonales IgG eine der in Abb 1 b ahnliche biphasische TMP-Antwort aus [11, 12]. Der Umschlagpunkt von der Hyper- zur Depolarisationsphase lag übereinstimmend bei 5—6 min. Bei ruhenden T-Zellen blieb das TMP nach Inkubation mit allen eingesetzten Liganden unbeeinflußt und lag im Streubereich der ligandfreien Kontrollen, der in keinem Fall 10% uberstieg [11, 12].

Schlußfolgernd aus den vorgestellten Daten und unter gleichzeitiger Berücksichtigung der Ergebnisse von TMP-Bestimmungen in anderen Ligand-Rezeptor-Systemen (mit Lektinen, Interferonen, Histamin u a Liganden) haben wir ein hypothetisches Modell für die Interpretation fluoreszenzoptisch oder radiometrisch gemessenen TMP-Veränderungen entwickelt. Es erlaubt die Unterscheidung zwischen „stark reagierenden" (hohe Ligandenkonzentration, hohe Rezeptordichte und/oder -affinität) und „schwach reagierenden" (niedrige Ligandenkonzentration, niedrige Rezeptordichte und/oder -affinität) Systemen. Bei ersteren wird ausschließlich die Depolarisationsphase erfaßt, während letztere eine prolongierte Hyperpolarisation aufweisen. Wendet man dieses Interpretationsmodell auf die TMP-Messungen in den vorgestellten Systemen an, so ist eine Differenzierung zwischen „spezifischen" (IgG 1-IK/T*) und „unspezifischen" (IgG 2a-IK/T*) sowie „schwachen" (BL-T 1/T_{AR}^{+}) und „starken" (BL-T 3/T_{AR}^{-}) Wechselwirkungen hinsichtlich der elektrischen Signalvermittlung moglich. Biologische Wirkungen, wie Einfluß auf die primäre gemischte Lymphozytenreaktion und die Antikörperproduktion, werden gegenwärtig untersucht. Wichtige ergänzende Untersuchungen sollen den Einsatz von mAK mit mitogener Potenz und die Charakterisierung der für die TMP-Änderung verantwortlichen Ionenkanäle mit selektiven Kanalblockern einschließen.

Mit dem vorgeschlagenen Interpretationsmodell lassen sich widersprüchliche Literaturmitteilungen [10, 15, 17, 18, 23, 24] zur TMP-Reaktion nach Lymphozytenstimulierung leicht erklären. Außerdem ist daraus abzuleiten, daß eindeutige Aussagen über Richtung und Ausmaß der TMP-Änderung kinetische Untersuchungen bei unterschiedlichen Ligandenkonzentrationen erfordern. Eine Modifizierung der registrierten Reaktionsmuster kann durch weitere Faktoren hervorgerufen werden. Dazu zählen Einflüsse der Zellpräparation und des Zellzyklus, der in Abhängigkeit von der spontanen Zellproliferation ein unterschiedliches Ausgangs-TMP einzelner Zellen bedingen kann. Absolut gleichartige Reaktionsmuster sind nur an synchronisierten, spezifisch stimulierten Zellklonen zu erwarten. Mit diesen Einschränkungen halten wir die durchflußzytometrische TMP-Bestimmung prinzipiell für gut geeignet, funktionelle Wechselwirkungen zwischen mAK und Zellrezeptoren von Absorptionsvorgängen ohne Signalcharakter zu diskriminieren. Zukünftiges Interesse sollte vor allem die Untersuchung von mAK mit Spezifität für Aktivierungsproteine der Ionenkanäle („Gating proteins") finden, um die selektive Beeinflußbarkeit von Rezeptorbindungsstellen und -aktivierungsstellen zu testen.

Literatur

1. Alcover A, Weiss MJ, Daley JF, Reinherz EL (1986) The T 11 glycoprotein is functionally linked to a calcium channel in precursor and mature T-lineage cells Proc Natl Acad Sci USA 83. 2614
2. Alcover A, Ramarli D, Richardson NE, Chang HC, Reinherz EL (1987) Functional and molecular aspects of human T-lymphocyte activation via T 3-Ti and T 11 pathways. Immunol Rev 95: 5
3. Ashcroft FM (1984) Ion channels in lymphocytes. Immunology Today 5: 232
4. Chandy KG, DeCoursey TE, Calahan MD, Gupta S (1985) Electroimmunology. the physiologic role of ion channels in the immune system. J Immunol 135: 787 s
5. Cambier JC, Justement LB, Newell MK, Chen ZZ, Harris LK, Sandoval VM, Klemsz MJ, Ransom JT (1987) Transmembrane signals and intracellular "second messengers" in the regulation of quiescent B-lymphocyte activation Immunol Rev 95 37
6. Fiebig H, Behn I, Gruhn R, Typlt H, Kupper H, Ambrosius H (1984) Charakterisierung einer Serie von monoklonalen Antikörpern gegen humane T-Zellen. Allergie Immunol 30: 242
7. Gallin EK (1986) Ionic channels in leukocytes. J Leukocyte Biol 39· 241
8. Gelfand EW, Mills GB, Cheung RK, Lee JWW, Grinstein S (1987) Transmembrane ion fluxes during activation of human T-lymphocytes: role of Ca^{2+}, Na^+/H^+ exchange and phospholipid turnover. Immunol Rev 95. 59
9. Gelfand EW, Cheung RK, Mills GB, Grinstein S (1987) Role of membrane potential in the response of human T-lymphocytes to phytohemagglutinin J Immunol 138: 527
10. Hawrylowicz CM, Klaus GGB (1984) Activation and proliferation signals in mouse B cells IV Concanavalin A stimulates B cells to leave G_o, but not to proliferate Immunology 53 703
11. Hückel C, Sandor M, Jenssen HL, Rychly J, Brock J, Gergely J (1988) The binding of IgG 1 containing immune complexes to the FcR of allogenically activated T cells induces changes in the membrane potential and the cell surface charge Mol Immunol 25: 517
12. Hückel C (1987) Untersuchungen zur Struktur-Funktions-Beziehung von Lymphozytenmembranen am Beispiel von ConA-Rezeptoren und Fc-Rezeptoren für IgG auf T-Lymphozyten der Maus. Dissertation B, Universität Rostock
13. Isakov N, Mally MI, Scholz W, Altman A (1987) T-lymphocyte activation. the role of protein kinase C and the bifurcating inositol phospholipid signal transduction pathway. Immunol Rev 95: 89
14. Jenssen HL, Redmann K, Mix E (1987) Flow cytometric estimation of transmembrane potential of macrophages· a comparison with microelectrode measurements Cytometry 7 339
15. Kiefer H, Blume AJ, Kaback JR (1980) Membrane potential changes during mitogenic stimulation of mouse spleen lymphocytes Proc Natl Acad Sci USA 77: 2200
16. Kuno M, Gardner P (1987) Ion channels activated by inositol 1,4,5-trisphosphate in plasma membrane of human T-lymphocytes Nature 326 301

17 Monroe JG, Cambier JC (1983) B-cell activation I Anti-immunoglobulin-induced receptor cross-linking results in a decrease in the plasma membrane potential of murine B lymphocytes J Exp Med 157: 2073
18 Monroe JG, Cambier JC (1983) B-cell activation III B-cell plasma membrane depolarization and hyper I-A antigen expression induced by receptor immunoglobulin cross-linking are coupled J Exp Med 158. 1589
19 Neher E (1987) Receptor-operated Ca channels. Nature 326 242
20 O'Flynn K, Zanders ED, Lamb JR, Beverley PCL, Wallace DL, Tatham PER, Tax WJM, Linch DC (1985) Investigation of early T-cell activation analysis of the effect of specific antigen, interleukin-2 and monoclonal antibodies on intracellular free calcium concentration Eur J Immunol 15. 7
21 Rabinovitch PS, June CH, Grossmann A, Ledbetter JA (1986) Heterogeneity among T-cells in intracellular free calcium responses after mitogen stimulation with PHA or anti-CD3 Simultaneous use of indo-1 and immunofluorescence with flow cytometry J Immunol 137 952
22 Schlichter L, Sidell N, Hagiwara S (1986) Potassium channels mediate killing by human natural killer cells Proc Natl Acad Sci USA 83. 451
23 Tatham PER, Delves PJ (1984) Flow cytometric detection of membrane potential changes in murine lymphocytes induced by concanavalin A Biochem J 221 137
24 Tsien RY, Pozzan T, Rink TJ (1982) T-cell mitogens cause early changes in cytoplasmic free Ca^{2+} and membrane potential in lymphocytes Nature 295· 68
25 Unkeless JC (1979) Characterization of a monoclonal antibody directed against mouse macrophage and lymphocyte Fc receptor. J Exp Med 150: 580
26 Volk D, Grunow R, Neuhaus K, Effenberger E (1984) A simple and rapid method for detecting and separating T-lymphocytes by rosetting with autologous erythrocytes. J Immunol Meth 73 443

Anschrift des Verfassers: Dr E Mix, Klinik fur Psychiatrie und Neurologie der W.-Pieck-Universitat, DDR-2500 Rostock, Deutsche Demokratische Republik

Einsatz monoklonaler Antikörper zur Charakterisierung von STA-stimulierten mononukleären Zellen in vitro

H.-W. Mansfeld und *S. Ansorge*

Forschungsabteilung Experimentelle Immunologie, Klinik für Innere Medizin, Medizinische Akademie Magdeburg, Magdeburg, Deutsche Demokratische Republik

In den vorliegenden Untersuchungen wurde die mitogene Wirkung eines selbst präparierten STA (formalinisierte und hitzeinaktivierte Kokken des Stammes S. aureus 520) auf humane mononukleare Zellen (MNZ) des peripheren Blutes sowie separierte T- und B-Lymphozyten untersucht. STA stimuliert MNZ zur DNA-Synthese bzw. Proliferation, wobei das Optimum des ^{3}H-Thymidineinbaus um den 7. Tag lag. Das Proliferationsmaximum von angereicherten T-Zellen fanden wir am 7. Tag und das der entsprechenden Non-T-Fraktionen am 3. Tag der Stimulierung mit STA. Untersuchungen zum Phänotyp der stimulierten MNZ mittels monoklonaler Antikörper ergaben eine Korrelation zwischen dem ^{3}H-Thymidineinbau und der Expression des IL-2-Rezeptors (BL-Tac). Die Ergebnisse bieten die Basis einer möglichen Nutzung der STA-Stimulierung zur gleichzeitigen Funktionstestung von B- und T-Lymphozyten in vitro.

Staphylococcus aureus Cowan I (SAC) und andere Stämme von S. aureus sind seit langem als polyklonale B-Zell-Aktivatoren bekannt. In Gegenwart von T-Lymphozyten bzw. deren Faktoren werden humane B-Zellen durch SAC nicht nur zur Proliferation, sondern auch zur Differenzierung in antikörperproduzierende Zellen stimuliert [5]. Inzwischen konnte auch eine mitogene Wirkung von SAC auf T-Lymphozyten nachgewiesen werden Die Stimulierung der Proliferation und Antikörperproduktion der humanen B-Zellen durch S.-aureus-Stämme erfolgt unabhängig vom Gehalt an Protein A.

In den vorliegenden Untersuchungen wurde die mitogene Wirkung eines selbst präparierten STA* (formalinisierte und hitzeinaktivierte Kokken des Stammes S. aureus 520) auf humane mononukleäre Zellen des peripheren Blutes sowie T- und B-Lymphozyten untersucht.

Die mononukleären Zellen wurden aus heparinisiertem Venenblut mittels Dichtegradienten-Zentrifugation gewonnen und nach Rosettierung mit AET-behan-

* Der Stamm S aureus 520 wurde uns freundlicherweise von Herrn Doz Dr Müller, Institut für Medizinische Mikrobiologie der Medizinischen Akademie Magdeburg, zur Verfügung gestellt

delten Schaferythrozyten in T- und Non-T-Zellen separiert. MNZ, Non-T- und T-Zellen wurden in PVC-Rundbodenblistern kultiviert. Je Vertiefung wurden 0,2 ml Lymphozytensuspension (10^6/ml Kulturmedium RPMI 1640, HEPES gepuffert, 10 mM L-Glutamin, 20% FCS) in Anwesenheit von PHA (Serva, 4 µg/ml), STA [eigenes Produkt, 0,004% (v/v)] und SAC [Pansorbin, Calbiochem, 0,004% (v/v)] für 2, 3 und 7 Tage (37 °C, 5% CO_2) inkubiert. Die Proliferation wurde durch den Einbau von ^{3}H-Thymidin (37 KBq je Vertiefung) in den letzten 16 Stunden der Kultur bestimmt. Die Zahl der OKT 3-, Leu 12- und BL-Tac-positiven Zellen wurde durch Fluoreszenzmikroskopie nach entsprechender Markierung (indirekt) ermittelt. Blasten hatten einen Durchmesser größer als 15 µm.

STA wirkt ebenso wie SAC mitogen auf die Gesamtpopulation der mononukleären Zellen, deren Proliferationsmaximum um den 7. Tag liegt. Die Kinetik der Aktivierung unterscheidet sich deutlich von der PHA-stimulierter Zellen (Abb. 1). Der ^{3}H-Thymidineinbau korreliert zudem eng mit der Expression des IL-2-Rezeptors (BL-Tac-positive Zellen, Abb. 1), unabhängig davon, ob PHA, STA oder SAC als Mitogen verwendet wird.

Isolierte T-Zellen zeigen ihre maximale DNA-Synthese ebenfalls um den 7. Tag nach Stimulierung mit STA (Abb. 2). Ishizaka et al. konnten ebenfalls zeigen, daß der zeitliche Verlauf des ^{3}H-Thymidineinbaus mit dem der Expression des Tac-Antigens identisch ist [3]. Das Proliferationsmaximum der STA-Stimulierung von MNZ ist daher wegen des Überwiegens der T-Zellen annähernd repräsentativ für die Proliferation der T-Zellen in vitro. Anders verhalten sich die Non-T-Zellen, die ihr DNA-Synthesemaximum bereits am 3. Tag erreichen (Abb. 2). Ähnliche Ergebnisse fanden Chen et al. für Non-T-Fraktionen [1] sowie Sakane et al. und

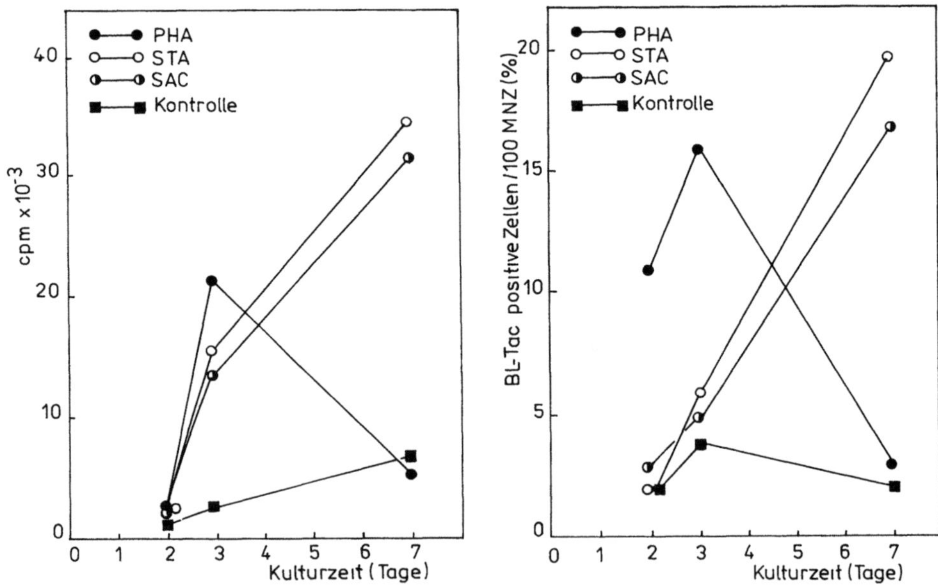

Abb. 1. Zeitliche Abhängigkeit der DNA-Synthese (^{3}H-Thymidineinbau) und der Expression des IL-2-Rezeptors humaner MNZ nach Stimulierung PHA, STA und SAC

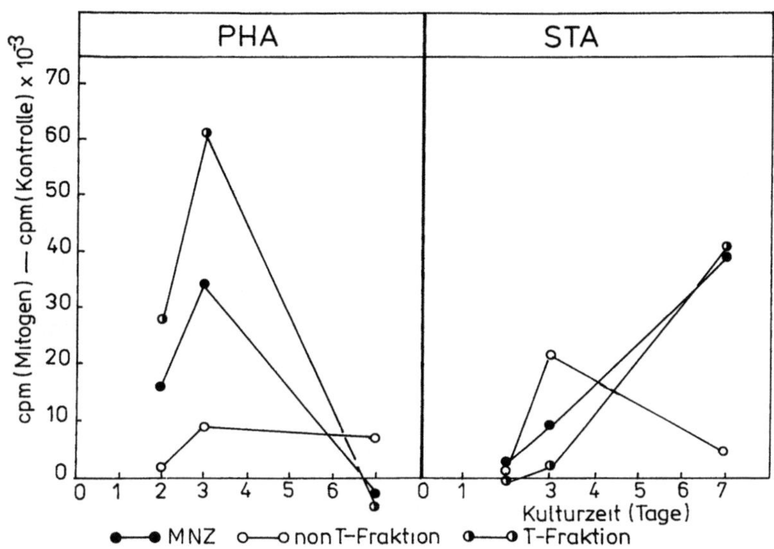

Abb. 2. Kinetik des ^{3}H-Thymidineinbaus von MNZ, T- und non-T-Zellen nach Stimulierung mit PHA und STA

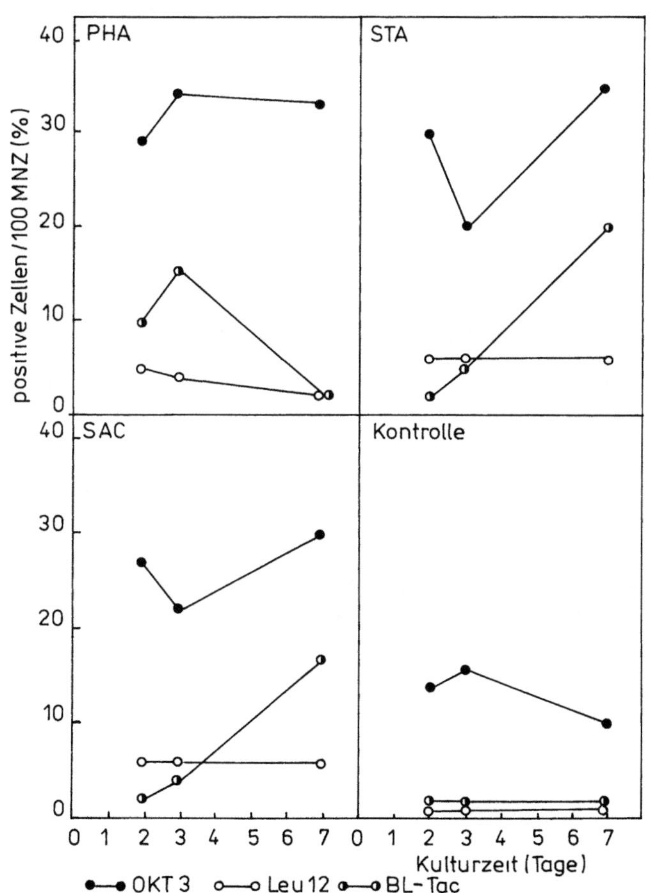

Abb. 3. Anteil der CD 3-, CD 19- und CD 25-positiven Blasten in der Kultur von MNZ nach Stimulierung mit PHA, STA und SAC in Abhängigkeit von der Kulturzeit

Hirano et al. für angereicherte B-Zellen [6, 2]. Pryjma et al. dagegen wiesen ein Maximum am 2. Tag nach [4].

Da die T-Zellen am 3. Tag nach STA-Stimulierung nur etwa 10—15% der Einbauraten der Non-T-Zellen zeigten (Abb. 2), sollte der in den MNZ gemessene ^{3}H-Thymidineinbau überwiegend als der des B-Anteils zu werten sein. Diese Aussage wird gestützt durch die Tatsache, daß die Einbaurate der Non-T-Fraktionen deutlich über der der MNZ liegt. Die Aktivität der Non-T-Fraktionen am 7. Tag ist durch die Verunreinigung mit T-Zellen erklärbar.

Parallel zum ^{3}H-Thymidineinbau wurde in den PHA-, STA- und SAC-stimulierten MNZ-Kulturen die Zahl der Blasten sowie der OKT 3-, Leu 12- und BL-Tac-positiven Zellen, differenziert nach Gesamtzahl und Blasten, ermittelt (Abb. 3). Die Ergebnisse bestätigen im wesentlichen die Resultate der Experimente zur DNA-Synthese, wobei das 1. Maximum der T 3-Expression auf T-Blasten möglicherweise in vivo präaktivierte T-Zellen repräsentiert. Die vorliegenden Ergebnisse einer unterschiedlichen Kinetik der B- und T-Aktivierung, d. h. zeitlich unterschiedliche Maxima der DNA-Synthese nach STA-Stimulierung von T- (7. Tag) und Non-T-(überwiegend B-)Lymphozyten (3. Tag) bieten möglicherweise eine Basis zur gleichzeitigen Erfassung der Proliferationskapazität von T- und B-Lymphozyten in der Fraktion der MNZ mittels des ^{3}H-Thymidineinbaus in Form des LTT bzw. zur gleichzeitigen Funktionstestung dieser Populationen bei verschiedenen Erkrankungen.

Literatur

1. Chen WY, Sager S, Tung E, Fudenberg HH (1982) Human peripheral blood lymphocyte activation by protein A from Staphylococcus aureus. Infect Immun 36 (1): 59–65
2. Hirano T, Teranishi T, Onoue K (1984) Human helper T cell factor(s) III Characterization of B Cell differentiation factor I (BCDF I). J Immunol 132 (1). 229–234
3. Ishizaka A, Sakiyama Y, Takahashi Y, Matsumoto S (1985) The activation of T cells with Staphylococcus aureus cowan I (SAC). Immunol Lett 10: 13–17
4. Pryjma J, Flad HD, Ernst M, Pituch-Noworolska A (1986) Pokeweed mitogen activated suppressor T-Cells preferentially reduce immunoglobulin secretion by differentiated B-lymphocytes. Immunol Lett 13: 273–279
5. Ringden O (1985) Induction of immunoglobulin secretion by protein A from Staphylococcus aureus in human blood and bone marrow B cells Scand J Immunol 22: 17–26
6. Sakane T, Ueda Y, Suzuki N, Niwa Y, Hoshino T, Tsunematsu T (1985) OKT 4 $^+$ and OKT 8 $^+$ T lymphocytes produce soluble factors that can modulate growth and differentiation of human B cells. Clin Exp Immunol 62. 112–120

Anschrift des Verfassers: Dr. H.-W. Mansfeld, Forschungsabteilung Experimentelle Immunologie, Klinik für Innere Medizin, Medizinische Akademie Magdeburg, DDR-3090 Magdeburg, Deutsche Demokratische Republik.

Erste Erfahrungen mit einem monozytenspezifischen monoklonalen Antikörper (RoMo-1)

C. Schütt[1], *E. Siegl*[2], *H. Walzel*[2], *P. Neels*[2], *B. Ringel*[3], *M. Nausch*[3], *J. Rychly*[4], *P. Stosiek*[5] und *M. Kasper*[5]

[1] Abteilung Medizinische Immunologie der Ernst-Moritz-Arndt-Universitat, Greifswald,
[2] Institut fur Immunologie, [3] Institut fur Biochemie und [4] Klinik fur Innere Medizin der Wilhelm-Pieck-Universitat, Rostock,
[5] Institut für Pathologie am BKH Görlitz, Deutsche Demokratische Republik

Der monoklonale IgG 2a-Antikorper* RoMo-1 reagiert mit peripheren menschlichen Blutmonozyten, jedoch nicht mit anderen Blutzellen, Gewebemakrophagen verschiedenster Gewebe oder den monozytären Zellinien HL-60, U 937 und der erythroblastären Linie K 562 Der Antikorper scheint einen Oberflächenmarker nachzuweisen, der auf fast allen Monozyten exprimiert wird. Die Korrelation zum monozytentypischen α-Naphthylacetat-Esterase-Nachweis beträgt bei Gesunden r = 0,9 [1]. Tabelle 1 liefert eine Übersicht der bislang getesteten Leukämiefälle. Daraus ist ableitbar, daß sich das entsprechende Antigen nur in der monozytären Reihe auffinden läßt. Innerhalb der AML fiel auf, daß nur M 5-Stadien das Antigen exprimieren. Es ergab sich bei den 10 Patienten im Wiederholungsfalle eine gute Korrelation zwischen der Zahl der RoMo-1-positiven Zellen und der Zahl der

Tabelle 1. Differenzierung akuter Leukamien mittels RoMo-1 und RoIa (spezifisch fur nichtpolymorphe Strukturen von HLA Klasse II – Antigene)

	RoMo-1$^+$	RoIa$^+$
Common null ALL	0/8	5/5
Pre-B-ALL	0/1	1/1
T-ALL	0/2	0/2
T-Lymphom	0/3	0/3
B-Lymphom	0/1	n d
CLL	0/1	n. d
AML	5/10	2/3

* Die Bestimmung der Subklasse verdanken wir Dr Bottger, Berlin

zellelektrophoretisch langsam wandernden Zellen (M 5-Stadien). M 2 bis M 4-Stadien sind durch „high mobility cells“ charakterisiert [2]. Damit dürfte die Verwendung von RoMo-1 in der Leukämiediagnostik unter Umständen hilfreich sein.

Alveolarmakrophagen scheinen nur vereinzelt RoMo-1-positiv zu sein. Im Falle entzündlicher Prozesse in der Lunge erhöht sich die Zahl der RoMo-1$^+$-Alveolarmakrophagen (Tabelle 2). Hier deutet sich an, daß dieser Befund, ebenso wie die erhöhte Ia-Antigenexpression, diagnostisch verwertbar sein könnte, eventuell für die Beurteilung des Aktivitätszustandes einer Sarkoidose. Demgegenüber sind Alveolarmakrophagen von Sklerodermie-Patienten mit Lungenbeteiligung nur schwach RoMo-1-positiv (< 10%) [3].

Werden Monozyten lysiert und die Membranproteine mittels Westernblot unter Verwendung eines mit Protein A affinitätschromatographisch gereinigten, goldmarkierten Antikörpers aufgetrennt, findet sich eine spezifisch anfärbbare Bande bei 45 kD. Granulozytenlysate bleiben RoMo-1-negativ. Das erkannte Antigen scheint ein Rezeptor für monozyten-aktivierende Liganden zu sein: Die Epitopbindung des Antikörpers simuliert eine Monozytenaktivierung (Tabellen 3 und 4). Der Antikörper ist in der Lage, innerhalb von Minuten kurzzeitig den oxidativen Metabolismus der Monozyten zu aktivieren (n = 6). Nichtrelevante Antikörper, aber auch monozytenbindende Antikörper der gleichen Subklasse, z. B. RoIa, verursachen keine derartige Wirkung.

Die monozytenaktivierende Potenz von RoMo-1 zeigt sich weiterhin in der Induktion der IL 1-Sekretion (n = 8). Innerhalb von 24 Stunden erhöht sich die

Tabelle 2. RoMo-1$^+$ Alveolarmakrophagen in der Spülflüssigkeit nach broncho-alveolärer Lavage verschiedener Patienten

Patient	Diagnose	% RoMo-1$^+$-Makrophagen
H.	gesund	2
P.	Tumor	15
M.	Tumor	1
Sch.	Sarkoidose	38
H.	Sarkoidase	37
K.	Sarkoidase	13
R.	Pneumonie	16
S.	Pneumonie	80

Tabelle 3. Beispiel für Induktion eines Chemolumineszenzsignals durch affinitätschromatographisch gereinigten RoMo-1

RoMo-1 (μg/ml)	Luminolverstärkte Chemolumineszenz (cpm 10^{-4})		
	0	2	10 min
0[1]	3,8 − 0,4	3,9 − 0,4	4,0 − 0,5
0,07	3,9 − 0,3	3,7 − 0,5	3,9 − 0,4
0,7	3,8 − 0,5	4,8 − 0,3	5,1 − 0,4
7,0	3,7 − 0,6	12,1 − 1,3	6,9 − 0,9

[1] Mediumkontrolle

Tabelle 4. Beispiel für die Induktion der IL 1-Sekretion durch RoMo-1 in mononuklearen Zellkulturen

RoMo-1 (µg/ml)	IL 1-Bestimmung im Kulturüberstand mittels Thymozytenproliferationstest (cpm 10^{-3})	
	24 h	48 h
0	2,5 − 0,9	0,6 − 0,1
2	8,8 − 1,9	3,2 − 0,1
5	14,0 − 1,0	5,7 − 3,3
10	12,2 − 2,5	4,7 − 0,5
LPS zum Vergleich	11,6 − 2,5	7,2 − 0,5

IL 1-Synthese mononuklearer Zellsuspension nach Zugabe von RoMo-1. Die im Thymozytenproliferationstest getesteten Überstände enthielten kein IL 2 (geprüft an der CTLL Bd. 2.10).

Das erkannte Antigen läßt sich nicht der CD-Nomenklatur (CD 1 − 47) zuordnen. Die vorgestellten Ergebnisse liefern Hinweise für weiterführende Untersuchungen zur Natur dieses Rezeptors, der offenbar bei Gesunden einen Pan-Monozytenmarker darstellt.

Literatur

1 Schütt C, Siegl E, Holzheidt G, Claus R, Stosiek P, Kasper M, Walzel H, Schulz U, Friemel H (1988) Ein monoklonaler Antikörper gegen menschliche Blutmonozyten (RoMo-1) Allergie Immunol 34 17–26

2 Babushikove O, Konikova E, Ujhazy P (1986) Electrophoretic mobility pattern of immunologically phenotyped cells in different hemopoietic malignancies Neoplasma 33 713–722

3 Volk HD, persönliche Mitteilung

Anschrift des Verfassers: Prof. Dr Christine Schütt, Abteilung Medizinische Immunologie am Bereich Medizin der Ernst-Moritz-Arndt-Universität Greifswald, Klinikum Fleischmannstraße, DDR-2200 Greifswald, Deutsche Demokratische Republik

Untersuchungen zur Mastzellbiologie mittels monoklonaler Antikörper

J. Odarjuk, N. Rossow, B. Savoly, L. Karawajew und *H. Repke*

Institut fur Wirkstofforschung der Akademie der Wissenschaften der DDR, Berlin, Deutsche Demokratische Republik

Trotz einer steigenden Zahl von Arbeiten zu Fragen der Mastzelldifferenzierung ist der genaue Differenzierungsweg der Mastzellen noch immer unklar. Ziel dieser Arbeit war daher, durch Erzeugung monoklonaler Antikorper (mAK) gegen Membranantigene der Mastzelle einen neuen experimentellen Zugang zum Studium der Mastzellontogenese sowie zur Charakterisierung von Mastzellsubtypen zu schaffen.

Es wurden vier Hybridome selektiert, welche mAK gegen Membranantigene der Peritonealmastzelle der Ratte sezernieren Stellvertretend sind in der Tabelle 1 die Daten für den mAK IWF F 2 aufgeführt [1]. Wie in der Tabelle dargestellt, ist das Antigen (Ag) auf Mastzellen verschiedener Gewebe in unterschiedlichem Maße ausgeprägt. Obwohl das Ag von der Mehrzahl der Peritoneal- und Pleuralmastzellen exprimiert wird, ist die Ag-Dichte auf Pleuralmastzellen deutlich geringer, wie die FACS-Analyse zeigte. Die geringste Ag-Menge wurde auf Mesenterialmastzellen nachgewiesen, von denen nur 74,9% positiv reagierten. Im Gegensatz zu diesen Ergebnissen an Bindegewebemastzellen konnten keine Reaktionen der mAK mit Mastzellen der Lunge, der Darmschleimhaut sowie des Blutes beobachtet werden [2].

Tabelle 1. Reaktion des mAK IWF F 2 mit Mastzellen unterschiedlicher Gewebe

Mastzelltyp	Anteil fluoreszenz-positiver Zellen (%)	Fluoreszenz-intensitat
Peritonealmastzellen	96,4 – 1,4	+ + + (+)
Pleuralmastzellen	94,5 – 1,8	+ +
Mesenterialmastzellen	74,9 – 3,4	+
Lungenmastzellen	0	–
Darmschleimhautmastzellen	0	–
Basophile des Blutes	0	–

Somit wurden erstmals mAK erzeugt, welche eine Differenzierung zwischen Bindegewebemastzellen und Mastzellen anderer Gewebetypen auf der Grundlage ihrer antigenen Eigenschaften ermöglichen.

Obwohl die Testung der mAK zeigte, daß keine Kreuzreaktionen mit Zellen lymphatischer Gewebe, wie Milz, Lymphknoten und Knochenmark sowie mit Leber-, Hirn- und Blutzellen, auftreten, sind diese monoklonalen Ak doch nicht völlig spezifisch für Mastzellen, da auch ein sehr hoher Anteil anderer Peritonealexsudatzellen das Ag exprimiert. Es wurde diskutiert, daß diese Ag-positiven Zellen möglicherweise potentielle Mastzellpräkursoren sein könnten. Zur Klärung dieser Frage wurden die Peritonealmastzellen durch i. p.-Injektion von 10 ml Aqua dest. aus dem Peritoneum eliminiert und anschließend die Rekonstitution der Zellpopulation beobachtet. Die Ergebnisse der Untersuchungen zeigten, daß nach 7 Tagen eine Ag-positive Zellpopulation nachweisbar war, deren Anteil an der Gesamtpopulation während der folgenden Tage deutlich zunahm und nach weiteren 6–7 Tagen Kontrollwerte erreichte. Im Vergleich dazu traten nach Aqua-dest.-Behandlung morphologisch identifizierbare Mastzellen zeitlich verzögert auf [3] und erreichten erst zu einem späteren Zeitpunkt die Normalwerte. Dieses zeitliche Vorangehen der Ag-Expression vor der Ausdifferenzierung von Mastzellen unterstützt die Hypothese, daß die Ag-tragenden Zellen potentielle Mastzellpräkursoren sein können.

Im weiteren wurden mAK zur Charakterisierung von Kulturmastzellen eingesetzt. Als Ausgangsmaterial dienten Milzzellen, welche unter Zusatz von konditioniertem Medium kultiviert wurden. Nach etwa 9 Tagen entwickelten sich in den Milzzellkulturen die ersten Zellkolonien, die neben Lymphozyten mastzellähnliche Zellen enthielten. Während der weiteren Kultivierung nahmen die Lymphozyten quantitativ ab und verschwanden etwa zum 20. Tag völlig; gleichzeitig nahmen Anzahl, Größe, Granulierung und Histamingehalt der Mastzellen zu. Die Kulturmastzellen wurden sowohl durch Färbung mit Neutralrot bzw. Toluidinblau als auch über ihre Reaktion mit den mAK charakterisiert. Entsprechend ihrer Anfärbbarkeit und Ag-Expression während der Kultivationszeit wurde geschlußfolgert, daß sich atypische Mastzellen entwickeln, welche sowohl Charakteristika von Mastzellen des Bindegewebetyps als auch des Schleimhauttyps ausbilden [4].

Die präsentierten Ergebnisse demonstrieren die Eignung der mAK für Untersuchungen der Mastzelldifferenzierung in vivo und in vitro sowie zur Differenzierung zwischen Bindegewebezellen und Mastzellen anderer Gewebe. Weitere Projekte zur Absicherung dieser vorläufigen Ergebnisse sowie zur weiteren Untersuchung der Mastzelldifferenzierungsprozesse sind in Arbeit.

Literatur

1 Rossow N, Savoly B, Repke H, Odarjuk J (1986) Monoclonal antibodies against rat mast cells. Biomed Biochim Acta 45. 1343

2. Repke H, Rossow N, Savoly B, Odarjuk J, Karawajew L, Gomes J (1987) Monoclonal antibodies against rat mast cells differentiate between subtypes Agents and Actions 20. 216

3. Odarjuk J, Repke H, Rossow N, Karawajew L, Savoly B (1987) Use of monoclonal antibodies for the characterization of mast cell precursors and subtypes. 16th Meeting

of the European Histamine Research Society, Strbske Pleso, Czechoslovakia, May 20–24, 1987, abstracts p 76

4. Mendonca VO, Vugman I, Jamur MC (1986) Maturation of adult rat peritoneal and mesenteric mast cells. Cell Tissue Res 243: 635

Anschrift des Verfassers: Dr. Jutta Odarjuk, Institut für Wirkstofforschung der Akademie der Wissenschaften der DDR, Alfred-Kowalke-Straße 44, DDR-1136 Berlin, Deutsche Demokratische Republik.

Monoklonale Antikörper zur Bestimmung der Blutgruppe A

H. Musielski, K. Rüger und *J. Mohr*

Staatliches Institut für Immunpräparate und Nährmedien, Berlin,
Deutsche Demokratische Republik

Blutgruppentestseren bestehen aus besonders ausgewählten menschlichen Seren, deren Reaktionsparameter mit humanen Erythrozyten bekannter Herkunft gesetzlichen Bestimmungen (z. B Arzneibuch der DDR) gerecht werden müssen. In der Regel werden sie von freiwilligen, mit der jeweiligen Blutgruppensubstanz immunisierten Spendern gewonnen. Jedes für diese Zwecke gewonnene Serum wird selbst bei gleichen Spendern graduelle Unterschiede in der Avidität und im Titer aufweisen. Eine exakte Reproduzierbarkeit der Herstellung derartiger Testseren ist nicht gegeben. Im Gegensatz dazu lassen sich mit Hilfe der von Köhler und Milstein [1] entwickelten Hybridomtechnik geeignete Hybridomzellinien etablieren, deren monoklonale Antikörper (mAK) kosteneffektive Blutgruppenreagenzien mit den bisher höchstmöglichen Standardisierungsmöglichkeiten darstellen. In den zurückliegenden Jahren wurden eine Reihe von geeigneten Maus-mAK beschrieben, die mit den unterschiedlichsten Immunisierungsantigenen (Human-Colon-Karzinomzellen, intakte humane Erythrozyten, native und synthetische blutgruppenaktive Glykoproteine) und Immunisierungsschemata gewonnen wurden [2–7]. Vielfach resultierte aus diesen Arbeiten eine klinische Nutzung. Nachfolgend wird über einen mAK gegen das menschliche Blutgruppenmerkmal A und seine vorklinischen Testergebnisse berichtet.

Weibliche Balb/c-Mäuse (4 Wo.) wurden mit menschlichen A_1d-Erythrozyten immunisiert (Tabelle 1). Die Gewinnung der Milzzellen, die Zellfusion mit der

Tabelle 1. Immunisierungsschema

Tage vor der Fusion	Antigen
−50	2×10^7 A_1d Erythrozyten in 0 9% NaCl i p
−21	
−14	2×10^8 A_1d Erythrozyten in 0 9% NaCl i p
−7	
−3	2×10^7 A_1d Erythrozyten in 0 9% NaCl i v

Mausmyelomzelllinie P 3-0 (ZIM/AdW), die Klonierung und die Kultivierung von Hybridomzellen wurde nach den einschlägigen Standardmethoden durchgeführt [8].

Das Fusionsprodukt mit geeigneter antigenspezifischer mAK-Produktion soll näher charakterisiert werden.

Zwischen dem 7. und 14. Tag – vor dem ersten bzw. nach dem dritten Mediumwechsel – wurden die Zellkulturüberstände (ZKÜ) der Masterplatten einem Screening auf Vorhandensein von agglutinierenden mAK unterzogen. In Rundboden-Mikrotitrationsplatten wurden 50 µl Zellkulturüberstand mit 50 µl einer gewaschenen 2%igen A_1d-Erythrozytensuspension (in 0.9%iger NaCl-Lösung) 20 min bei Raumtemperatur inkubiert.

Von 749 wells mit Hybridomzellwachstum zeigten 53 ZKÜ eine positive Agglutinationsreaktion. Nach Klonselektion in 24-well-Platten wurde die Spezifität bewertet (Tabelle 2).

Der überwiegende Teil der Hybride produzierte mAK gegen unerwünschte Erythrozytenmembranantigene. Die ZKÜ der 3. Gruppe dieses Testes wurden einem Titervergleich mit 2%igen Testerythrozyten unterzogen (Tabelle 3).

Lediglich die mAK des Klons III 5 E 10 zeigten in ihrem Agglutinationsverhalten die Potenz für ein Testreagens. Nach einer zweifachen Reklonierung der

Tabelle 2. Screening selektierter Hybridome auf Spezifität

Gruppe	Phänotyp der Erythrozyten	Anzahl der Hybridome
1	A_1, A_2, A_1B, A_2B, B, O	37
2	A_1, A_2, A_1B	13
3	A_1, A_2, A_1B, A_2B	3

Tabelle 3. Titervergleich von 3 selektierten „Anti-A-Hybridzellklonen (Gr 3, Tabelle 2)"

Hybridzellklon	Testerythrozyten					
	A_1	A_2	A_1B	A_2B	B	O
III 3 A 8	64	64	2	2	–	–
III 3 D 3	16	16	32	16	–	–
III 5 E 10	512	512	512	256	–	–

Tabelle 4. Titer des vom Hybridzellklon III 5 E 10 produzierten mAK

Reklone	Testerythrozyten (2%ig)					
	A_1	A_2	A_1B	A_2B	B	O
III 5 E 10-F 3	4096	2048	4096	1024	–	–
III 5 E 10-H 3	2048	2048	4096	2028	–	–
III 5 E 10-C 9	2048	2048	2048	1024	–	–
III 5 E 10-D 5	4096	1024	2048	1024	–	–

Tabelle 5. Spezifische Reaktionsstarke

Testerythrozyten	Forderung lt AB-DDR	„Anti-A“, human (polyklonal)		„Anti-A“ mAK	
		Zahl der untersuchten Blute	Reaktionsstarke	Zahl der untersuchten Blute	Reaktionsstarke
A_1	mindestens	20	15 × 4+	53	52 × 4+
A_2	3+		5 × 3+		1 × 3+
	mindestens	17	4 × 4+	33	32 × 4+
A_1B	3+		13 × 3+		1 × 3+
	mindestens	20	20 × 4+	34	34 × 4+
A_2B	3+				
	mindestens	11	7 × 3+	20	11 × 4+
	2+		4 × 2+		8 × 3+
					1 × 2+
O	negativ	20	negativ	50	negativ
B	negativ	20	negativ	40	negativ

Tabelle 6. Titerbestimmung

Testerythrozyten	Forderung lt. AB-DDR	„Anti-A", human (polyklonal)			„Anti-A", mAK		
		Zahl der Bestimmungen	Titer	Scorewert	Zahl der Bestimmungen	Titer	Scorewert
A_1	1 64	16	8×1.128 8×1 64	43	16	7×1 128 9×1 64	51
A_2	1·16	14	6×1:64 8×1 32	30	14	2×1 128 9×1:64 3×1 32	48
A_1B	1.32	12	8×1 64 4×1.32	40	12	5×1.128 7×1.64	45
A_2B	1 8	12	3×1 32 3×1 16 6×1.8	17	14	8×1:64 4×1 32 2×1 16	31

Die angegebenen Scorewerte entsprechen dem arithmetischen Mittel aus jeweils 10 Bestimmungen

Tabelle 7. Aviditat – Beginn der Agglutination (in Sekunden)

Testerythrozyten	Forderung lt AB-DDR	„Anti-A", human (polyklonal)			„Anti-A", mAK		
		Zahl der Bestimmungen	Beginn der Aggl. nach	Arithm. Mittel	Zahl der Bestimmungen	Beginn der Aggl nach	Arithm Mittel
A_1	60 s	12	3 bis 5 s	4 s	17	4 bis 8 s	6 s
A_2	60 s	12	6 bis 10 s	8 s	18	5 bis 11 s	8 s
A_1B	60 s	12	4 bis 6 s	5 s	13	3 bis 10 s	5 s
A_2B	60 s	12	17 bis 45 s	30 s	14	8 bis 28 s	15 s

Hybriden der 2. und 3. Gruppe konnte auch nur für den Klon III 5 E 10 eine Erhöhung des Titers bei gleichbleibender spezifischer Wirkung mit 2%igen Testerythrozyten registriert werden (Tabelle 4). Die Isotypcharakterisierung ergab für alle Reklone des Hybrids III 5 E 10 den IgM-Typ.

Von den Klonen III 5 E 10-H 3 und -D 5 wurde in der stationären Kultur eine ausreichende Menge ZKÜ gewonnen (etwa 1 l), um eine Prüfung entsprechend den Forderungen der Monografie für Blutgruppentestseren „Anti-A“ des AB-DDR vorzunehmen. Die eingesetzten Testerythrozyten lagen als 5%ige Suspension in 0.9%iger Natriumchloridlösung vor. Die Prüfung auf Reaktionsstärke ergab, daß die mAK der ZKÜ die mitgeführten staatlich gepruften Blutgruppentestseren „Anti-A“ in der Reaktionsstärke übertrafen. Besonders deutlich konnte das für die Testerythrozyten der Blutgruppenmerkmale A_2 und A_2B belegt werden, deren Agglutinate auch eine wesentlich höhere Stabilität nach kurzzeitigem Schutteln aufwiesen (Tabelle 5).

Ein vergleichbares Bild ergab sich bei der Bestimmung des *spezifischen Titers* (Tabelle 6). Die mAK der ZKÜ erzielten mit den Testerythrozyten der Blutgruppenmerkmale A_1 und A_1B die gleichen Resultate wie das polyklonale Testserum „Anti-A“. Sie ubertrafen dieses Testserum jedoch für die Blutgruppenmerkmale A_2 und A_2B deutlich. In der Überprüfung der *Avidität* (Zeitpunkt des Agglutinationsbeginns) entsprachen die mAK der ZKÜ dem Blutgruppentestserum „Anti-A“ fur die Blutgruppenmerkmale A_1, A_1B und A_2 und zeigten eine deutlich starkere Reaktivität mit dem Merkmal A_2B (Tabelle 7).

Die ermittelten Reaktionsparameter blieben bisher bei einer Lagerung von 15 Monaten bei 4 °C für die sterilfiltrierten und mit Natriumazid konservierten ZKÜ unverändert.

Vorteile monoklonaler Blutgruppentestreagenzien gegenüber konventionellen Blutgruppentestseren:

Einheitliche Zusammensetzung und höchste Reproduzierbarkeit mit vereinfachter Qualitätskontrolle.

Unbegrenzte Verfügbarkeit durch Wahl der entsprechenden Zelltechnologie (z. B. Perfusionsfermentor).

Kosteneffektivität.

Wegfall der Immunisierung von Spendern und Herabsetzung von Infektionsrisiken für Spender und Bearbeiter.

Zusammenfassung

Die mAK der Zellkulturüberstände der nach Zellhybridisierung etablierten Hybridzellklone III 5 E 10-H 3 bzw. -D 5 entsprechen in allen Punkten den Forderungen des Arzneibuches der DDR. In der Agglutination mit Erythrozyten der Blutgruppenmerkmale A_2 und A_2B werden diese Forderungen deutlich übertroffen.

Literatur

1 Kohler G, Milstein C (1975) Continuous cultures of fused cells secreting antibody of predefined specificity Nature 256 495

2 Majdic O, Knapp W, Vetterlein M, Mayr WR, Speiser P (1979) Hybridomas secreting monoclonal antibodies to human group A erythrocytes Immunobiology 156 226

3. Voak D, Sacks S, Alderton T, Takei F, Lennox E, Jarvis I, Milstein C, Darnborough J (1980) Monoclonal anti-A from a hybrid myeloma: evalution as a blood grouping reagent Vox Sang 39: 134
4. Munro AC, Inglis G, Blue A, Sheridan R, Mitchel R (1982) Mous monoclonal anti-A and anti-B as routine blood grouping reagents: an evaluation. Med Lab Sci 39. 123
5. Moore S, Scott A, Micklem L, Chirnside A, James K, McClelland B (1983) Evalution of monoclonal antibodies to blood group A Dev Biol Stand 55· 49
6. Lowe AD, Lennox ES, Voak D (1984) A new monoclonal anti-A· culture supernatants with the performance of hyperimmune human reagents. Vox Sang 46: 29
7. Messeter L, Brodin T, Chester MA, Löw B, Lundblad A (1984) Mouse monoclonal antibodies with anti-A, anti-B and anti-A_1B specificities: some superior to human polyclonal ABO reagents. Vox Sang 46: 185
8. Peters IH, Baumgarten H, Schulze M (1985) Monoklonale Antikörper-Herstellung und Charakterisierung. Springer, Berlin Heidelberg New York Tokyo

Anschrift des Verfassers: Dr. H Musielski, Staatliches Institut für Immunpräparate und Nährmedien, Klement-Gottwald-Allee 317 – 321, DDR-1120 Berlin, Deutsche Demokratische Republik

Aktivitätsbeurteilung von Immunzellen bei Autoimmunopathien und Monitoring bei Immunosuppression mittels monoklonaler Antikörper sowie deren Einsatz zur Rejektionstherapie

Immundiagnostik von Autoimmunkrankheiten mit monoklonalen Antikörpern (mAK) der BL-Serie

K. Malberg, F. Wietschel, M. Löbnitz und *P. Kästner*

Abteilung für Klinische Immunologie der Medizinischen Klinik, Medizinische Akademie, Erfurt, Deutsche Demokratische Republik

T-Lymphozyten sind als Regulator- und Effektorzellen entscheidend an der Pathogenese von Autoimmunkrankheiten beteiligt [1, 2]. Sowohl eine Zu- als auch Abnahme des T_H/T_S-Zellverhaltnisses gilt heute als gesichert [3]. Seit einigen Jahren sind mit mAK durch Markierung von Membranaktivierungsantigenen aktivierte T-Zellen nachzuweisen [4]. Über ihre Bestimmung wird eine verbesserte immunologische Aktivitätsdiagnostik sowie ein sicheres Monitoring des Verlaufs und der Therapie von Autoimmunkrankheiten erwartet [4, 5]. Wir berichten über Untersuchungen an peripheren Blutlymphozyten von entsprechenden Patienten mit monoklonalen Antikörpern der BL-Serie.

Material und Methoden

17 gesunde Blutspender, 18 Patienten mit systemischem Lupus erythematodes (SLE), 16 mit Rheumatoidarthritis (RA), 10 mit progressiver systemischer Sklerodermie und 4 mit Spondylarthritis ankylosans (SPA) wurden untersucht. Die Aktivität des SLE wurde anhand der ARA-Kriterien [6], die der RA mittels der AFG Rheumatologie [7] festgelegt. Die Patienten erhielten zum Untersuchungszeitpunkt keine Immunsuppressiva. Bei 5 SLE- und 4 RA-Patienten mit Exazerbation unter nichtsteroidaler Therapie wurde die Wirkung einer Prednisolut-Pulse-Therapie (3 × 500 mg/d) verfolgt.

Die durch Dichtegradientenzentrifugation aus dem Blut isolierten mononukleären Zellen [8] wurden im serumfreien Kulturmedium 45 min bei 37 °C inkubiert. Die Lymphozytenmembranantigene wurden mit der indirekten Immunfluoreszenztechnik unter Anwendung der Objektträgermethode [9] markiert. Die Zellauswertung erfolgte mit dem Fluoreszenzmikroskop Jenamed fl (VEB Carl Zeiss Jena, DDR).

Verwendet wurden folgende mAK [10]: BL-TP 3 (CD 3), BL-TH 4 (CD 4), BL-TS 8 (CD 8), BL-LGL (CD 16) und BL-Ig-L/1. Aktivierte T_H-Zellen — HLA-DR^+ T_H-Zellen — wurden mit dem mAK BL-TH 4 indirekt und dem mAK TRITC-BL-Ia/4 (HLA-DR) direkt markiert.

Ergebnisse und Diskussion

Die Bestimmung der Lymphozytenpopulationen und -subpopulationen ergab (Tabelle 1), daß im Vergleich zu Gesunden die Prozentanteile der TP 3^+-Zellen bei allen untersuchten Autoimmunkrankheiten mit Ausnahme der RA abnehmen, der TH 4^+- und TS 8^+-Zellen gleichbleiben, der Ig-L^+-Zellen nur beim SLE und der SPA größer werden und der LGL^+-Zellen bei der SPA zunehmen.

Am auffälligsten sind die hohen Zahlen HLA-DR^+ T_H-Zellen bei allen Autoimmunkrankheiten (Tabelle 1). Die großen Standardabweichungen weisen auf eine heterogene Verteilung der Krankheitsgruppen hin. Die Prozentanteile der HLA-DR^+ T_H-Zellen korrelieren nicht mit den Aktivitätsgraden des SLE und der RA (Tabelle 2).

Nach der Prednisolut-Pulse-Therapie fällt die Prozentzahl HLA-DR^+ T_H-Zellen innerhalb 4 Wochen sowohl bei SLE- als auch bei RA-Patienten drastisch ab (Abb. 1). Mehr bei den RA-, weniger bei den SLE-Patienten, nimmt parallel zu den HLA-DR^+ T_H-Zellen auch die Krankheitsaktivität ab (Abb. 1). Bei den wenigen bisher über längere Zeit untersuchten SLE-Patienten erreichten die HLA-DR^+ T_H-Zellen innerhalb von 2 Monaten wieder ihre Ausgangswerte (Abb. 1).

Aus unseren Bestimmungen der HLA-DR^+ T_H-Zellen sind folgende vorläufige Schlußfolgerungen zu ziehen:

1. Bei verschiedenen Autoimmunkrankheiten sind hohe Prozentanteile HLA-DR^+ T_H-Zellen zu finden. Sie zeigen unspezifisch eine T-Lymphozytenaktivierung an.

Tabelle 1. Prozentanteile (Mittelwerte ± s) der mit verschiedenen BL-monoklonalen Antikörpern markierten Blutlymphozyten von Blutspendern und Patienten mit verschiedenen Autoimmunkrankheiten

Monoklonaler Antikörper	Blutspender (17)	SLE (18)	RA (16)	Skerodermie (10)	SPA (4)
BL-TP 3	77 ± 8	67 ± 10*	72 ± 7	64 ± 9*	61 ± 5*
BL-TH 4	50 ± 12	46 ± 7	46 ± 7	45 ± 7	50 ± 10
BL-TS 8	29 ± 13	24 ± 7	28 ± 7	21 ± 8	16 ± 4
BL-Ig-L/1	18 ± 5	25 ± 9*	18 ± 9	24 ± 13	26 ± 5*
BL-LGL	11 ± 4	10 ± 6	13 ± 5	11 ± 4	16 ± 5*
BL-Ia/4 + BL-TH 4	0,6 ± 0,9	31 ± 24*	31 ± 30*	32 ± 33*	47 ± 19*

( ) Probandenzahl, * signifikant different vom Blutspenderwert

Tabelle 2. Prozentzahlen HLA-DR^+ T_H-Zellen (Mittelwerte ± s) im peripheren Blut von Patienten mit SLE und RA unterschiedlichen Aktivitatsgrades

Aktivitätsgrad	% I a/4^+ T_H-Zellen	
	SLE	RA
I	37 ± 4 (4)	—
II	25 ± 16 (3)	18 ± 18 (4)
III	44 ± 22 (5)	31 ± 37 (9)

( ) Probandenzahl

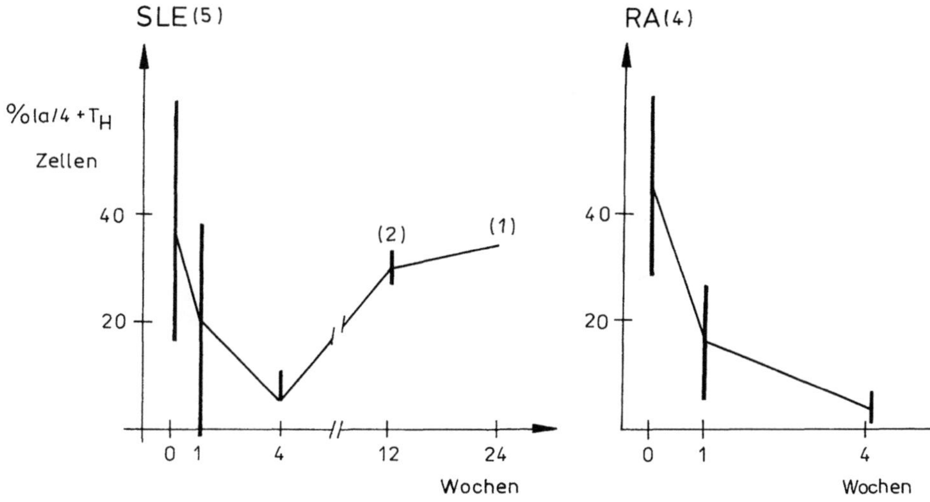

Abb. 1. Kinetik der prozentualen Anteile (Mittelwert + s) HLA-DR$^+$(Ia/4$^+$) T_H-Zellen im peripheren Blut von SLE- und RA-Patienten nach einer Prednisolut-Stoßtherapie (3 × 500 mg/d), *0* Ausgangswerte unmittelbar vor Therapiebeginn, ( ) Probandenzahl Unter den Kurven ist die Verteilung der Patienten nach dem Aktivitatsgrad ihrer Krankheit zum Zeitpunkt der Blutentnahmen angegeben

2. Der prozentuale Anteil der HLA-DR$^+$ T_H-Zellen korreliert nicht mit dem klinischen Bild der Aktivität des SLE oder der RA.

3. Die Effektivitätskontrolle einer hochdosierten immunsuppressiven Therapie scheint möglich zu sein.

Unsere Resultate stimmen in der Wertung der HLA-DR$^+$ T_H-Zellen als Aktivitätsparameter mit denen von Clegg et al. [11] sowie Kitani et al. [12] überein, stehen aber zum Teil im Gegensatz zu denen von Volk et al. [13]. Die abweichenden Befunde von denen der zuletzt erwähnten Autoren sind wahrscheinlich durch Differenzen in der klinischen Aktivitätsbeurteilung des Krankheitsprozesses sowie durch eine unterschiedliche medikamentöse Therapie erklärbar.

Literatur

1 Schwartz RS, Rose NR (1986) Autoimmunity Experimental and clinical aspects Ann NY Acad Sci 475
2 Cruse JM, Lewis RE jr (eds) (1986) Immunoregulation and autoimmunity Karger, Basel
3 Padula SJ, Klark RB, Korn JH (1986) Cell-mediated immunity in rheumatic disease Human Pathol 17· 254–263
4 Krensky AM, Clayberger C (1985) Diagnostic and therapeutic implications of T cell surface antigens Transplantation 39. 339–348
5 Katz DH (1982) Monoclonal antibodies and T cell products CRC Press, Boca Raton
6 Tan EM, Cohen AS, Fries JF, Masi AT, McShane DJ, Rothfield NF, Schaller JG, Talal N, Winchester RJ (1982) The 1982 revised criteria for the classification of systemic Lupus erythematosus Arthritis Rheum 25 1271–1277
7 Mitteilungen fur rheumatologisch tatige Ärzte in der DDR I , 17. 6 1975
8 Boyum A (1976) Isolation of lymphocytes, granulocytes and macrophages Scand J Immunol 5 [Suppl 5] 9–15

9. Kupper H, Typlt H, Grimmecke HP, Fiebig H (1983) Objektträger zur immunofluoreszenzmikroskopischen und enzymimmunologischen Erfassung von Zellmembranantigenen. Allerg Immunol 29: 223–228
10. Fiebig H, Behn I, Ambrosius H (1986) Monoklonale Antikörper zum Nachweis humaner Lymphozytenpopulationen sowie ihrer Aktivierungsstadien. Z Klin Med 41: 509–512
11. Clegg DO, Pincus SH, Zom JJ, Ward JR (1986) Circulation HLA-DR bearing T-cells. J Rheumatol 13: 870–874
12. Kitani A, Hara M, Hirose T, Norioka K, Hirose W, Kawayoe M, Nakamura H (1986) Kinetic analysis of IA expression on T-cells in persons with systemic lupus erythematosus. J Clin Lab Immunol 19: 59–63
13. Volk HD, Barthelmes H, Grunow R, Lande L, Pfeil S, Fiebig H, Sönnichsen N, von Baehr R (1987) Möglichkeiten zum Nachweis aktivierter T-Lymphozyten in vivo und in vitro. Z Klin Med 42: 65–68

Anschrift des Verfassers: Dr. K. Malberg, Abteilung fur Klinische Immunologie der Medizinischen Klinik, Medizinische Akademie, DDR-5060 Erfurt, Deutsche Demokratische Republik.

Einsatz monoklonaler Antikörper der BL-Serie zur Bestimmung von aktivierten T-Lymphozyten bei ausgewählten Krankheitsbildern

B. Wilke, B. Bandemir und *C. O. Brachwitz*

Bezirkskrankenhaus Neubrandenburg, Klinik und Poliklinik fur Hautkrankheiten, Neubrandenburg, Deutsche Demokratische Republik

Bei der Regulation des Immunsystems kommt den T-Lymphozyten, die die wesentlichen Immunreaktionen vermitteln, eine zentrale Rolle zu. Die Aktivierung von T-Lymphozyten und somit die Induktion der Immunreaktionen ist in der Regel dem klinischen Erscheinungsbild der jeweiligen Erkrankung vorgeschaltet, so daß klinische und paraklinische Parameter, die zur Diagnostik, Therapieeinstellung und Therapieverfolgung herangezogen werden, Folgeerscheinungen bereits in Gang gesetzter bzw. abgelaufener Immunreaktionen sind und nicht in jedem Falle mit der Aktivität des Immungeschehens bzw. des Krankheitsprozesses korrelieren

Die hier vorgelegte Studie hatte das Ziel, zu prüfen, inwieweit die Bestimmung aktivierter T-Lymphozyten im peripheren Blut eine Einschätzung des Aktivitätsstadiums des Krankheitsbildes erlaubt bzw. ein geeigneter Verlaufsparameter in der Therapieverfolgung sein konnte, ob das Auftreten HLA-DR$^+$ T-Lymphozyten mit den klinischen Parametern korreliert und ob eine qualitative Verbesserung der Einschätzung des Therapieerfolges gegenüber bisherigen Parametern erreicht werden kann.

Untersucht wurden Patienten mit Erkrankungen, die größtenteils einen chronisch rezidivierenden Verlauf zeigen und deren Pathomechanismus z. T. noch nicht völlig aufgeklärt ist. Die Bestimmung der HLA-DR$^+$ T-Lymphozyten erfolgte aus dem Gesamtpool der mononukleären Zellen mittels monoklonaler Antikörper der BL-Serie* [1]. Die peripheren Lymphozyten wurden aus heparinisiertem Venenblut mittels Dichtegradientenzentrifugation mit Visotrast/Dextran gewonnen, dreimal mit PBS gewaschen und unter Anwendung der Objektträgermethode [1] mit Hilfe der indirekten Immunfluoreszenztechnik (FITC markiertes Ziegen-Anti-

* Die Antikorper wurden uns freundlicherweise von Professor Fiebig, Sektion Biowissenschaften der Karl-Marx-Universität Leipzig, zur Verfugung gestellt.

Maus-Ig-Serum, SIFIN, Berlin) unter dem Fluoreszenzmikroskop (Jenalumar, Zeiss Jena, DDR) charakterisiert. Zur Anwendung kamen die monoklonalen Antikörper BL-TP_3, BL-DR_4, BL-TH_4, BL-TS_8, BL-Tac.

Der prozentuale Anteil der HLA-DR^+ T-Lymphozyten wurde nach der Additionsmethode [2] ermittelt, bei der aus drei unterschiedlichen Präparaten die Berechnung der aktivierten T-Lymphozyten erfolgte. In einer Gruppe von 48 klinisch gesunden Personen wurde ein relativer Anteil HLA-DR^+ T-Lymphozyten von 5,5—3,9% sowie ein absoluter Anteil von 90—58 Ly/µl ermittelt (Abb. 1).

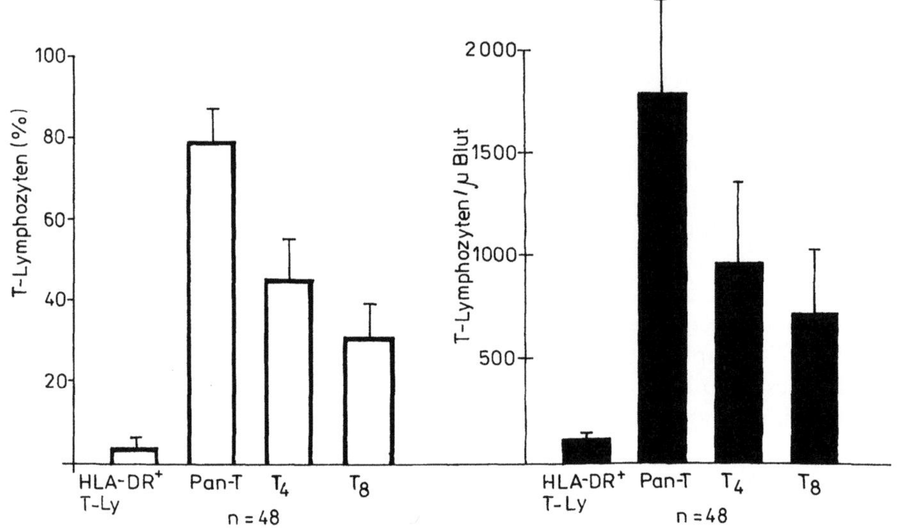

Abb. 1. Anteil von T-Zell Subpopulationen sowie aktivierter T-Lymphozyten am Gesamtpool zirkulierender T-Lymphozyten, bestimmt im peripheren Blut von gesunden Kontrollpersonen. Die Bestimmung der T-Lymphozyten erfolgte mit Hilfe der indirekten Immunfluoreszenzmethode unter Anwendung der monoklonalen Antikörper BL-TP_3, BL-TH_4, BL-TS_8 und BL-DR_4. Dargestellt sind die Mittelwerte + 1 SD der relativen (links) sowie der absoluten (rechts) Werte

Eine Gruppe von 58 Patienten mit Psoriasis vulgaris wurde bei akuter Exazerbation sowie im Therapieverlauf bis etwa 20 Tage beobachtet. Aus diesem Kollektiv gingen 50 Patienten in die Auswertung ein. Bei diesen Patienten konnte im Stadium der Exazerbation kein Anstieg des Anteiles HLA-DR^+ T-Lymphozyten gegenüber klinisch gesunden Personen gefunden werden. Die Bestimmung der absoluten Zahl aktivierter T-Lymphozyten in einer Gruppe von 23 Patienten erbrachte das gleiche Ergebnis (Abb. 2). Es wurden keine deutlichen Veränderungen im Verhältnis der T-Zell Subpopulationen gefunden. Das Verhältnis der T-Helfer/Inducer (TH_4) zu T-Suppressor/zytotoxischen Lymphozyten (TS_8) war bei den untersuchten Patienten nicht verändert.

Die von uns erhobenen Befunde stimmen mit Untersuchungen von Willenze et al. [3] sowie mit Volk (persönliche Mitteilung) überein.

Andererseits werden in der Literatur auch eine Verminderung der Pan-T-Lymphozytenzahl und der T-Helfer-Zellen [4, 5] sowie der T-Helfer/T-Suppressor-Ratio [5, 6] und auch ein erhöhter Anteil aktivierter T-Zellen [5] beschrieben.

In der Haut von Patienten mit Psoriasis vulgaris konnte mit Hilfe der Peroxidase-Antiperoxidasemethode eine Aktivierung von T-Helfer Zellen [7], eine verstärkte Infiltration der Dermis und Epidermis mit T-Helfer Zellen und HLA-DR positiven Langerhanszellen [8, 9] nachgewiesen werden. Eine Verbesserung der Therapie im Sinne einer vorbeugenden Behandlung und Verhinderung erneuter Exazerbation läßt sich nach unseren Ergebnissen mit Hilfe der Bestimmung der aktivierten T-Lymphozyten im peripheren Blut bei Patienten mit Psoriasis vulgaris nicht erreichen.

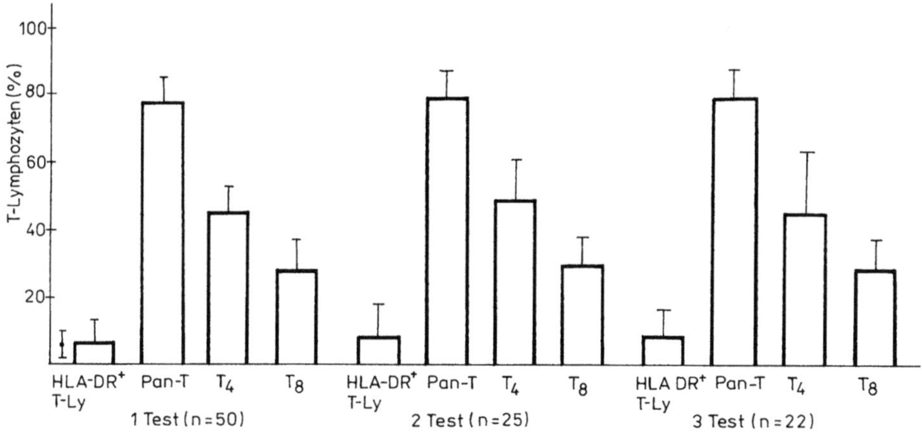

Abb. 2. Anteil aktivierter T-Zellen sowie T-Zell Subpopulationen am Gesamtpool zirkulierender T-Lymphozyten von Patienten mit Psoriasis vulgaris. Methode und eingesetzte Antikörper (siehe Legende Abb 1) Die Blutentnahmen erfolgten in der akuten Krankheitsphase vor Behandlungsbeginn (1 Test), 10 Tage (2 Test) sowie 20 Tage (3 Test) nach Beginn der Therapie

Die Beteiligung T-zellvermittelter Immunreaktionen beim atopischen Ekzem erfahrt in den letzten Jahren mehr und mehr Interesse. Von 30 Patienten mit atopischem Ekzem wurden von uns 16 Patienten in eine Verlaufsstudie aufgenommen.

In der Verlaufsuntersuchung über ca. 1 Jahr ließen sich bei den 16 Patienten 2 Gruppen mit unterschiedlichem Reaktionsmuster beobachten. Eine Gruppe von 7 Patienten zeigte im peripheren Blut unabhängig vom jeweiligen Hautbefund keine signifikanten Veränderungen der T-Zell-Subpopulationen sowie des T_H/T_S-Quotienten im Vergleich zum Kontrollkollektiv (Abb. 3). Bei weiteren 7 Patienten konnte in der akuten Phase ein Anstieg der aktivierten T-Lymphozyten nachgewiesen werden, der unter Therapie wieder abfiel bei gleichzeitiger Besserung des Hautbefundes.

In der Verlaufsbeobachtung konnte bei 2 Patienten eine wiederholte, zeitlich begrenzte Zunahme der aktivierten T-Zellen beobachtet werden (Abb. 3). Dabei fiel auf, daß der Anstieg der aktivierten T-Zellen einer Verschlechterung des Hautbefundes vorgeschaltet war. Diese Ergebnisse stimmen mit neueren Auffassungen in der Literatur überein, daß das atopische Ekzem eine heterogene Erkrankung

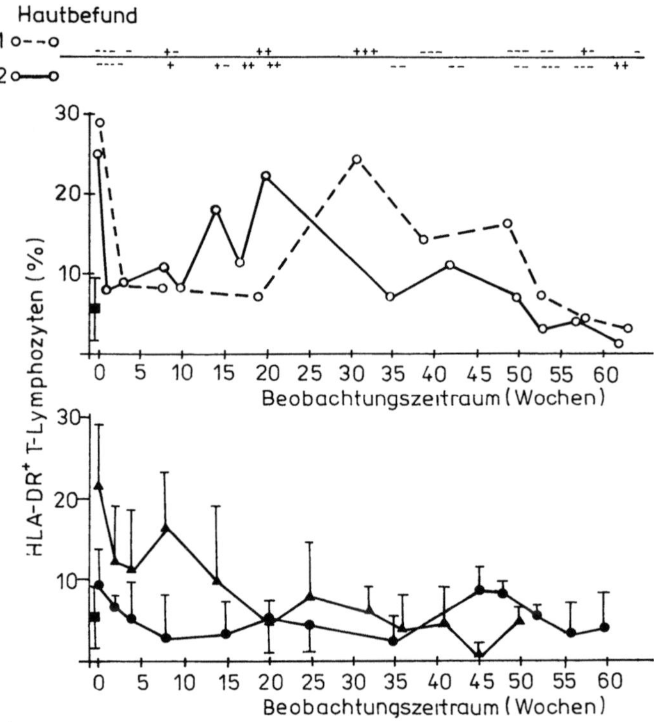

Abb. 3. Verlaufsbeobachtungen bei Patienten mit atopischem Ekzem über etwa 1 Jahr zum Nachweis aktivierter T-Lymphozyten. T-Zell Aktivierung in Beziehung zum Hautbefund (+ + + ohne Hauterscheinungen, + + vereinzelte Effloreszenzen, + kleinflächige Effloreszenzen, — flächenhafte Effloreszenzen, – – großflächige Effloreszenzen, – – – akute Exazerbation) bei zwei Patienten in der Verlaufsbeobachtung (oberes Diagramm). Mittelwerte + 1 SD von jeweils sieben Patienten mit T-Zell Aktivierung (▲) beziehungsweise ohne T-Zell Aktivierung (●) (unteres Diagramm). Mittelwert + 1 SD von 48 Normalpersonen (■)

ist und bei verschiedenen Patienten unterschiedlichen pathogenetischen Mechanismen unterliegt. Bei einer Gruppe von Patienten werden keine immunologischen Abweichungen gefunden. Hier wird die unspezifische Freisetzung von Mediatoren als auslösender Faktor diskutiert [10]. In diese Kategorie würden die von uns untersuchten Patienten ohne Aktivierung von T-Lymphozyten eingeordnet werden können. Eine zweite Kategorie umfaßt Patienten mit immunregulatorischen Abnormalitäten, bei denen Allergene eine wesentliche Rolle spielen könnten und/oder T-zellvermittelte Immunmechanismen an der Pathogenese der Erkrankung beteiligt sein könnten [10, 11, 12]. Der Nachweis aktivierter T-Lymphozyten in der Zirkulation einiger Patienten deutet auf die Beteiligung zellvermittelter Prozesse hin. Allerdings ist auch eine vermehrte Auseinandersetzung mit Krankheitserregern, die über die defekte Haut eindringen können, nicht auszuschließen. Bereits frühere Untersuchungen weisen auf eine signifikante Verminderung der T-Suppressorzellen hin [10, 13], die von uns nicht gefunden wurde, wobei wir ein funktionelles Fehlverhalten nicht ausschließen können.

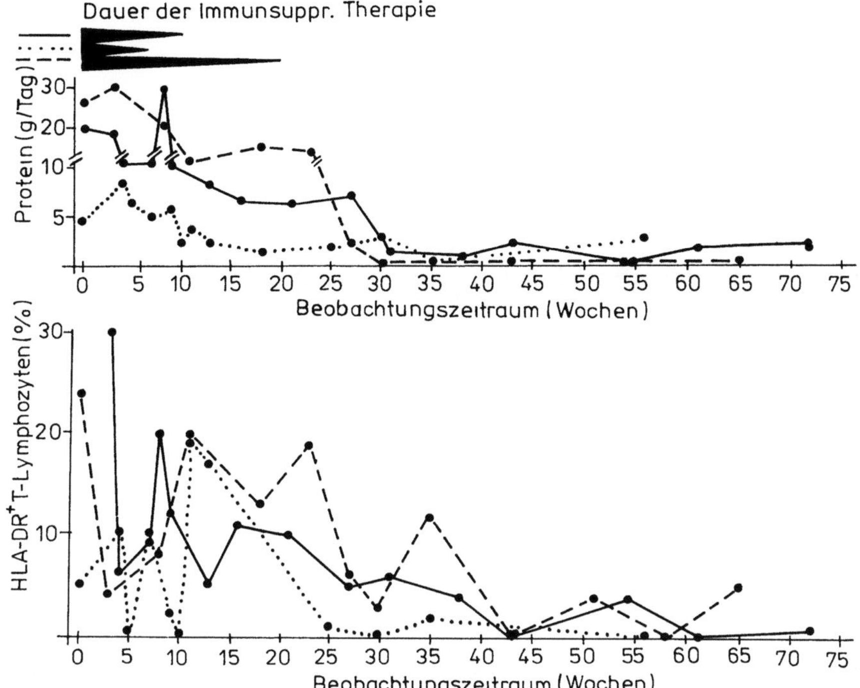

Abb. 4. Bestimmung der aktivierten T-Lymphozyten und der Proteinurie bei Patienten mit IgA-Glomerulonephritis vor Therapie sowie unter und nach immunsuppressiver Therapie (Einzelverlaufe von 3 Patienten) *Immunsuppressive Therapie* Chlorampucil 150 mg/Tag uber 10 Tage in Kombination mit 100 mg Prednisolon in abfallender Dosierung Nach 2 Wochen Methylprednisolonstoßtherapie 3 × 1 Prednisolonmonotherapie 150 mg/Tag in abfallender Dosierung Prednisolonmonotherapie 60 mg/Tag in abfallender Dosierung

Von 30 Patienten mit Glomerulonephritis gingen 10 mit immunhistologisch gesicherter IgA Glomerulonephritis der klinischen Klassifikation I—V in eine Verlaufsstudie über etwa 1 Jahr ein. Bei 3 Patienten fanden wir eine gute Übereinstimmung zwischen der Proteinurie und dem Auftreten aktivierter T-Lymphozyten (Abb. 4).

In einer Gruppe von 4 Patienten zeigte sich eine konstant geringe Proteinurie, die keine Veränderungen über den Beobachtungszeitraum aufwies (Abb. 5, oben). Bei einem Teil der Patienten unterlag der Anteil der aktivierten T-Lymphozyten jedoch erheblichen Schwankungen, ohne daß sich dies in Veränderungen der Proteinurie widerspiegelte (Abb. 5, unten). Da die Proteinurie am Ende einer Effektorkette unerwünschter Entzündungsreaktionen steht, könnte das Auftreten aktivierter T-Lymphozyten auf Autoimmunprozesse hindeuten. In solchen Fällen kann die Bestimmung der aktivierten T-Lymphozyten als Hinweis auf aktuell ablaufende Immunreaktionen von besonderem Interesse sein.

Die hier gezeigten Ergebnisse weisen darauf hin, daß die Glomerulonephritis ein immunologisch heterogenes Krankheitsbild ist und daß T-zellvermittelte Immunreaktionen durchaus am Krankheitsgeschehen beteiligt sein können. Die im-

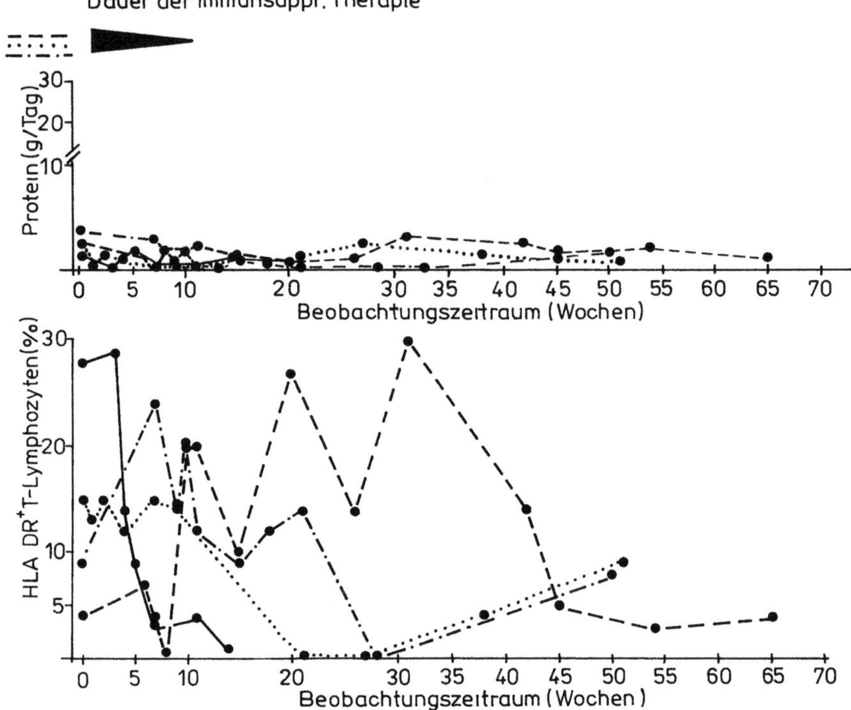

Abb. 5. Verlaufsbeobachtung von Proteinurie und aktivierten T-Lymphozyten bei Patienten mit IgA-Glomerulonephritis nach Diagnose, unter Therapie sowie nach Therapie bei 4 Patienten *Immunsuppressive Therapie* 50 mg Cyclophosphamid für 10 Tage in Kombination mit 100 mg Prednisolon in abfallender Dosierung Cyclophosphamid Stoßtherapie (1 g) in vierwöchigen Abständen

munologische Heterogenität der Glomerulonephritis wird bereits von Rothschild und Chatenoud [14] beschrieben. Möglicherweise ergeben sich aus der immunologischen Aktivitätsbestimmung neue Richtlinien für den Einsatz der immunsuppressiven Therapie bei GN Patienten. Zur Verifizierung dieser Befunde muß die Zahl der untersuchten Patienten, insbesondere im Langzeitverlauf, erhöht werden.

Die Sarkoidose zählt zu den systemisch granulomatösen Erkrankungen ungeklärter Ätiologie, bei der die Frage nach einer systemischen Dysregulation des Immunsystems noch unbeantwortet ist.

Insgesamt 26 Patienten mit röntgenologisch diagnostizierter Sarkoidose, die bis zum Zeitpunkt der Untersuchung sowie während der Untersuchung keiner Therapie unterzogen worden waren, wurden von uns bisher untersucht. Davon gingen 13 Patienten in die Verlaufsstudie ein. Bei 11 Patienten wurde über den Untersuchungszeitraum keine wesentliche Erhöhung sowohl des relativen (Abb. 6, unten) als auch des absoluten (Abb. 6, oben) Anteils aktivierter T-Lymphozyten gefunden. Veränderungen des Verhältnisses der T-Zell-Subpopulationen konnten im Vergleich zu gesunden Kontrollpersonen nicht beobachtet werden. Dieser Befund stimmt mit neueren Erkenntnissen überein, nach denen es bei der Sarkoidose hauptsächlich am Ort des Geschehens, also in der Lunge, zur Aktivierung von T-

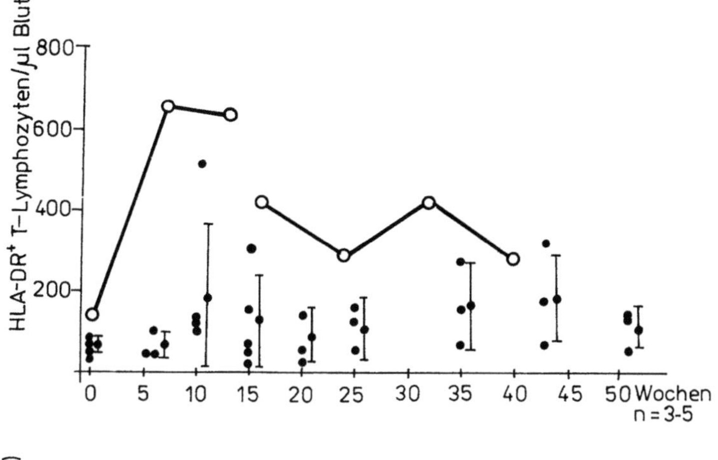

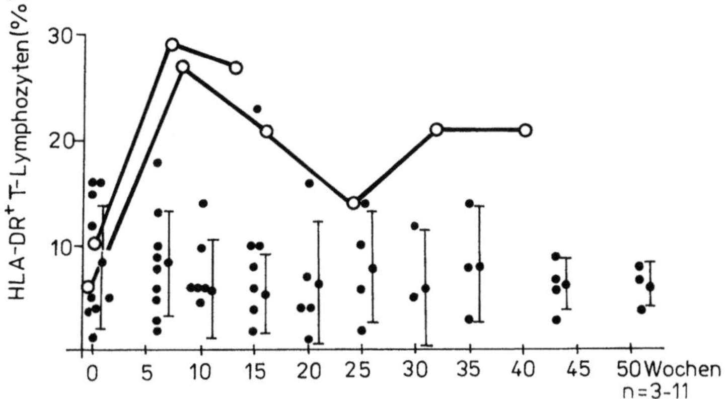

Abb. 6. Bestimmung der aktivierten T-Lymphozyten bei 13 Patienten mit Sarkoidose im Stadium I uber einen Zeitraum von etwa einem Jahr. Darstellung der Einzelverlaufe von 2 Patienten mit T-Lymphozytenaktivierung (○) sowie der Einzelwerte und der daraus resultierenden Mittelwerte + 1 SD einer Gruppe von 11 Patienten (●) als absoluter (obere Graphik) und als relativer Anteil der aktivierten T-Lymphozyten

Zellen und Makrophagen kommt, die sich im peripheren Blut (systemische Aktivierung) nicht widerspiegelt. Als auslosender Faktor wird vorrangig die Hypothese der persistierenden Antigenaktivierung diskutiert [15]. Eine Erhöhung sowohl des prozentualen als auch des absoluten Anteils aktivierter T-Lymphozyten im peripheren Blut wurde bei 2 der von uns untersuchten Patienten beobachtet (Abb. 6). Eine Beurteilung der Krankheitsaktivität mittels Untersuchungen der peripheren T-Lymphozyten scheint daher nicht möglich.

Aus den hier gezeigten Ergebnissen möchten wir schlußfolgern, daß die Bestimmung des Anteils HLA-DR positiver T-Lymphozyten im peripheren Blut ein wertvoller Parameter bei der individuellen Therapieverfolgung bei verschiedenen Krankheitsbildern sein kann und bei noch ungeklärter Pathogenese wie z. B. dem atopischen Ekzem Hinweise auf mögliche Pathomechanismen erhalten werden können. Vergleichende Untersuchungen sowohl im peripheren Blut als auch am unmittelbaren Ort des Krankheitsgeschehens könnten die Aussagefähigkeit dieses Parameters noch erhöhen.

Literatur

1 Behn I, Kupper H, Fiebig H (1984) Testansatz monoklonaler Antikörper zur qualitativen Bestimmung von humanen T- und B-Zellen durch Enzymbrückentechnik unter Verwendung monoklonaler Anti-Meerrettichperoxidase-Antikörper Wiss Z Karl-Marx-Universität Leipzig, Math Naturw R 33, 6: 668–671
2 Volk HD, Barthelmes H, Grunow R, Laude L, Pfeil S, Fiebig H, Sönnichsen N, von Baehr R (1987) Möglichkeiten zum Nachweis aktivierter T-Lymphozyten in vivo und in vitro. 2 Nachweis aktivierter T-Lymphozyten mittels monoklonaler Antikörper im peripheren Blut von Patienten mit systemischen Autoimmunerkrankungen Z Klin Med 42: 65–68
3. Willenze R, Damsteeg WJ, Meyer CJ (1985) Distribution of T-cell subpopulations in the peripheral blood of patients with erythrodermic psoriasis. Arch Dermatol Res 277 19–23
4 Baker BS, Swain AF, Valdimarsson H, Fry L (1984) T-cell subpopulations in the blood and skin of patients with psoriasis Br J Dermatol 110. 37–44
5 Paciel J, Vignale R, Calandria L, Bruno J (1986) Analysis of circulating T-lymphocyte subpopulations with monoclonal antibodies in psoriasis Med Cutan Ibero Lat Am 14 157–161
6. Rubins AJ, Maskkilleysson AL, Merson AG, Gipsh NM (1987) Dysbalance der T-Lymphozyten — Subpopulation bei Psoriasis-Patienten und ihre Immun-Korrektion Z Hautkr 62: 497–501
7 Baker BS, Swain AF, Fry F, Valdimarsson H (1984) Epidermal T-lymphocytes and HLA-DR expression in psoriasis Br J Dermatol 110. 555–564
8 Bos JD, Hulseborck HJ, Krieg SR, Bakker PM, Corname RH (1983) Immunocompetent cells in psoriasis. In situ immunophenotyping by monoclonal antibodies Arch Dermatol Res 275: 181–189
9 Valdimarrson H, Baker BS, Jonsdotter J, Fry L (1986) Psoriasis: a disease of abnormal keratinocyte proliferation induced by T lymphocytes. Immunology Today 7 256–259
10 Leung DYM, Geka RS (1986) Immunoregulatory abnormalities in atopic dermatitis Clin Rev Allergy 4. 67–86
11 Braathen LR (1985) T-cells subsets in patients with mild and severe atopic dermatitis Acta Derm Venerol Suppl (Stockh) 114: 133–136
12. Uehara M (1987) Atopic dermatitis 17th Work Congress of Dermatology, Berlin, 24.–29. 5. 1987
13 Zachary CB, MacDonald DM (1983) Quantitative analysis of T-lymphocyte subsets in atopic eczema using monoclonal antibodies and flow cytofluocintry. Br J Dermatol 108: 411–422
14 Rothschild E, Chatenoud L (1984) T-cell subset modulation of immunoglobulin production in IgA nephropathy and membranous glomerulonephritis Kidney International 25: 557–564
15. Müller-Quernheim J (1987) Kompartimentablisierte T-Zellaktivierung bei der aktiven Sarkoidose. Prac Klin Pneumol 41. 118–128

Anschrift des Verfassers: Dr Barbara Wilke, Bezirkskrankenhaus Neubrandenburg, Klinik und Poliklinik fur Hautkrankheiten, Dr -S.-Allende-Str. 30, DDR-2000 Neubrandenburg, Deutsche Demokratische Republik.

T-Helferzellaktivierung beim bullösen Pemphigoid

J. Schaller[1], *U. F. Haustein*[1] und *H. Fiebig*[2]

[1] Dermatologische Klinik, Bereich Medizin und
[2] Bereich Tierphysiologie und Immunologie, Sektion Biowissenschaften, Karl-Marx-Universitat, Leipzig, Deutsche Demokratische Republik

Das bullöse Pemphigoid (BP) als blasenbildende Autoimmundermatose wird durch Immunglobulin- (IgG-Klasse) und/oder Komplementablagerungen im Bereich der Basalmembranzone (BMZ) der Haut sowie frei zirkulierende BMZ-Antikörper (Ak) charakterisiert. Diese BMZ-AK (BP-AK) stellen bisher das Leitphänomen des BP dar, wobei keine weiteren Abweichungen im humoralen Immunsystem gefunden werden konnten. Für das zelluläre Abwehrverhalten beim BP ist bekannt, daß periphere Blutlymphozyten (PBL) von BP-Patienten sowohl eine Normalverteilung von B- und T-Lymphozyten aufweisen [1, 6, 11] als auch keine funktionellen Defekte erkennen lassen [8, 2, 3]. Untersuchungen zur Differenzierung der Lymphozytensubpopulationen mittels monoklonaler Antikörper (mAK) im peripheren Blut von BP-Patienten sind bisher noch nicht publiziert worden. Im Prozeß der Blasenbildung beim BP sollen aktivierte Lymphozyten und von diesen produzierte Lymphokine [5] bzw. sogenannte Lymphotoxine [7] eine zentrale Stellung einnehmen. Da die Verteilung der Lymphozytensubpopulationen und der Anteil von Aktivierungsantigene tragenden PBL beim BP nicht geklärt ist, war die Quantifizierung definierter Lymphozytensubpopulationen sowie Aktivierungsantigene tragenden PBL und die Charakterisierung des Phänotyps aktivierter PBL Gegenstand der vorliegenden Untersuchungen. Bei insgesamt 10 Patienten mit histologisch und immunfluoreszenzoptisch gesichertem BP wurde vor und unter immunsuppressiver Therapie der Anteil CD 3, CD 4, CD 8, CD 25 und DR positiver PBL [10] mittel indirekter Immunfluoreszenz [4] und FACS-Analysen bestimmt. Dabei wurde gefunden, daß der Gesamt-T-Zellanteil (CD 3) und der Anteil an T-Suppressorzellen (CD 8) in normalen Relationen vorlagen, wohingegen im akuten Stadium des BP T-Helferzellen (CD 4) um durchschnittlich 15% ($p < 0{,}01$) höher nachweisbar waren als in entsprechenden Kontrollen. Unter immunsuppressiver Therapie mit Prednison und Azathioprin kam es zu einer Normalisierung des Prozentsatzes der T-Helferzellen (CD 4) mit durchschnittlich 47%. Der Anteil von Aktivierungsantigene (CD 25 und DR) tragenden PBL war im akuten Stadium des BP signifikant erhöht. BP-Patienten zeigten mit 37% DR-positiven und 29% CD 25-positiven PBL eine signifikant erhöhte Expression von

Aktivierungsantigenen gegenüber Kontrollen mit 13% DR-positiven und 5% CD 25-positiven PBL. Mit klinischer Besserung der Patienten unter immunsuppressiver Therapie war diese Expression rückläufig und bewegte sich im Stadium der Beschwerdefreiheit im Normbereich. Da bekannt ist, daß DR-Antigene von allen B-Zellen sowie auch von aktivierten T-Lymphozyten exprimiert werden, sollte durch Doppelmarkierung der Phänotyp DR-positiver PBL beim BP untersucht werden. Im akuten Stadium des BP konnten 66% DR-positiver PBL als T-Zellen (CD 3) identifiziert werden. Die weitere Zuordnung ergab, daß es sich dabei hauptsächlich um T-Helferzellen (53%) handelt.

Aus den vorgelegten Ergebnissen kann geschlußfolgert werden, daß beim BP der Gesamt-T-Zellanteil unverändert vorliegt, wohingegen im akuten Stadium dieser Erkrankung ein erhöhter Anteil an T-Helferzellen auffällt. Im Gegensatz dazu wurden in funktionellen Untersuchungen Abweichungen weder für Helfernoch für Suppressorzellaktivitäten Abweichungen beim BP beschrieben. Die Ursache für diese Diskrepanz ist vermutlich in der geringen Empfindlichkeit derartiger Testmethoden zu suchen. Aus der Literatur ist bekannt, daß zur Auslösung einer Immunantwort T-Helferzellen das spezifische Antigen in Zusammenhang mit DR-Antigenen an der Oberfläche von monozytischen Zellen präsentiert wird. Dies wiederum führt zur blastischen Transformation und Expression von Aktivierungsantigenen wie z. B. CD 25 und DR. Die Expression derartiger Zelloberflächendeterminanten durch aktivierte T-Helferzellen geht mit einer Sekretion von Lymphokinen einher, die zur Differenzierung weiterer Lymphozytensubpopulationen führt [9, 12]. Da aktivierte Lymphozyten und von diesen sezernierte Lymphotoxine in der Blasenbildung des BP eine zentrale Stellung einnehmen sollen [7], steht die von uns gefundene Expression der Aktivierungsantigene CD 25 und DR im akuten Stadium des BP in Übereinstimmung mit diesem Konzept. Die Charakterisierung des Phänotyps dieser aktivierten Lymphozyten ergab mit 66% der DR-positiven Lymphozyten-T-Zellen und 53% T-Helferzellen eine T-Helferzellaktivierung im akuten Stadium des BP. Unter immunsuppressiver Therapie war der Anteil von Aktivierungsantigene tragenden PBL deutlich rückläufig. Dabei deutet sich eine Korrelation zwischen der Expression von Aktivierungsantigenen und der Krankheitsaktivität an, so daß der Anteil von Aktivierungsantigene tragenden PBL einen Marker für die Krankheitsaktivität beim BP darstellen könnte. Die Bedeutung aktivierter T-Helferzellen in der Auto-Ak-Produktion des BP bedarf weiterer Untersuchungen.

Literatur

1 Ahmed AR (1981) Lymphocyte studies in bullous pemphigoid. J Dermatol 8· 385
2. Ahmed AR (1983) Suppressor cell function in bullous pemphigoid. Clin Res 31 263 A
3 Ahmed AR, Higri K, Karab-Kermani V (1984) Interleukin-2 production in bullous pemphigoid. Arch Dermatol Res 276: 330
4 Böyum A (1976) Isolation of lymphocytes, granulocytes and macrophages. Scand J Immunol 6: 9
5. Center DM, Wintroub BU, Austen KF (1983) Identification of chemoattractant activity for lymphocytes in blister fluid of patients with bullous pemphigoid evidence for presence of lymphokine. J Invest Dermatol 81: 200
6. Haustein UF, Lohrisch I, Herrmann K (1984) Pathogenetic studies in bullous pemphigoid – review of literature and our own results J Dermatol 11. 508
7. Jeffes T, Ahmed AR, Granger M (1984) Lymphotoxin detected in blister fluids of bullous pemphigoid J Clin Immunol 4. 31

8 King AJ, Schwartz SA, Lopatin D, Vorhees II, Disz LA (1982) Suppressor cell function is preserved in pemphigus and pemphigoid J Invest Dermatol 79 183
9 Ko HS, Fu SM, Winchester RJ, Yu DTY, Kunkel HG (1979) Ia determinants on stimulated human T-lymphocytes. occurrence on mitogen- and antigen-activated T cells J Exp Med 150. 246
10 Kupper H, Typlt H, Grimmecke HD, Fiebig H (1983) Objekttragertest zur immunfluoreszenzmikroskopischen und enzymimmunologischen Erfassung von Zellmembranantigenen Allerg Immunol 29 223
11 Schaller J, Haustein UF, Lohrisch I (1986) Pseudo-T-Zelldefekt beim bullösen Pemphigoid Dermatol Monatsschr 172. 318
12 Yu DT, Winchester RJ, Fu SU, Gibofesky A, Ko RS, Kunkel HG (1980) Peripheral blood Ia-positive T-cells increase in certain disease and after immunization J Exp Med 153 91

Anschrift des Verfassers: Dr J Schaller, Dermatologische Klinik, Bereich Medizin, Karl-Marx-Universitat, Liebigstraße 21, DDR-7010 Leipzig, Deutsche Demokratische Republik

Relevanz eines zellulären Immunmonitoring-Programms zur individuellen therapeutischen Führung von immunsupprimierten Patienten mit Sepsis

H. D. Volk[1], *P. Reinke*[2], *P. Falck*[1], *G. Staffa*[3], *K. Neuhaus*[1], *S. Kiowski*[1] und *R. von Baehr*[1]

[1] Institut fur Medizinische Immunologie,
[2] Klinik fur Innere Medizin und
[3] Klinik fur Chirurgie, Bereich Medizin (Charité) der Humboldt-Universitat zu Berlin, Deutsche Demokratische Republik

Einleitung

Die gegenwärtig in die Klinik eingeführten Behandlungsstrategien zur Unterdrückung der Transplantatrejektion und zur Behandlung von Autoimmunopathien erfordern eine permanente Unterdrückung des Immunsystems, um eine Abstoßungskrise bzw. die Exazerbation einer Autoimmunopathie zu verhindern. Die kontinuierliche Immunsuppression wird jedoch von einer Reihe schwerwiegender Komplikationen begleitet, die sich in Abhängigkeit vom Behandlungsregime sowohl am Immunsystem (Erhöhung der Infektanfalligkeit) als auch an nicht-lymphoiden Organen (Toxizität) manifestieren. Die septische Erkrankung ist eine der häufigsten Todesursachen bei Transplantatempfängern [1, 2, 3, 4]. Unsere Analyse der Autopsien von 68 verstorbenen Nierentransplantatempfängern zeigte in 23 Fällen (34%) eine septische Erkrankung als primare Todesursache auf [5].

Das ungeloste Problem bei der klinischen Führung der Sepsis von Transplantatempfängern ist der Mangel an objektiven Parametern zur Einschatzung des individuellen Risikos des Patienten bei Reduzierung oder Erhaltung der Dosis der immunsuppressiven Therapie hinsichtlich irreversibler Rejektion oder septischem Multiorganversagen. Mit anderen Worten, wann ist zusätzlich zur optimalen antibiotischen/antimykotischen Therapie eine drastische Reduktion der Immunsuppression für das Überleben des Patienten notwendig, wobei möglichst das Transplantat erhalten werden soll (essentiell bei Herz- oder Lebertransplantation)?

Wir haben uns gefragt, ob die Expressionsmuster bestimmter Differenzierungs- und Aktivierungsantigene an der Oberfläche mononuklärer Blutzellen Informationen hinsichtlich der individuellen Prognose immunsupprimierter Patienten bei septischen Komplikationen liefern und damit eine objektivere therapeutische Führung dieser Patienten ermöglichen.

Patienten und Methoden

Zwischen 1985 und 1988 wurden mehr als 500 Patienten mit systemischen Autoimmunerkrankungen bzw. Empfänger von Allotransplantaten im Rahmen eines immunologischen Monitoring-Programms untersucht. Die Zahl der immunologischen Untersuchungen pro Patient schwankte zwischen 2 und 50. Im Rahmen dieser Untersuchungen wurden 43 Patienten mit Septikämie unterschiedlicher Erregergenese erfaßt. Die septische Erkrankung wurde zusätzlich zur Septikämie durch die typischen klinischen Zeichen (septische Temperaturen, Splenomegalie) verifiziert (mehr als 30 Patienten). Von den 43 septischen Patienten waren 36 Allotransplantatempfänger (4mal Herz, 3mal Leber, 2mal Pankreas/Niere, 27mal Niere; 20 Tage bis 4 Jahre nach Transplantation) und 7 Patienten mit systemischer Autoimmunopathie (SLE, Vaskulitis, Sklerodermie Typ III).

Die immunsuppressive Therapie der Allotransplantatempfänger setzte sich aus Azathioprin und/oder Cyclosporin in Kombination mit Kortikosteroiden zusammen. Einige Patienten hatten einige Wochen vor der Sepsis eine anti-Rejektionstherapie (Methylprednisonbolus oder Anti-Thymozytenglobulin) erhalten. Alle Patienten mit systemischer Autoimmunopathie hatten wenige Wochen vor der septischen Komplikation eine Exazerbation der Grunderkrankung, weswegen sie relativ hochdosiert immunsuppressiv (Methylprednisonbolus, Cyclophosphamid- oder Azathioprin/Prednisontherapie) behandelt wurden. Alle septischen Patienten erhielten eine adäquate antibiotische/antimykotische Therapie entsprechend dem Erregerspektrum und dem Antibiogramm.

Die Isolation der mononukleären Zellen und die Anfärbung der Zellen mit monoklonalen Antikörpern zur zytofluorometrischen Immunfluoreszenzanalyse erfolgte nach Standardmethode wie zuvor ausführlich beschrieben [6]. Die benutzten monoklonalen Antikörper sind in Tabelle 1 dargestellt. Die zytofluorometrische Analyse erfolgte mittels eines EPICS-C Zytofluorometer (Coulter Electr., Krefeld, BRD). Lebende Lymphozyten und Monozyten wurden elektronisch eingegrenzt auf der Basis der Streulichteigenschaften (Vorwärts- und 90°-Streulicht) und der Fluoreszenzfärbungen (CD 3 für Lymphozyten, CDw 14 für

Tabelle 1. Übersicht über die verwendeten monoklonalen Antikörper (mAK)

mAK	Spezifitat	Herkunft
CD 3	T-Zellen	Biotest
CD 4	T-Helfer/Induktorzellen	Biotest
CD 8	T-Suppr./zytotox. Zellen	Biotest
B 1 (CD 20)	B-Zellen	Coulter
TR (CD 71)	Transferrinrezeptor	Biotest
IL-2 R (CD 25)	IL-2 Rezeptor	Biotest
L 243	HLA-DR	ATCC
Leu 10	HLA-DQ	BD
HNK-1 (CD 57)	NK-Zellen	ATCC
Leu-M 3 (CD 14)	Monozyten	BD

ATCC American Tissue Culture Collection, München, BRD. *Biotest* Biotest AG, Offenbach, BRD (Dr. Ernst). *BD* Becton-Dickinson, Heidelberg, BRD *Coulter* Coulter Electr , Krefeld, BRD

Monozyten). Für Doppelmarkierungen wurden FITC- und Phycoerythrin-markierte Antikörper benutzt.

Ergebnisse und Diskussion

Während bei akuten Rejektionen, systemischen Virusinfektionen oder Toxoplasmoseinfektionen ein absoluter und relativer Anstieg aktivierter HLA-DR$^+$ T-Lymphozyten zu beobachten war [7], konnte in keinem der Patienten mit bakterieller/mykotischer Sepsis eine Zunahme der aktivierten T-Lymphozyten auf > 10% beobachtet werden. Bei 12 der 43 Patienten mit Sepsis wurde ein Anstieg der Transferrinrezeptor$^+$ non-T-Zellen im Lymphozyten- und Monozytengate beobachtet (8—30% vs. < 2% bei Gesunden und Transplantierten ohne Komplikationen).

Besonders auffällig war, daß 25 der 43 septischen Patienten eine drastische Reduktion (< 20% vs. 65—90% bei Gesunden und 35—75% bei Transplantierten ohne Sepsis) der HLA-DR-Antigenexpression auf Monozyten zeigten (Tabelle 2). Bei einigen dieser Patienten war zusätzlich auch die Expression von Lymphozytendifferenzierungsantigenen (CD 3, 4, 8, 20) vermindert. Wir haben diesen Zustand als Immunparalyse definiert (Leitparameter HLA-DR$^+$ Monozyten: < 20%). Interessanterweise war die Expression anderer HLA-Klasse II-Antigene (HLA-DQ) nicht aber die Expression von HLA-Klasse I-Antigenen auf den Monozyten dieser Patienten ebenfalls vermindert (HLA-DQ: < 5% vs. 20—30% bei den Kontrollen). Andererseits war die HLA-Klasse II (HLA-DR und HLA-DQ)-Antigenexpression auf den B-Lymphozyten dieser Patienten nicht beeinflußt.

Die septischen Patienten mit oder ohne Immunparalyse unterschieden sich in anderen Parametern wie Leukozytenzahlen, Differentialblutbild oder initialem klinischen Verlauf der Sepsis nicht voneinander.

Bemerkenswert ist, daß wir bei 4 Patienten im Verlauf des Monitorings eine Reduktion der HLA-DR$^+$ Monozyten (< 20%) bereits 1—2 Wochen vor den ersten klinischen Zeichen einer septischen Erkrankung beobachteten.

Die relative Verminderung der HLA-DR$^+$ Monozyten beruht offenbar nicht auf einer absoluten Zunahme von HLA-DR$^-$ Monozyten, da sich die Absolutzahlen der Monozyten zwischen den Patientengruppen nicht signifikant voneinander unterschieden.

Tabelle 2. HLA-DR$^+$ Monozyten bei immunsupprimierten Patienten mit oder ohne Sepsis

Patienten	HLA-DR$^+$ Monozyten (%)	
	Mittelwert ± SD	Bereich
1 Gesunde (n = 50)	78 ± 12	65—90
2 Allotransplantatempfanger		
— ohne Komplikationen (n = 80)	55 ± 16	35—80
— mit Sepsis ohne „Immunparalyse“ (n = 18)	45 ± 18	35—70
— mit Sepsis mit „Immunparalyse“ (n = 25)	12 ± 5*	0—19

* p < 0,01 zu allen Gruppen (u-Test)

Wurde die Immunsuppression bei septischen Patienten mit Immunparalyse nicht oder nur geringfügig reduziert, lag die Mortalität bei 88% (7 von 8 Patienten, siehe Tabelle 3). Hingegen verstarb keiner der 17 Patienten mit Immunparalyse, bei denen die Immunsuppression sofort drastisch reduziert wurde (Absetzen von Azathioprin, Reduktion der Kortikosteroide < 20 mg/Tag). Der Anteil der HLA-DR$^+$ Monozyten und falls erniedrigt gewesen auch die Expression der Lymphozytendifferenzierungsantigene erreichten innerhalb von 5—10 Tagen nach Reduktion der Immunsuppression wieder die Werte der Kontrollpatienten. Wir beobachteten in keinem Fall eines Patienten mit Immunparalyse eine Rejektionskrise nach Reduktion der Immunsuppression. Mit der Regeneration des Immunsystems steigt dann jedoch das Rejektionsrisiko und macht eine vorsichtige Erhöhung der Immunsuppression wieder notwendig. Aufgrund dieser Dynamik ist ein engmaschiges Monitoring (2—3mal wöchentlich) in diesem Zeitraum notwendig. Es kam

Tabelle 3. Klinische Prognose der Sepsis bei Immunsupprimierten

HLA-DR$^+$ Monozyten	Reduktion der Immunsuppression	Überlebensrate	Rejektionsrate
> 20%	nein	16/16 (100%)	0/16 (0%)
> 20%	ja	2/2 (100%)	2/2 (100%)
< 20%	nein	1/8 (12%)*	0/8 (0%)
< 20%	ja	17/17 (100%)	0/17 (0%)

* $p < 0{,}01$ (x^2-Test)

in einigen Fällen nach Anstieg der HLA-DR$^+$ Monozyten auch zur Zunahme aktivierter T-Lymphozyten möglicherweise als Indikator beginnender anti-Transplantatreaktionen. Die erfolgte Dosiserhöhung der Immunsuppression verhinderte jedoch die Manifestierung einer Rejektionskrise. Auch in der Nachbeoachtungszeit (bis zu 3 Monaten) wurden keine Rejektionen beobachtet.

Im Gegensatz zur Gruppe der septischen Patienten mit Immunparalyse ist bei den Patienten ohne Paralyse eine Reduktion der Immunsuppression nicht notwendig (Mortalität 0%, siehe Tabelle 3) bzw. unter dem Aspekt der Rejektionsgefahr sogar kontraindiziert.

Die Ursache für die drastische Reduktion der HLA-Klasse II-Antigenexpression bei einem Teil der immunsupprimierten Patienten mit Sepsis ist nicht völlig klar. Die Expression der HLA-Klasse II-Antigene auf Monozyten wird positiv beeinflußt durch Lymphokine, die im wesentlichen von T-Zellen produziert werden (Interferon-γ und GM-CSF [8, 9]. Immunsuppressiva hemmen die Sekretion dieser Lymphokine [10]. Andererseits regulieren verschiedene Entzündungsmediatoren (Prostaglandin E, reaktive Sauerstoffspezies, aktiviertes Komplement [8, 12]), die bei bakteriellen Infekten entstehen, die Expression der HLA-Klasse II-Antigene auf Monozyten herunter. In früheren Untersuchungen konnten wir zeigen, daß die Phagozytose-induzierte Senkung der HLA-DR-Antigenexpression auf Monozyten in vitro durch exogene Zugabe von Interferon-γ rekonstituiert werden konnte [12, 13]. Das Überwiegen der negativ regulierenden Faktoren (Mangel an

Lymphokinen, Entzundungsprodukte) bei einem Teil der septischen Patienten, das sich in der drastischen Verminderung der HLA-Klasse II-Antigenexpression auf den zirkulierenden Monozyten widerspiegelt, kann offenbar durch Reduktion der Immunsuppression und damit Erhöhung der endogenen Lymphokinspiegel und verbesserte Eliminierung der Entzundung-induzierenden Bakterien überwunden werden.

Zusammenfassend kann man sagen, daß der Nachweis des Anteils der HLA-DR$^+$ Monozyten einen wertvollen Parameter zur therapeutischen Führung von immunsupprimierten Patienten mit septischen Komplikationen darstellt. Damit steht erstmalig ein objektiver Parameter zur individuellen Einstellung der Immunsuppression bei diesen Patienten zur Verfügung, was ermöglicht, sowohl das Mortalitätsrisiko dieser schweren Komplikation als auch das Rejektionsrisiko infolge unkontrollierter Reduktion der Immunsuppression drastisch zu reduzieren (bei unseren Studien bei Beachtung der Immunparameter lag bei 35 septischen Patienten die Rejektions- und Mortalitatsrate bei 0%).

Danksagung

Wir danken Herrn Dr Ernst, Biotest AG (Offenbach, BRD), fur die freundliche Überlassung einiger mAK

Literatur

1 LaQuaglia MP, Tolkoff-Rubin NE, Dienstag JL (1981) The ompact of hepatitis on renal transplantation Transplantation 32 504–507
2 Morton R, Graham DI, Briggs JD, Hamilton DNH (1982) Principal neuropathological and general necropsy findings in 24 renal transplant patients J Clin Pathol 34 31–39
3 Kirkman RL, Strom TB, Weir MR, Tilney NL (1982) Late mortality and morbidity in recipients of long-term renal allografts Transplantation 34 347–351
4 Parfrey PS, Forbes RD, Hutchinson TA, Blaudlin IG, Dauphinee WD, Hollomby DJ, Guttmann RD (1984) The clinical and pathological course of hepatitis B liver disease in renal transplant recipients Transplantation 37 461–466
5 Reinke P, David H, Scholz D (1988) An analysis of autopsy cases in renal allograft recipients Z Urol Nephrol 81 43–49
6 Falck P, Volk HD, Kiowski S, Neuhaus K, von Baehr R (1987) Charakterisierung mononuklearer Zellen mittels monoklonaler Antikorper und der Zytofluorometrie Z Klin Med 42 2281–2284
7 Volk HD, Falck P, Reinke P, Staffa G, Burger W, Neuhaus K, Kiowski S, von Baehr R (1988) Immunologische Aktivitatsdiagnostik zur Überwachung von Patienten nach Organtransplantation Z Klin Med 43: 383—387
8 Steeg PS, Johnson HM, Oppenheim JJ (1982) Regulation of murine macrophage Ia antigen expression by an immune interferon-like lymphokine inhibitory effect of endotoxins. J Immunol 129 2402–2407
9 Unanue ER, Allen PM, Babbitt BP, Bancroft GF, Kiely JM, Kurt-Jones E, Virgin HW, Weaver C (1986) The regulatory role of macrophages in infection with intracellular pathogens Progr Immunol 6 752–769
10 Larsson EL (1980) Cyclosporin A and dexamethason suppress T cell responses by selectively acting at distinct sites of the triggering mechanisms J Immunol 124. 2828–2833
11 Gruner S, Volk HD, Falck P, von Baehr R (1986) The influence of phagocytic stimuli on the expression of HLA-DR antigens, role of reactive oxygen species Eur J Immunol 16 212–215

12. Volk HD, Gruner S, Falck P, von Baehr R (1986) The influence of interferon-γ and various phagocytic stimuli on the expression of MHC-class II antigens on human monocytes—relation to the generation of reactive oxygen intermediates. Immunol Letters 13: 209–214

Anschrift des Verfassers: Doz. Dr. H. D. Volk, Institut für Medizinische Immunologie, Bereich Medizin (Charité) der Humboldt-Universitat zu Berlin, Schumannstraße 20/21, DDR-1040 Berlin, Deutsche Demokratische Republik

Eine neue Strategie zur Prävention der Transplantatrejektion und Behandlung von Autoimmunopathien durch eine temporäre und selektive Immunsuppression

H. D. Volk[1], *T. Diamantstein*[2], *H. J. Hahn*[3], *J. Kupiec-Weglinski*[4] und *R. von Baehr*[1]

[1] Institut fur Medizinische Immunologie, Bereich Medizin (Charité), Humboldt-Universitat zu Berlin, Deutsche Demokratische Republik,
[2] Institut fur Immunologie, Klinikum Steglitz, Freie Universitat Berlin, Berlin,
[3] Zentralinstitut fur Diabetes, Karlsburg, Deutsche Demokratische Republik,
[4] Surgical Research Laboratory, Department of Surgery, Harvard Medical School, Boston, U S A

Die gegenwärtig in die Klinik eingeführten Behandlungsstrategien zur Unterdrückung der Transplantatrejektion und zur Behandlung von Autoimmunopathien erfordern eine permanente Unterdrückung des Immunsystems, um eine Abstoßungskrise bzw. die Exazerbation einer Autoimmunopathie zu verhindern. Die kontinuierliche Immunsuppression wird jedoch von einer Reihe schwerwiegender Komplikationen begleitet, die sich in Abhängigkeit vom Behandlungsregime sowohl am Immunsystem (Erhöhung der Infektanfälligkeit) als auch an nicht-lymphoiden Organen (Toxizität) manifestieren. Die therapeutische Nutzung von polyklonalen (Anti-Thymozytenglobulin) und monoklonalen (OKT 3) Anti-T-Lymphozytenantikörpern ermöglicht in jüngster Zeit zwar eine zielgerichtete Immunsuppression (kaum Nebenwirkungen auf nicht-lymphoide Gewebe), lost jedoch nicht das Problem des Infektionsrisikos aufgrund der unspezifischen Immunsuppression. Da diese Antikörper nur temporär appliziert werden können und es nach Behandlung nicht zur Induktion einer Immuntoleranz kommt, muß nach der Therapie mit Pan-T-Lymphozytenantikörpern die klassische Immunsuppression fortgesetzt werden.

Unser Konzept einer selektiven und temporären immunsuppressiven Therapie basiert auf der Hemmung und/oder Elimination der Alloantigen- bzw. Autoantigen-reaktiven Lymphozyten ohne den Pool der ruhenden Lymphozyten zu affektieren. Monoklonale Antikörper (mAK) gegen Oberflächenantigene, deren Expression auf aktivierte Lymphozyten restriktiert ist, sollten hierfür geeignet sein. Im Gegensatz zu vielen anderen Aktivierungsantigenen werden Interleukin-2 Rezeptoren (IL-2R) nur von Antigen-aktivierten Lymphoyzten exprimiert und verschwinden nach Antigenentzug. Daher sollten mAK gegen den IL-2R zur Verwirklichung des oben ausgeführten Konzepts besonders geeignet sein.

Herstellung und Charakterisierung der mAK gegen IL-2R

Es wurde ein Satz von mAK gegen die L-Kette (55 kD) des Maus-IL-2R (in Ratte), des Ratten-IL-2R (in Maus) und des humanen IL-2R (in Maus) mit verschiedenen Isotypen und differenter Epitopspezifität etabliert. Die mAK wurden hinsichtlich der IL-2 Bindungshemmung im Radiobindungstest, der Hemmung der IL-2-abhängigen Proliferation in vitro, der Bindung an Zellen mittels FACS-Analyse und der Immunpräzipitation charakterisiert.

Testung der in vivo Wirkung

Die mAK gegen den Ratten- und Maus-IL-2R wurden in vivo am Modell der lokalen graft-versus-host Reaktion getestet [1—3]. Sowohl im Maus- als auch im Rattenmodell wurden mAK selektioniert, die eine vergleichbare therapeutische Effektivität wie Pan-T- bzw. CD 4-mAK hatten. Im Gegensatz zu letzteren, wurde durch die mAK gegen den IL-2R der ruhende Lymphozytenpool in den verschiedenen lymphoiden Organen nicht beeinflußt, was dem Konzept der selektiven Immunsuppression entspricht [1, 2]. Es wurden bisher keine toxischen Veränderungen an nicht-lymphoiden Organen beobachtet.

Interessant ist, daß von 8 mAK gegen den IL-2R der Ratte nur 3 eine immunsuppressive Aktivität in vivo zeigten. Am wirksamsten war der ART-18 mAK (IgG 1), der sowohl die IL-2 Bindung als auch die IL-2-abhängige Proliferation in vitro hemmte. Andererseits zeigte der Ox-39 mAK (IgG 1) (freundlicherweise von Dr. Williams zur Verfügung gestellt), der ebenfalls die IL-2-abhängige Proliferation hemmt (nicht jedoch die IL-2 Bindung) keinerlei in vivo Wirkung. Die beiden anderen wirksamen mAK erkennen differente Epitope des IL-2R. Vom ART-18 mAK wurden spontane „switch"-Varianten selektioniert. Dabei zeigte sich, daß sich die biologische Wirksamkeit von IgG 1, IgG 2 a und IgG 2 b kaum voneinander unterschied.

Um zu testen, welche Immunreaktionen durch eine Anti-IL-2R Therapie gehemmt werden, wurden Mäuse während der Immunisierung mit Schaferythrozyten, einem T-Zell-abhängigen Antigen, mit IL-2R mAK behandelt und der Einfluß auf die zelluläre DTH-Reaktion und die spezifische Antikörperbildung gegen Schaferythrozyten gemessen. Während die DTH-Reaktion deutlich supprimiert wurde, blieb die Antikörperbildung unbeeinflußt [4]. Dies deutet auf eine besondere Sensitivität des T-Helfer 1-Subsets hin, jenen Zellen, die IL-2 und Interferon-γ sezernieren. Sollte die Anti-IL-2R Therapie über eine selektive Eliminierung/Inaktivierung der Th 1 Zellen wirken, so sollten Produkte (Lymphokine) dieser Zellpopulation die immunsuppressive Wirkung der mAK aufheben können. In der Tat kann exogene Zugabe von Rekombinanten-Interferon-γ den Effekt der Antikörpertherapie aufheben [4]. Rekombinantes IL-2 ist jedoch nicht in der Lage, die supprimierte DTH-Reaktion zu restituieren. Dies könnte man damit erklären, daß die IL-2-„Responder"-Zelle — der IL-2R positive Lymphozyt — durch die Antikörpertherapie eliminiert oder inaktiviert wurde.

Ferner wurde beobachtet, daß sich eine effektive Anti-IL-2R Therapie wahrscheinlich als Ausdruck der Zerstörung IL-2R-positiver Zellen in einem Anstieg der Konzentration an löslichem IL-2R im Serum der behandelten Tiere widerspiegelt [5].

Verlängerung der Überlebenszeit allogener Transplantate nach temporärer Anti-IL-2R mAK Therapie und Nachweis des Synergismus der IL-2R-gerichteten Therapie mit subtherapeutischen Cyclosporin A-Dosen

In verschiedenen Transplantationsmodellen in der Ratte (Herz, Inselzellen) wurde die Praxisrelevanz einer IL-2R-gerichteten Therapie geprüft [6, 7]. Durch eine temporäre (10 Tage) Therapie nach Transplantation kam es zur deutlichen Verlängerung der Transplantatüberlebenszeit (25—40 Tage vs. 7 Tage bei unbehandelten Tieren). Bei der Inselzelltransplantation beobachteten wir bei 30% der Empfänger sogar eine permanente Normoglykämie bei bestehender Glukosetoleranz. Der therapeutische Effekt konnte auch immunhistologisch verifiziert werden [8].

In verschiedenen Rattenmodellen (lokale GvHR, Herz- und Inselzelltransplantation) wurde der Synergismus subtherapeutischer Cyclosporin A-Dosen (1,5 mg/kg/Tag = 10% des Optimums) mit der IL-2R-gerichteten Therapie getestet [3, 6, 7].

Während Cyclosporin A in den verwendeten Dosen keinerlei Effekt hatte, verstärkte es die Wirkung optimaler Dosen an mAK. Die Rate der permanent akzeptierten Allotransplantate ging deutlich hoch (30—50%). Immunhistologisch kam es nicht nur zur Eliminierung der IL-2R$^+$-Zellen, sondern auch zur Reduktion der MHC-Klasse II$^+$-Zellen im Infiltrat [8]. Ferner konnte gezeigt werden, daß ähnlich wie im GvH-Modell die therapeutische Effektivität unabhängig von der IgG-Subklasse des verwendeten mAK war. Sowohl IgG 1 als auch IgG 2a und IgG 2 b (switch-Varianten eines mAK) waren wirksam [9].

Entwicklung einer neuen Strategie zur Behandlung des Typ I-Diabetes mellitus

Der insulinabhängige Diabetes ist die Folge der immunologisch bedingten Zerstörung der pankreatischen β-Zelle. Die bisherigen therapeutischen Konzepte stehen vor dem Problem, daß eine permanente Immunsuppression aus eingangs genannten Gründen keine echte therapeutische Alternative zur Insulintherapie darstellt. Wir haben geprüft, ob die temporäre Therapie mit anti-IL-2R mAK neue Möglichkeiten einer Immuntherapie mit begrenzten Nebenwirkungen eröffnet.

Stopp des Autoaggressionsprozesses

Die BB-Ratte entwickelt spontan ein Syndrom ähnlich dem humanen Typ I-Diabetes. Unmittelbar nach Manifestation des Diabetes wurde an Pankreasbiopsiematerial der immunologische Zerstörungsprozeß immunhistologisch objektiviert [10—14]. Tiere mit frisch manifestierter Hyperglykämie und noch vorhandenen Resten Insulin-produzierender β-Zellen wurden temporär (10 Tage) mit dem Anti-IL-2R mAK und der suboptimalen Dosis an Cyclosporin A behandelt. Bei 70% der Tiere konnte eine permanente (> 200 Tage) Normoglykämie, ein Anstieg des Pankreasinsulingehaltes, ein Verschwinden der Zellinfiltrate und eine Normalisierung der Glukosetoleranz beobachtet werden [15, 16].

Verhinderung der erneuten Exazerbation der Autoaggression

Diabetischen BB-Ratten mit etablierter Hyperglykämie wurden syngene Langerhans'sche Inseln transplantiert und ebenfalls temporär mit dem Anti-IL-2R mAK behandelt, wobei ähnlich stabile Ergebnisse wie bei frisch manifestierten diabetischen BB-Ratten erzielt wurden (unveröffentlicht).

Ersatz der zerstörten Inseln durch allogene Inseln und Verhinderung ihrer immunologischen Zerstörung

Lang manifestierten diabetischen BB-Ratten wurden allogene Inseln transplantiert. Die Behandlung mit Anti-IL-2R mAK verlängerte die Transplantatüberlebenszeit in allen Tieren und führte bei 40% zur permanenten Normoglykämie [17].

Die dargestellten Ergebnisse eröffnen neue Möglichkeiten einer selektiven Immunsuppression, die nach den bisherigen Erfahrungen weitgehend frei von Nebenwirkungen ist. Die tierexperimentellen Befunde berechtigen zur Überführung in das Humansystem. Erste entsprechende mAK (murine Anti-Human-IL-2R mAK) wurden von uns hergestellt und für die Phase I/II Anwendung vorbereitet.

Literatur

1. Volk HD, Brocke S, Osawa H, Diamantstein T (1986) Clin Exp Immunol 66. 126–129
2 Volk HD, Brocke S, Osawa H, Diamantstein T (1986) Eur J Immunol 16 1309–1311
3 Mouzaki A, Volk HD, Osawa H, Diamantstein T (1987) Eur J Immunol 17· 335–339
4. Diamantstein T, Eckert R, Volk HD, Kupiec-Weglinski J (1988) Eur J Immunol 18 2101–2103
5 Volk HD, Josimovic-Alasevic O, Gross M, Diamantstein T (1989) Clin Exp Immunol 75: im Druck
6. Diamantstein T, Volk HD, Tilney NL, Kupiec-Weglinski J (1986) Immunobiology 172 391–394
7 Hahn HJ, Kuttler B, Dunger A, Klöting I, Lucke S, Volk HD, von Baehr R, Diamantstein T (1987) Diabetologia 30. 44–49
8. Kuttler B, Dunger A, Lucke S, Volk HD, Diamantstein T, Hahn HJ (1987) In: von Baehr R, Ferber H, Porstmann T (Hrsg) Monoklonale Antikörper — Anwendung in der Medizin. Springer, Wien New York, S 215–222
9 Stünkel KG, Grützmann R, Diamantstein T, Kupiec-Weglinski JW, Schlumberger HD (1989) Transpl Proc 21 1003–1005
10 Lucke S, Ziegler B, Diaz-Alonso JM, Hahn HJ (1985) Acta Histochem 77. 107–112
11. Lucke S, Radloff E, Hahn HJ (1987) In: von Baehr R, Ferber HP, Porstmann T (Hrsg) Monoklonale Antikörper — Anwendung in der Medizin Springer, Wien New York, S 137–144
12. Lucke S (1988) Prom A, Math.-Naturwiss. Fakultät, E-M Arndt-Universitat, Greifswald, DDR
13 Lucke S, Besch W, Kauert C, Radloff E, Hahn HJ (1988) Exptl Clin Endocrinol 91: 134–140
14. Hahn HJ, Lucke S, Liepe L, Gerdes J, Stein H, Volk HD, Brocke S, Diamantstein T (1988) Eur J Immunol 18: 2037–2041
15 Hahn HJ, Lucke S, Klöting I, Volk HD, von Baehr R, Diamantstein T (1987) Eur J Immunol 17: 1075–1078
16. Diamantstein T, Mouzaki A, Osawa H, Volk HD, Hahn HJ, Kirkman RL, Strom T, Tilney N, Kupiec-Weglinski (eds) (1988) In: Dev Biol Stand 69: 177–182
17. Hahn HJ, Kuttler B, Volk HD, Dunger A, Lucke S, Besch W, von Baehr R, Diamantstein T (1989) Diabetes 38 [Suppl 1] 286–287

Anschrift des Verfassers: Doz. Dr H. D. Volk, Institut für Medizinische Immunologie, Bereich Medizin (Charité), Humboldt-Universität zu Berlin, Schumannstraße 20/21, DDR-1040 Berlin, Deutsche Demokratische Republik.

Behandlung von steroidresistenten Abstoßungsreaktionen nach Transplantation solider Organe mit einem monoklonalen Anti-CD 4 Antikörper

W. E. Aulitzky[1], *D. Niederwieser*[1], *P. König*[2], *H. Tilg*[1], *C. Gattringer*[3], *O. Majdic*[4], *W. Knapp*[4] und *C. Huber*[1]

[1] Abteilung fur Klinische Immunbiologie,
[2] Abteilung fur Nephrologie und
[3] Abteilung fur Hämatologie, Universitatsklinik fur Innere Medizin, Innsbruck,
[4] Institut fur Immunologie, Universitat Wien, Österreich

Einleitung

Nach Transplantation solider Organe sind Abstoßungsreaktionen trotz verbesserter prophylaktischer Immunsuppression immer noch eine bedeutsame und häufige Komplikation. Insbesonders jene Abstoßungen, bei denen die übliche Behandlung mit hochdosiertem Methylprednisolon zu keiner Besserung der Organfunktion führt, haben meist den Verlust des Transplantates zur Folge.

T-Lymphozyten spielen bei der Pathogenese von Abstoßungsreaktionen eine zentrale Rolle. Dabei scheinen $CD4^+$-Zellen vor allem für die Erkennung von Alloantigenen wichtig zu sein, während zytotoxische $CD8^+$-Zellen an der Zerstörung des Transplantates beteiligt sind. Mittels monoklonaler Antikörper, spezifisch für Differenzierungsantigene von T-Lymphozyten könnte es möglich sein, die für die Abstoßungsreaktion verantwortlichen Zellen in ihrer Funktion zu beeinflussen bzw. zu eliminieren. Es wurde deshalb schon unmittelbar nach der Entwicklung der ersten monoklonalen Antikörper versucht, Abstoßungsreaktionen mit T-zellspezifischen monoklonalen Antikörpern gegen CD 3 und andere Pan-T-Zellmarker zu behandeln [2, 6, 9]. Dabei wurde gezeigt, daß durch Therapie mit OKT 3 Abstoßungskrisen bei einem Großteil der Patienten gestoppt wurden [3, 7, 8]. Allerdings kam es bei bis zu 66% der Patienten zu neuerlichen Abstoßungen nach dem Ende der Behandlung und die Entwicklung von Antikörpern gegen OKT 3 bei bis zu 85% machte eine Fortsetzung der Therapie unmöglich. Darüberhinaus war die Behandlung 2/3 der Patienten durch Infektionen und gravierende systemische Nebenwirkungen kompliziert. Wir und andere stellten uns daher die Frage, ob monoklonale Antikörper gegen andere T-Zell-Differenzierungsantigene ebenfalls in vivo immunsuppressiv wirken und ob Subset-spezifische Antikörper eine selektivere Wirkung auf die alloreaktiven T-Zellen besitzen.

Die erste Stufe in der Pathogenese einer Abstoßungsreaktion ist die Erkennung von fremden HLA-Antigenen durch CD4-positive T-Helfer Lymphozyten. Diese Zellen scheinen für die Generation von zytotoxischen T-Lymphozyten besonders wichtig zu sein. Konzeptionell könnte daher die antikörpervermittelte Elimination von $CD4^{+}$-Zellen ein effektives Mittel zur Verhinderung akuter Abstoßungsreaktionen darstellen. In Tiermodellen führte die Behandlung mit einem Anti-CD4 Antikörper zu einer Verlängerung der Überlebenszeit von Nierentransplantaten [5]. Auch bei lupuserkrankten Mäusen konnte die immunsuppressive Wirkung einer solchen Therapie gezeigt werden [11]. Des weiteren konnte gezeigt werden, daß bei Behandlung mit Anti-L3T4 Antikörpern keine Antikörper gegen Fremdproteine gebildet werden, und daß sogar bleibende Toleranz für Xenoproteine induziert werden kann [1, 4].

Klinische Ergebnisse über die Behandlung mit Anti-CD4 Antikörpern sind bisher nicht veröffentlicht. In der vorliegenden präliminären Studie sollen erste klinische und pharmakokinetische Daten über VIT4, einen monoklonalen Antikörper gegen das CD4-Antigen, präsentiert werden.

Patienten und Methoden

Patientenauswahl

7 Patienten mit steroidresistenten Abstoßungen nach Nierentransplantation bzw. Pankreastransplantation (1/7) wurden mit dem monoklonalen Maus-Antikörper VIT4 behandelt. Die Diagnose von Abstoßungen wurde nach klinischen Kriterien gestellt und bioptisch verifiziert. Eine Abstoßungsreaktion wurde als steroidresistent eingestuft, wenn sich die Transplantatfunktion unter hochdosiertem Methylprednisolon (mindestens 5 mg/kg/d) nicht innerhalb von 3 Tagen besserte, bzw. wenn es nach einer kurzen Besserung auf hochdosierte Corticoidtherapie innerhalb von 4 Wochen neuerlich zu einer abstoßungsbedingten Funktionsverschlechterung des Transplantates kam. Die Patienten wurden an der Universitätsklinik für Innere Medizin oder an der Abteilung für Transplantationschirurgie der Universitätsklinik für Chirurgie in Innsbruck behandelt (Leiter: Prof. Dr. Margreiter).

Behandlungsplan

Alle Patienten erhielten als prophylaktische Immunsuppression Cyclosporin A und Prednisolon. 2/7 Patienten waren bis zum Beginn der Studie zusätzlich mit Azathioprin behandelt worden. Die Prednisolondosis wurde während der Behandlung unverändert beibehalten, Cyclosporin A wurde je nach Spiegel dosiert. Alle Patienten bekamen 5 mg VIT4 pro Tag intravenös über 14 Tage. Während der Behandlung wurden Transplantatfunktion, T-Zell Subpopulationen im peripheren Blut, Maus-Immunglobulin, Spiegel im Serum und Anti-VIT4 Antikörper gemessen.

Beschreibung von VIT4

VIT4 ist ein monoklonaler Maus-Antikörper, der gegen das CD4-Antigen auf humanen T-Zellen gerichtet ist. VIT4 ist ein IgG 2 A Antikörper. In vitro vermittelt VIT4 komplementabhängige Zytolyse in Gegenwart von Kaninchenkomplement, nicht aber von humanem Komplement. Weiterhin wirkt dieser Antikörper nicht stimulierend auf humane T-Zellen [10].

Resultate

In Vorstudien an unserer Institution wurde die Kapazitat von VIT4 getestet, Alloreaktivität zu beeinflussen. Kontinuierliche Zugabe von VIT4 in einer Konzentration von 1 µg/ml zu primären gemischten Lymphozytenkulturen (MLC) führte zu einer ca. 40%igen Hemmung der Lymphozytenproliferation (Abb. 1), während sekundäre MLC's durch VIT4 nicht beeinflußt wurden. Die spezifische lytische Kapazität alloreaktiver zytotoxischer T-Zellen wurde durch VIT4 ebenfalls nicht gehemmt

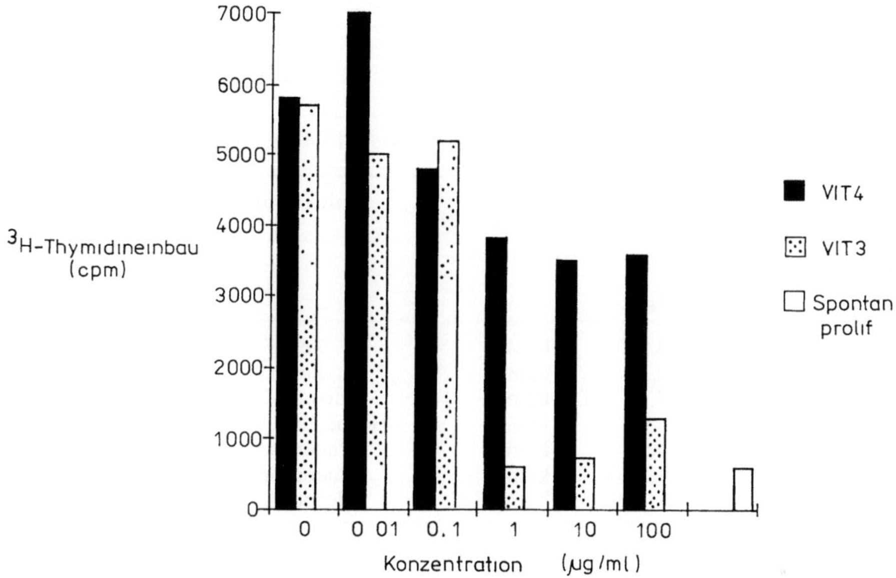

Abb. 1. Effekt von verschiedenen Konzentrationen VIT3 und VIT4 auf den Thymidineinbau in gemischten Lymphozytenkulturen

7 Patienten mit akuten Abstoßungsreaktionen (6 nach Kadavernierentransplantation und 1 Patientin nach Pankreastransplantation) wurden täglich mit 5 mg VIT4 2 Wochen lang behandelt. Alle Patienten waren vorher zum Teil mehrfach mit hochdosiertem Methylprednisolon behandelt worden und zeigten keine anhaltende Besserung auf diese Therapie. Die Patientencharakteristika sind in Tabelle 1 zusammengefaßt.

Während der Behandlung besserte sich die Organfunktion bei 4 von 6 Nierentransplantationspatienten (siehe Tabelle 2). Die Therapie mußte aber bei zwei dieser Patienten wegen schwerer Infektionen in Form von Pneumonien abgebrochen werden. Beide Patienten verloren in der Folge ihre Transplantate. Bei den beiden anderen Respondern führte die VIT4-Therapie zu einer langanhaltenden Besserung ihrer Transplantatfunktion ohne Zeichen einer neuerlichen Abstoßung. Die Abstoßungskrisen der restlichen 3 Patienten (2 Niere, 1 Pankreas) waren trotz vollständig durchgeführter Behandlung mit dem VIT4 Antikörper progredient und führten rasch zum völligen Funktionsverlust der Transplantate.

Systemische Nebenwirkungen nach Applikation von VIT4 wurden nicht beobachtet. Es entwickelten aber fünf von sieben Patienten Infektionen (Tabelle 2),

Tabelle 1. Patıentencharakterıstıka VIT 4 Studıe

	Organ	Dıagnose	Vorbehandlung
1. W. B	Nıere	3. Abstoßung	MP
2 F E	Nıere	2 Abstoßung	MP
3. W V.	Nıere	chron. refr. Abst	MP
4. E. A	Nıere	3 Abstoßung	MP
5 T. K	Nıere	3 Abstoßung	MP
6 E. F	Nıere	refr Abstoßung	MP, Plasmapherese
7 W E	Pankreas	refr Abstoßung	MP

MP hochdosıertes Methylprednısolon

Tabelle 2. Klınısche Ergebnısse VIT 4 Studıe

	Kreatının vor	Kreatının nach	System Neben-wırkungen	Infektıonen	Antı VIT 4 AK
	VIT 4 Therapıe				
W B	5,6	4,9	keıne	keıne	pos d 12
F E	4,9	2,2	keıne	keıne	pos d 330
W V	3,4	4,2	keıne	Sınusıtıs (d 8)	neg
E A.	5,5	5,0	keıne	Herpes lab. (d 12)	neg
T K	4,9	4,3	keıne	Pneumonıe	neg.
E. F	11,4	9,2	keıne	Pneumonıe	neg
W. E			keıne	Herpes lab.	pos d 5—90

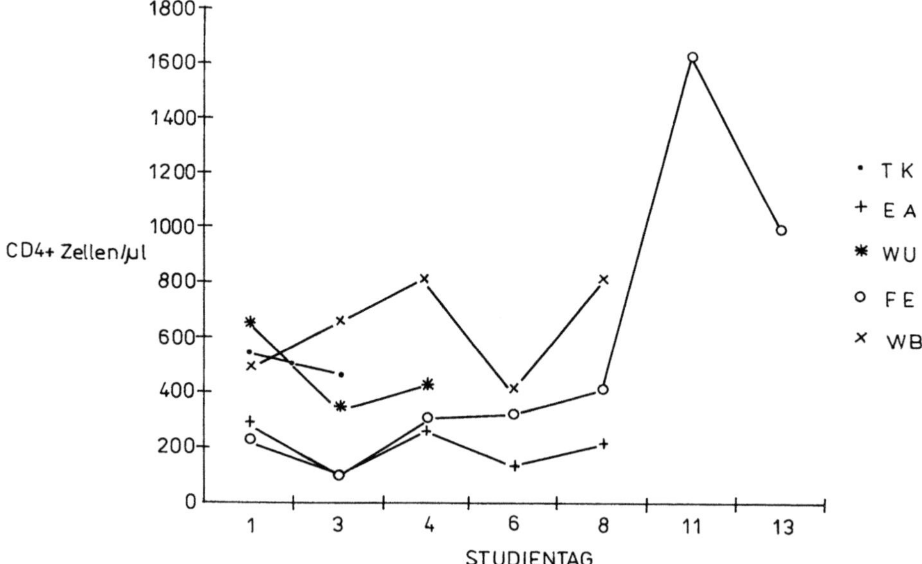

Abb. 2. Anzahl (Zellen/µl) Leu 3 posıtıver Zellen ım perıpheren Blut unter VIT 4 Behandlung

und bei 2 dieser Patienten mußte die Behandlung wegen lebensbedrohlicher Pneumonien abgesetzt werden.

Bei allen Patienten wurde immunzytologisch der Anteil der T-Zell Subpopulationen im peripheren Blut bestimmt. Weder der relative Anteil noch die absolute Zahl von $CD3^+$-, $CD4^+$-, $CD8^+$- oder $HLA\text{-}DR^+$-Zellen änderte sich signifikant unter der Behandlung. Insbesonders kam es zu keiner Depletion von CD 4-positiven Zellen (Abb. 2). Es wurden während der Therapie bei allen Patienten zirkulierende Maus-Immunglobulinspiegel im Serum nachgewiesen. Serumspiegel reichten von 20 ng/ml bis 564 ng/ml. Es konnte in diesem kleinen Patientengut mit refraktären Abstoßungen keine Korrelation zwischen Höhe des Serumspiegels und klinischer Wirksamkeit beobachtet werden. Während und nach der Behandlung wurden Seren der Patienten auf das Vorhandensein von Anti-VIT 4 Antikörpern untersucht. Bei drei der sieben Patienten wurden zwischen dem Tag 5 und 1 Jahre nach Beginn der Studie solche Antikörper nachgewiesen.

Diskussion

Klinische Studien zur Erprobung neuer Immunsuppressiva in der Transplantationsmedizin sind durch mehrere Faktoren erschwert: So ist die Verwendung neuer Medikamente als alleinige Prophylaxe von Abstoßungsreaktionen ethisch schwer vertretbar, da z. B. bei Kadavernierentransplantation mit konventionellen Methoden Transplantatüberlebensraten zwischen 70 und 85% erreicht werden. Werden aber neue Wirksubstanzen zusammen mit der herkömmlichen Immunosuppression getestet, so ist ein zusätzlicher positiver Effekt wenn überhaupt nur an sehr großen Patientenkollektiven nachweisbar. Es werden daher meistens für frühe Studien zur Ermittlung der Toxizität und Pharmakokinetik solcher Substanzen Patienten ausgewählt, bei denen alle konventionellen Methoden zur Behandlung von Abstoßungen ausgeschopft sind. Diese Patientengruppe ist aber immer in bezug auf Vorbehandlung und Vorschädigung des Transplantates außerordentlich heterogen und schwer beurteilbar. Deshalb müssen die klinischen Ergebnisse solcher Studien mit großer Vorsicht interpretiert werden.

In der vorliegenden Studie wurden 7 Patienten mit refraktären Abstoßungsreaktionen behandelt. Vier der sechs Patienten nach Nierentransplantation zeigten zumindest eine vorübergehende Besserung der Transplantatfunktion (66%). Lediglich bei zwei von ihnen führte die Behandlung zu einer langdauernden Verbesserung der Nierenfunktion (33%). Diese Ansprechraten erscheinen niedriger als jene, die über die Behandlung mit OKT 3 berichtet worden sind [7, 8]. Dies könnte neben den spezifischen Unterschieden zwischen diesen Antikörpern auch auf eine unzureichende Dosierung zurückzuführen sein, es wurden in unserer Studie VIT 4 Serumspiegel erreicht, die deutlich unter den optimal in vitro hemmenden Konzentrationen lagen. Auch führte VIT 4 in der von uns verwendeten Dosierung zu keiner Depletion der $CD4^+$-Helferzellen. Ob dies durch eine Eigenschaft des Antikörpers bedingt ist oder ebenfalls eine Frage der Dosierung ist, kann mit der vorliegenden Studie nicht beantwortet werden. Infektionen traten bei 5 der sieben Patienten auf, wobei 2 Patienten schwere Pneumonien entwickelten. Es handelt sich aber bei allen diesen Patienten um intensiv immunsuppressiv vorbehandelte Kranke. Dadurch ist der Beitrag der einzelnen therapeutischen Maßnahmen bei der Entstehung dieser Infektgefährdung schwer abzugrenzen. Bei keinem der Patienten traten bei Applikation systemische Nebenwirkungen auf, insbesonders kam es nicht zum Auftreten der von der OKT 3 Behandlung bekannten Nebenwirkungen wie Flüssigkeitsprobleme, Fieber und Schüttelfrost [7, 8].

Antikörper gegen VIT 4 traten bei drei der sieben behandelten Patienten auf und wurden somit in einer ähnlichen Häufigkeit beobachtet wie bei anderen Studien mit monoklonalen Maus-Antikörpern und gleichzeitiger Cyclosporingabe [8].

Somit kann zusammenfassend gesagt werden, daß VIT 4 in der verwendeten Dosierung von 5 mg/d 14 Tage lang bei manchen steroidresistenten Abstoßungsreaktionen wirksam ist, ohne zu einer Depletion CD 4 positiver Zellen im peripheren Blut zu führen. Infektionen und Antikörperbildung gegen VIT 4 traten in vergleichbarer Frequenz wie bei Abstoßungsbehandlung mit anderen monoklonalen Antikörpern auf. Systemische Nebenwirkungen bei Applikation des Antikörpers fehlten jedoch vollkommen. Der Stellenwert einer immunsuppressiven Behandlung mit Anti-CD 4 Antikörpern muß aber noch in weiteren Studien mit höheren Dosierungen und bei prophylaktischen Anwendungen ermittelt werden.

Literatur

1 Benjamin RJ, Waldmann H (1986) Induction of tolerance by monoclonal antibody therapy. Nature 320. 449

2. Cosimi AB, Burton RC, Colvin RB, Goldstein G, Delmonico FL, LaQuaglia MP, Tolkoff-Rubin N, Rubin RH, Herrin JT, Russel PS (1981) Treatment of acute allograft rejection with OKT 3 monoclonal antibody. Transplantation 32 535

3. Cosimi AB (1987) Clinical development or Orthoclone OKT 3 Trans Proc 19 [Suppl 1] 7

4 Gutstein NL, Seaman WE, Scott JH, Wofsy D (1986) Induction of tolerance by administration of monoclonal antibody to L3T4 J Immunol 137 1127–1131

5 Jonker M, Neuhaus P, Zurcher C, Fucello A, Goldstein G (1985) OKT 4 and OKT 4 a antibody treatment as immunosuppression for kidney transplantation in rhesus monkeys. Transplantation 39 247–252

6. Kirkman RL, Aravjo JL, Busch GJ, Carpenter CB, Milford EL, Reinherz EL, Schlossman SF, Storm TB, Tilney NL (1983) Treatment of acute renal allograft rejection with the monoclonal anti-T 12 antibody. Transplantation 36. 620

7 Ortho Multicenter Transplant Study Group (1985) A randomized trial of OKT 3 monoclonal antibody for acute rejection of cadaveric renal transplants N Engl J Med 313: 337

8 Thistlethwaite JR, Gaber AO, Haag BW, Aronson AJ, Broelsch CE, Stuart JK, Stuart FP (1987) OKT 3 treatment of steroid resistant renal allograft rejection Transplantation 43: 176–184

9 Thurlow PJ, Lovering E, d'Apice AJF, McKenzie IFC (1983) A monoclonal anti pan T-cell antibody: in vitro and in vivo studies. Transplantation 36. 293

10 Von Jeney NL, Olas K, Knapp W (1986) Evaluation of the T-cell workshop monoclonal antibodies in in vitro lymphocyte proliferation assays In Reinherz EL, Haynes BF, Nadler LM, Bernstein ID (eds) Leukocyte typing. Springer, Berlin Heidelberg New York Tokyo

11 Wofsy D, Seaman WE (1985) Successful treatment of autoimmunity in NZB/NZW F 1 mice with monoclonal antibody to L3T4 J Exp Med 161: 378

12 Woodcock J, Wofsy D, Eriksson E, Scott JH, Seaman WE (1986) Rejection of skin grafts and generation of cytotoxic T-cells by mice depleted of L3T4 pos cells Transplantation 42. 636

Anschrift des Verfassers: Dr. W E. Aulitzky, Abteilung für Klinische Immunbiologie, Universitätsklinik für Innere Medizin, Anichstraße 35, A-6020 Innsbruck, Österreich

Überleben von Inselallotransplantaten nach temporärer Empfängerbehandlung mit Anti-IL-2-Rezeptor Antikörper

B. Kuttler[1], *A. Dunger*[1], *S. Lucke*[1], *H. D. Volk*[2], *T. Diamantstein*[3] und *H. J. Hahn*[1]

[1] Zentralinstitut fur Diabetes „Gerhardt Katsch", Karlsburg, Deutsche Demokratische Republik,
[2] Institut fur Medizinische Immunologie, Bereich Medizin (Charité) Humboldt-Universitat zu Berlin, Deutsche Demokratische Republik,
[3] Immunologische Forschungseinheit, Klinikum Steglitz, Freie Universitat, Berlin

Einleitung

Bisherige immunsuppressive Therapieregime, die insbesondere bei Allotransplantationen zur Anwendung kommen, basieren auf einer unspezifischen Unterdrükkung der Immunantwort. So sind Nebenwirkungen und Komplikationen nach Gabe konventioneller Immunsuppressiva nicht zu vermeiden. Kürzlich wurde bei Ratten [1, 2, 3] und Mäusen [4] ein verlängertes Allotransplantatüberleben beobachtet, wenn die Empfänger mit einem monoklonalen Antikörper gegen IL-2-Rezeptor (Anti-IL-2R mAK) behandelt wurden. Die zusätzliche Gabe von Cyclosporin A (CsA) in subtherapeutischen Dosen verbessert die Resultate weiter [1, 3]. Der Anti-IL-2R mAK reagiert mit aktivierten T-Lymphozyten, die in der Phase der Aktivierung den IL-2R auf ihrer Oberfläche exprimieren. Damit wird spezifisch die klonale Expansion der aktivierten T-Lymphozyten gehemmt, die im Prozeß der Transplantatabstoßung eine zentrale Rolle spielen. Ein weiterer Vorteil dieser Behandlungsform ist durch die temporäre Anwendung gegeben.

Wir konnten zeigen, daß das Inselallotransplantatüberleben durch temporäre Behandlung der Empfänger mit Anti-IL-2R mAK (ART-18) und CsA deutlich verlängert wird [1]. Die vorliegende Studie untersucht den therapeutischen Effekt von Anti-IL-2R mAK, angewendet als Ascites, im Vergleich zu einem gereinigten Anti-IL-2R mAK der IgG 1-Subklasse auf das Überleben allogen transplantierter Ratteninseln. Sie schließt sowohl die Charakterisierung der Empfänger und des Transplantates als auch eine Transplantathistologie zum Versuchsende ein.

Material und Methoden

Adulte diabetische (50 mg/kg KG Streptozotocin, i.v.) LEW · 1W/MaxK Ratten (♀, RT 1^u) dienten als Empfänger. Neonatale LEW · 1A/MaxK Ratten (8—10 Tage,

RT 1[a]) wurden zur Präparation der Spenderinseln verwendet. Inselisolierung und Transplantatcharakterisierung ist bei Hahn et al. [1] ausführlich beschrieben.

Frisch isolierte Pankreasinseln wurden den Empfängern etwa 10 Tage nach Diabetesinduktion unter die rechte Nierenkapsel transplantiert (Tag 0). Zum gleichen Zeitpunkt wurde eine Pankreasbiopsie zur Ermittlung des Insulingehaltes entnommen [5]. Für 10 Tage (Tag 0 bis 9) erhielten die Empfänger keine Therapie (Gruppe 1), 1,5 mg/kg KG CsA (Gruppe 2), 1 mg/kg KG ART-18-Ascites (Gruppe 3), CsA plus ART-18-Ascites (Gruppe 4) oder CsA plus 1 mg/kg KG ART-18-IgG 1 (Gruppe 5). Die Produktion und biologische Charakterisierung des Anti-IL-2R mAK (ART-18) wurde in anderen Arbeiten beschrieben [6, 7]. Die Plasmaglukosekontrolle erfolgte täglich bis zum 10. Tag, dann 3mal wöchentlich bis zur 7. Woche und bis zur 17. Woche 1mal wöchentlich. Bei normoglykämischen Ratten wurde nach 40 und 120 Tagen ein intraperitonealer Glukosetoleranztest durchgeführt (2 g/kg KG Glukose) und die Glukosetoleranz anhand der Überschreitungsfläche von 0—120 min eingeschätzt. Zur Transplantathistologie wurden die Nieren entnommen, in Bouinscher Lösung fixiert und in Paraffin eingebettet. Serienschnitte (7 µm) wurden entweder mit Hämatoxylin-Eosin gefärbt oder für die Immunofluoreszenz mit einem monoklonalen Antikörper gegen Insulin (IAK-36 a C 10 mAK) und FITC-markiertem anti-Maus-Ig [8] inkubiert.

Ergebnisse und Diskussion

Die Tabellen 1 und 2 zeigen alle Ergebnisse hinsichtlich Charakterisierung der Empfänger und der Transplantate. Es gibt keine Differenzen in der Plasmaglukose zum Zeitpunkt der Transplantation zwischen den Tieren der einzelnen Gruppen. Der stark reduzierte Pankreasinsulingehalt in allen 5 Gruppen (Tabelle 1) weist auf eine erfolgreiche Diabetesinduktion hin. Nichtdiabetische Kontrollen haben einen Pankreasinsulingehalt von 22,33 ± 0,58 pmol/mg Feuchtgewicht (n = 113). Zur Charakterisierung des Transplantates wurden der Insel-Insulingehalt, die glukosestimulierte Insulinsekretion und der ^{3}H-Leucineinbau in Gesamtprotein herangezogen (Tabelle 2). Durch die Bestimmung dieser 3 Funktionsparameter der Insel ist die Beurteilung der Transplantatfunktion in vitro mit einer hohen Wahrscheinlichkeit gegeben. Die verschiedenen Inselpräparationen sind vergleichbar im Insulingehalt pro Insel, der zwischen 5,72 ± 0,52 und 6,99 ± 0,37 pmol liegt. Die Insulinsekretion ist durch Glukose bei allen Inselpräparationen stimulierbar. Die niedrigen Basalwerte (Insulinsekretion bei 1,5 mmol/l Glukose) sind ein Hinweis für intakte Inseln, denn es findet kein passiver Insulinausstrom infolge von Membranschäden statt.

Auch die Proteinsynthese, gemessen am ^{3}H-Leucineinbau, ist in allen Gruppen vergleichbar. Die Ergebnisse lassen den Schluß zu, daß in allen Gruppen in vitro funktionstüchtige Inseln transplantiert wurden. Bleiben die Empfänger unbehandelt (Gruppe 1), tritt die Hyperglykämie bereits nach 7,3 ± 0,5 Tagen wieder auf. Die Therapie mit subtherapeutischen Dosen CsA (Gruppe 2) ist nicht in der Lage, die Normoglykämie signifikant länger zu erhalten (8,8 ± 1,0 Tage).

Deutlich verlängertes Transplantatüberleben ist bei Tieren, die mit Anti-IL-2R-mAK (Ascites, Gruppe 3) oder mit Anti-IL-2R-mAK (Ascites) plus CsA (Gruppe 4) behandelt wurden, zu beobachten. Die mittlere Transplantatüberlebenszeit beträgt in Gruppe 3 42,5 ± 15,4 Tage und in Gruppe 4 45,1 ± 14,6 Tage.

Tabelle 1. Charakterisierung der Empfanger

Gruppe	Therapie	Empfanger			
		Plasma-glukose [mmol/l] T_x	Pankreasinsulin-gehalt [pmol/mg FG] T_x	Transplantatuberlebenszeit (Tage) individuell	$\bar{x}$
1	ohne	29,3 ± 0,6	1,38 ± 0,47	6, 6, 6, 6, 7, 8, 8, 9 10	7,3 ± 0,5
2	CsA	29,0 ± 1,5	1,14 ± 0,20	6, 6, 6, 8, 9, 9, 13 13	8,8 ± 1,0
3	ART-18 (Ascites)	29,6 ± 1,8	0,80 ± 0,13	6, 6, 6, 7, 10, 13, 17 > 42, > 120, > 120, > 120	42,5 ± 15,4
4	ART-18 + CsA (Ascites)	28,5 ± 1,8	0,73 ± 0,14	6, 6, 15, 17, 19, 21, 21, 31, > 120, > 120, > 120	45,1 ± 14,6
5	ART-18 + CsA (IgG 1)	29,5 ± 1,2	0,68 ± 0,29	17, 19, 19, 20, 23	19,6 ± 1,0

Tabelle 2. Charakterisierung der Transplantate

Gruppe	Therapie	Transplantat				
		Insulin-gehalt [pmol/Insel]	Insulinsekretion [pmol/Insel] Glukose		H^3-Leucineinbau in Protein [cpm/Insel] Glukose	
			1,5 mmol/l	20 mmol/l	1,5 mmol/l	20 mmol/l
1	ohne	6,31 ± 0,48	0,07 ± 0,02	0,47 ± 0,11	6 171 ± 480	7 801 ± 523
2	CsA	6,99 ± 0,37	0,05 ± 0,01	0,41 ± 0,10	6 590 ± 781	7 794 ± 468
3	ART-18 (Ascites)	6,49 ± 0,39	0,05 ± 0,01	0,51 ± 0,11	5 307 ± 435	8 572 ± 537
4	ART-18 + CsA (Ascites)	6,38 ± 0,51	0,06 ± 0,02	0,77 ± 0,15	6 094 ± 493	8 616 ± 573
5	ART-18 + CsA (IgG 1)	5,72 ± 0,52	—	—	—	—

Tabelle 3. Glukosetoleranztest von Tieren mit langzeitfunktionierendem Transplantat

Gruppe	Therapie	Überschreitungsflachen 0—120 min [mmol/l min]*	
		Tag 40	Tag 120
3	ART-18 (Ascites)	1 142 ± 21	1 351 ± 43
4	ART-18 (Ascites) + CsA	1 934 ± 428	1 769 ± 357

* Normbereich (Mittelwert ± 2 SD) = 1 107 bis 1 571 [mmol/l min]

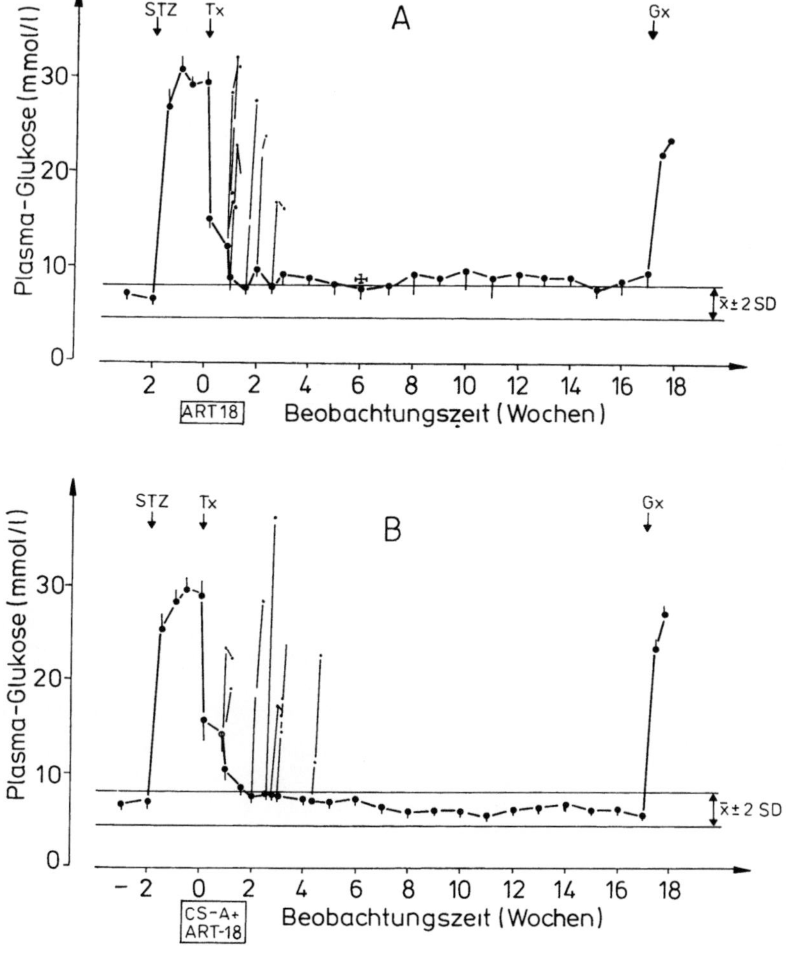

Abb. 1. Plasmaglukoseverlauf von Streptozotocin-diabetischen LEW 1W Ratten nach Transplantation allogener Langerhansscher Inseln **a** Empfangertherapie mit ART-18 (Ascites) **b** Empfangertherapie mit ART-18 (Ascites) plus Cyclosporin A

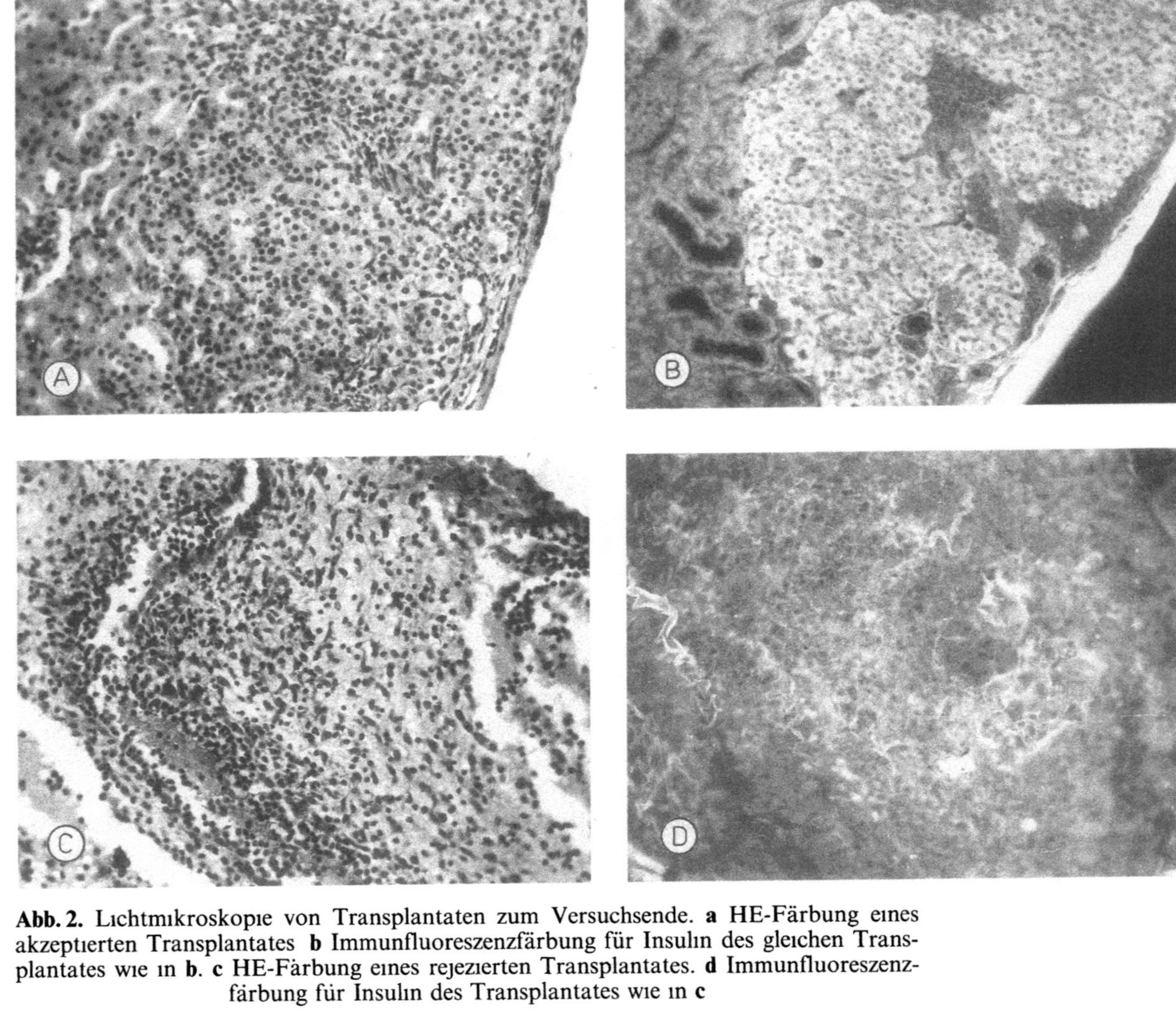

Abb. 2. Lichtmikroskopie von Transplantaten zum Versuchsende. **a** HE-Färbung eines akzeptierten Transplantates **b** Immunfluoreszenzfärbung für Insulin des gleichen Transplantates wie in **b**. **c** HE-Färbung eines rejezierten Transplantates. **d** Immunfluoreszenzfärbung für Insulin des Transplantates wie in **c**

In beiden Gruppen sind 3 von 11 Tieren durch ein permanentes Überleben der transplantierten Inseln charakterisiert (> 120 Tage). Die Abb. 1 zeigt den Plasmaglukoseverlauf für Tiere der Gruppe 3 (a) und der Gruppe 4 (b). Es fällt auf, daß die Glykämielage der Tiere mit der kombinierten Behandlung stabiler ist (*alle* Plasmaglukosewerte im Bereich $\bar{x}_{Ko} \pm 2\,SD$), als die der Tiere, die nur den Anti-IL-2R mAK erhalten haben. Das Ergebnis wird durch eine signifikant bessere Glukosetoleranz (normal) der Tiere in Gruppe 4 im Vergleich zu den Tieren in Gruppe 3 (intolerant) unterstutzt (Tabelle 3).

Nach Transplantatentfernung werden die Tiere sofort hyperglykämisch (Abb. 1). Die Lichtmikroskopie des Transplantates nach 120 Tagen zeigt intakte Inseln ohne sichtbare Anzeichen einer Entzündung (Abb. 2a). Die Inseln enthalten gut granulierte B-Zellen, wie sie durch immunhistochemische Färbung für Insulin nachweisbar sind (Abb. 2b). Bei Tieren mit abgestoßenem Transplantat findet man lichtmikroskopisch eine massive Lymphozyteninfiltration (Abb. 2c). Gelegentlich sind noch verbliebene pankreatische B-Zellen nachweisbar (Abb. 2d). Die Therapie der Empfänger mit einem gereinigten Anti-IL-2R-mAK der IgG 1 Subklasse plus CsA führt ebenfalls zu einer Verlängerung des Transplantatüberlebens (19,6 ± 1,0 Tage). Allerdings war bisher kein permanentes Überleben zu beobachten, was zunächst überraschend ist. Dieser Unterschied ist möglicherweise auf die Reinigung des Anti-IL-2R mAK (Anwendung als IgG 1) zurückzufuhren.

Die vorliegenden Ergebnisse unterstützen die Hypothese, daß aktivierte IL-2R tragende T-Lymphozyten bei der Allotransplantatabstoßung von Bedeutung sind. Die alleinige Therapie mit subtherapeutischen Dosen CsA hat keinen Einfluß auf das Transplantatüberleben. Nur die Gabe von Anti-IL-2R mAK allein oder in Kombination mit CsA führt zur Akzeptierung des Transplantates. Die gewählte Form der Behandlung unterdrückt die akute Rejektion und verlängert die Transplantatüberlebenszeit. Einige Tiere akzeptieren die allogenen Inseln permanent, wobei wir bisher noch nicht wissen, was durch die Behandlung bei diesen Tieren im Gegensatz zu den anderen induziert wurde, das in einem Langzeitüberleben resultiert.

Bei der allogenen Herztransplantation [2, 3, 4] konnte gelegentlich Langzeitüberleben erreicht werden, wenn auf F_1 Hybride transplantiert wurde.

Wir haben bei der allogenen Inseltransplantation permanentes Überleben beobachtet, obwohl über eine Haupthistokompatibilitätsbarriere transplantiert wurde und die Empfänger „high responder" waren.

Danksagung

Fur die gute Unterstutzung bei der Versuchsdurchfuhrung danken wir Christiane Kauert, Monika Henkel, Gudrun Strauch, Evelin Radloff, Kerstin Gumm und Barbara-Maria Walter

Literatur

1 Hahn HJ, Kuttler B, Dunger A, Kloting I, Lucke S, Volk HD, von Baehr R, Diamantstein T (1987) Prolongation of rat pancreatic islet allograft survival by treatment of recipient rats with monoclonal anti-interleukin-2 receptor antibody and cyclosporin. Diabetologia 30 44

2 Kupiec-Weglinski JW, Diamantstein T, Tilney NL, Strom TB (1986) Therapy with a monoclonal antibody to the interleukin-2 receptor spares T suppressor cells and prevents or reverses acute allograft rejection Proc Natl Acad Sci USA 83 2624

3. Diamantstein T, Volk HD, Tilney NL, Kupiec-Weglinksi J (1986) Specific immunosuppressive therapy by monoclonal anti-IL 2 receptor antibody and its synergistic action with cyclosporin. Immunobiology 172. 391
4. Kirkman RL, Barrett LV, Gaulton GN, Kelley VE, Ythier A, Strom TB (1985) Administration of an anti-interleukin-2 receptor monoclonal antibody prolongs cardiac allograft survival in mice J Exp Med 162: 358
5. Ziegler B, Hahn HJ, Ziegler M (1985) Insulin recovery in pancreas and host organs of islet grafts. Exp Clin Endocrinol 85 53
6. Diamantstein T, Osawa H (1986) The interleukin-2 receptor, its physiology and a new approach to a selective immunosuppressive therapy by anti-interleukin-2-receptor monoclonal antibodies. Immunol Rev 92: 5
7 Osawa H, Diamantstein T (1984) Partial characterization of the putative rat-interleukin-2 receptor. Eur J Immunol 14. 374
8 Dorn A, Ziegler M, Bernstein HG, Dietz H, Rinne A (1983) Introducing a monoclonal antibody to insulin. the islets of Langerhans as a model for immunocytochemistry Acta Histochem 73· 293

Anschrift des Verfassers: Dr. Beate Kuttler, Zentralinstitut für Diabetes „Gerhardt Katsch", DDR-2201 Karlsburg, Deutsche Demokratische Republik.

Behandlung diabetischer BB-Ratten mit Cyclosporin A und einem monoklonalen Antikörper gegen IL-2-Rezeptor

H. J. Hahn[1], *J. Gerdes*[2], *S. Lucke*[1], *H. D. Volk*[3], *H. Stein*[2] und *T. Diamantstein*[4]

[1] Zentralinstitut fur Diabetes „Gerhardt Katsch", Karlsburg, Deutsche Demokratische Republik,
[2] Pathologisches Institut der Freien Universitat, Klinikum Steglitz, Berlin,
[3] Institut fur Medizinische Immunologie (Charité) Berlin, Deutsche Demokratische Republik,
[4] Immunologische Forschungseinheit, Freie Universitat, Klinikum Steglitz, Berlin

Ähnlich der Allotransplantatrejektion findet die autoaggressive Zerstörung der pankreatischen B-Zelle, die zum insulinabhängigen Diabetes führt, unter Beteiligung mononukleärer lymphatischer Zellen statt. Tierexperimentell wurden unter Nutzung der BB-Ratte, die den insulinabhängigen menschlichen Diabetes weitgehend simuliert, eine Reihe von Beweisen für die Beteiligung zellulärer Effektorpopulationen erarbeitet, wie die erfolgreiche Diabetesprävention durch Behandlung prädiabetischer BB-Ratten mit Antilymphozytenserum, Bestrahlung, monoklonale Anti-T-Zellantikörper oder Cyclosporin A [1]. Auch die Übertragung der Erkrankung durch Milzzellentransfer von diabetischen BB-Ratten bzw. die Verhinderung des Krankheitsausbruches durch Transfusion von T-Lymphozyten von diabetesresistenten BB-Ratten unterstreichen die dominierende Rolle zellulärer Immunreaktionen, die sich morphologisch als Insulitis verifizieren läßt [1].

Die klonale Vermehrung alloantigen- oder autoantigenaktivierter T-Lymphozyten wird durch die zeitweilige Exprimierung des Interleukin-2 Rezeptors (IL-2R) reguliert. Ähnlich wie bei der Allotransplantatrejektion, die durch das Auftreten IL-2R exprimierender aktivierter T-Lymphozyten charakterisiert ist [2], konnten wir die Existenz solcher Zellen bei der Insulitis frischmanifestierter diabetischer BB-Ratten belegen [5]. Da die zeitweilige Behandlung von Allotransplantatempfängern (Herz, Pankreasinseln) mit einem monoklonalen gegen IL-2R gerichteten Antikörper die Abstoßung deutlich verzögerte [3—5] und dieser Effekt durch Cyclosporin A synergistisch verstärkt wurde [6], konnte teilweise ein permanentes Überleben des Allotransplantates beobachtet werden [3, 5, 7]. Nachdem wir beobachtet hatten, daß frischmanifestierte diabetische BB-Ratten mit einer Hyperglykämie zwischen 8,3 und 13 mmol/l in 63% der Tiere noch insulinenthaltende pankreatische B-Zellen nachweisbar waren [8], schien es uns angebracht, eine ähnliche temporäre immunsuppressive Therapie zur Behandlung des insulinabhängigen Diabetes der BB-Ratte einzusetzen. Der Therapieeffekt wurde anhand der Glykämielage, der Änderung der zellulären Inselinfiltrate und der MHC-Klasse II-Antigenexprimierung verfolgt.

Material und Methoden

50 junge normoglykämische BB/OK-Ratten (27 Männchen, 23 Weibchen) wurden 3mal wöchentlich durch Messung der postprandialen Plasmaglukosekonzentration und der Körpermasse verfolgt. Beim Auftreten der Hyperglykämie (> 8,3 mmol/l Plasmaglukose), die bei 25 Tieren (14 Männchen, 11 Weibchen) mit einem mittleren Alter von 84 ± 12 Tagen nachweisbar war, wurden einige Tiere mit einer milden Hyperglykämie (Plasmaglukose 8,3 bis 13,0 mmol/l; Bestätigung des Wertes 3 h später) chirurgisch biopsiert (n = 8). 6 BB-Ratten (3 Männchen, 3 Weibchen) mit einer Plasmaglukose über 13 mmol/l wurden aus der Studie entfernt. 8 mild hyperglykämische BB-Ratten dienten als unbehandelte Kontrolle, während 11 Tiere mit 1 000 µg/kg IL-2R Antikörper (ART-18) und 1,5 mg/kg Cyclosporin A (Sandoz AG Basel, Schweiz) beginnend mit dem Tag der Diagnose für 10 Tage behandelt wurden.

Eine gleichgeschlechtliche normoglykämische BB-Ratte desselben Wurfes wurde als biostatistischer Zwilling ebenfalls chirurgisch biopsiert. Von diesen Tieren entwickelten später noch 10 BB-Ratten eine Hyperglykämie, diese BB-Ratten schieden aus der Studie aus, so daß als normoglykämische Kontrollpopulation 15 Tiere für die retrospektive Auswertung genutzt werden konnten.

Bei fortbestehender Hyperglykämie wurden die Tiere 14 Tage nach der Diabetesdiagnose getötet, normoglykämische Tiere wurden bei wöchentlicher Messung der Körpermasse und Plasmaglukosekonzentration bis 120 Tage nach der primären Hyperglykämiediagnose verfolgt.

Die Pankreasbiopsien wurden geteilt und beide Teile schnell gefroren. Ein Teil wurde sauer extrahiert und nach Verdünnung zur Messung des Pankreasinsulingehaltes genutzt [9]. Aus der restlichen Pankreasbiopsie wurden 6 µm dicke Kryostatschnitte hergestellt und entweder mit Haematoxylin-Eosin oder dem monoklonalen Antikörper MRC OX-6, der mit den Rattenhomologen der Maus Ia-Antigene reagiert [10] unter Nutzung des APAAP-Indikatorsystems gefärbt [11]. Das Pankreas der nach 120 Tagen getöteten Ratten wurde identisch aufgearbeitet.

Die Ergebnisse sind als Mittelwert ± mittlerer Fehler des Mittelwertes dargestellt. Die Signifikanz wurde mit dem t-Test nach Student berechnet.

Ergebnisse

Die unbehandelten mild-diabetischen Kontrolltiere entwickelten innerhalb von 2 Tagen Plasmaglukosewerte über 25 mmol/l und hatten 14 Tage nach Diagnose des Diabetes einen Pankreasinsulingehalt von kleiner als 1,0 pmol/mg. Morphologisch sind die Tiere zum Zeitpunkt der Diagnose durch eine massive Insulitis, die auch 14 Tage später noch nachweisbar war, charakterisiert. Zu diesem Zeitpunkt fanden wir keine immunhistochemisch darstellbare B-Zellen im endokrinen Pankreas.

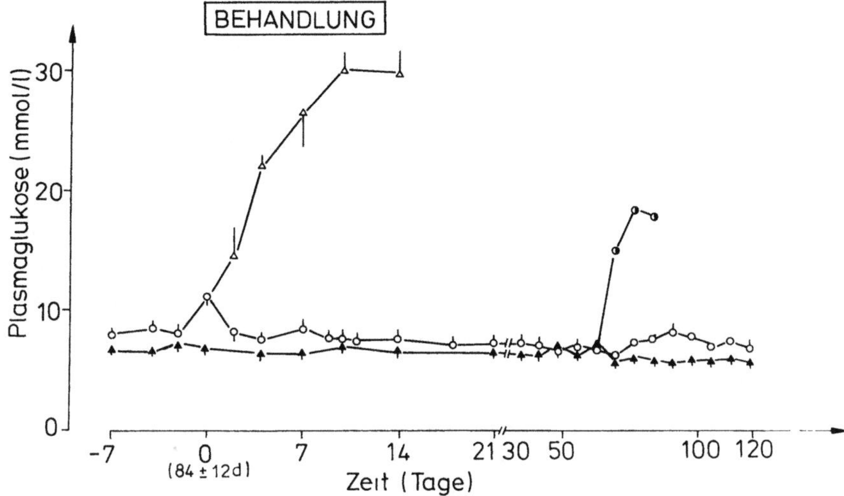

Abb. 1. Plasmaglukoseverlauf permanent normoglykämischer BB-Ratten (▲—▲, n = 15) im Vergleich zu diabetischen BB-Ratten, die erfolgreich mit IL-2R Antikörper und Cyclosporin A behandelt wurden (○—○) 3 Tiere (△—△) zeigten keinen metabolischen Effekt und 1 Tier entwickelte eine Hyperglykämie 60 Tage nach Behandlungsbeginn

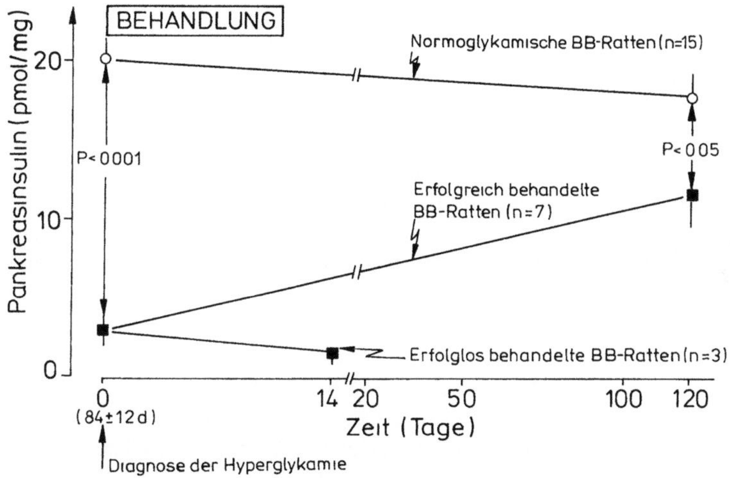

Abb. 2. Verlauf des Pankreasinsulingehaltes bei den mit ART-18 behandelten BB-Ratten

11 mild-hyperglykämische BB-Ratten wurden mit Cyclosporin A und ART-18 behandelt 8 von 11 Tieren normalisierten den postprandialen Plasmaglukosewert innerhalb von 5 Tagen, während wir in 3 von 11 BB-Ratten keinen Stoffwechseleffekt zu verzeichnen hatten (Abb. 1). Im Beobachtungszeitraum (120 Tage nach Hyperglykämiediagnose) waren die postprandialen Plasmaglukosekonzentrationen der temporär ART-18 behandelten Tiere im Vergleich zu den ständig normoglykämischen BB-Ratten permanent leicht erhöht (Abb. 1) und 1 Tier dekompensierte 60 Tage nach Behandlungsbeginn. 64% der temporär behandelten BB-Ratten waren nach Abschluß der Untersuchung normoglykämisch.

Der Insulingehalt der diabetischen BB-Ratten war zum Zeitpunkt der Diagnose signifikant vermindert (Abb. 2). Das endokrine Pankreas der diabetischen Tiere war durch eine massive Insulitis (Abb. 3 a) charakterisiert. Alle lymphatischen Zellen und das die Insel umgebende Bindegewebe, die Endothelien und gelegentlich auch das parenchymatöse Gewebe, exprimierten massiv ein mit dem monoklonalen Antikörper MRC OX-6 reagierendes Epitop (Ia-Antigen) (Abb. 3 b).

Die Tiere, die keinen Therapieeffekt aufwiesen (Abb. 1) sind durch einen weiter reduzierten Pankreasinsulingehalt (Abb. 2) und eine unveränderte Insulitis ausgewiesen. Nur in einer von 3 erfolglos mit ART-18 und Cyclosporin A behandelten BB-Ratten konnten wir noch vereinzelt insulinpositive Zellen immunhistochemisch darstellen.

Die bis 120 Tage nach Behandlungsbeginn normoglykämischen BB-Ratten hatten ihren Pankreasinsulingehalt signifikant erhöht (Abb. 2) und waren durch einen massiven Rückgang der Insulits (Abb. 4 a) sowie der Ia-Antigenexprimierung (Abb. 4 b) charakterisiert. Histologisch wurden nur noch gelegentlich spindelförmige Zellen (Makrophagen, dentritische Zellen) in den Inseln oder um die Insel mit MRC OX-6 angefärbt (Abb. 4 b).

Diskussion

Auf der Basis der Beobachtung, daß in 63% der frisch manifestierten diabetischen BB-Ratten mit einer milden Hyperglykämie (kleiner als 13 mmol/l) noch insulinbildende B-Zellen nachweisbar waren [8], wurde versucht, die Autoaggression, die zum insulinpflichtigen Diabetes der BB-Ratten geführt hatte, zu stoppen. Der eingesetzte monoklonale IL-2R-Antikörper erkennt den IL-2R der Ratte, bindet sich mit diesem und verhindert die alloantigenaktivierte und autoantigenaktivierte klonale T-Zellvermehrung [12]. Diese neue Form einer spezifischeren immunsuppressiven Therapie verhindert nicht nur die Allotransplantatabstoßung [3—5, 7], sondern eignet sich auch für die Behandlung akuter Rejektionskrisen [3], somit eine unmittelbare Wirkung auf die entstandenen alloreaktiven Zellen anzeigend [3]. Da Cyclosporin A die IL-2 Sekretion vermindert, war der nachgewiesene synergistische Effekt, auch mit therapeutisch unterschwelligen Dosen, nicht überraschend [6] und wurde in die Behandlungsstrategie einbezogen.

In 8 von 11 BB-Ratten (72%) konnten wir eine metabolische Wirkung, gemessen anhand der Normalisierung der postprandialen Plasmaglukosekonzentrationen erreichen, die bei 64% der behandelten Tiere bis zum 120. Tag anhielt. Die Untersuchungen belegen damit, daß die temporäre ART-18 und Cyclosporin A-Behandlung in der Mehrzahl der Tiere die Autoaggression anhaltend unterbrochen hat. Dieser Befund wird untermauert durch den Anstieg des Pankreasinsulingehaltes, auch wenn die Werte permanent normoglykämischer Tiere nicht erreicht wurden. Ferner fällt eine massive Verminderung der Insulitis und der Ia-Antigenexprimierung in und um die Langerhanssche Insel auf. Letztere soll, insbesondere als irrtümliche Expression auf parenchymatösen Zellen, eine prädominante Rolle bei der Auslösung eines Autoimmunprozesses spielen [13]. Unabhängig vom angenommenen Prozeßablauf belegt der histologische Nachweis einer massiven Ia-Antigenexpression bei frischmanifestierten diabetischen BB-Ratten die Wirkung einer Reihe immunmodulierender Proteine, die einzeln oder in Kombination auch in vitro die Expression der MHC-Klasse II-Moleküle stimulieren [14, 15]. Bemer-

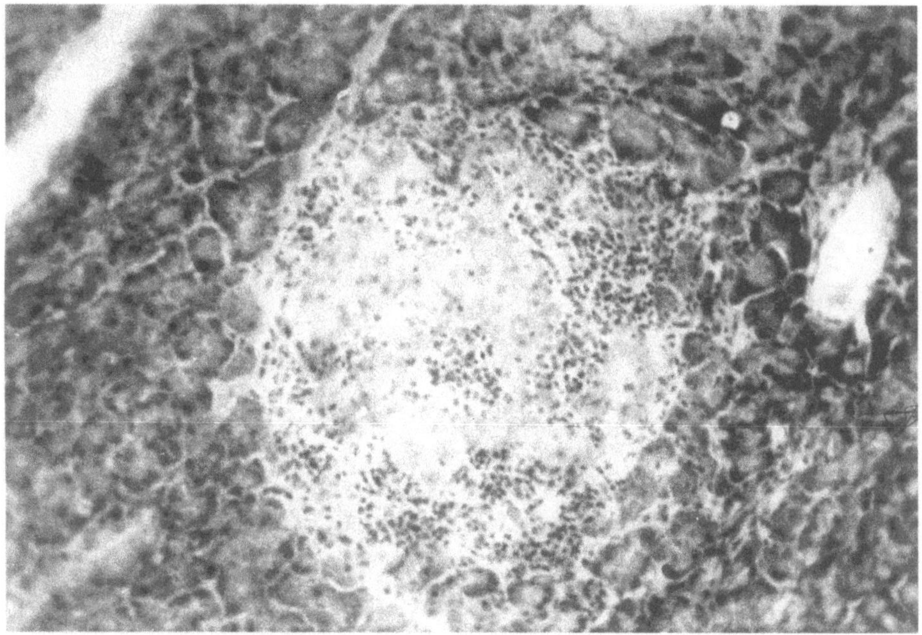

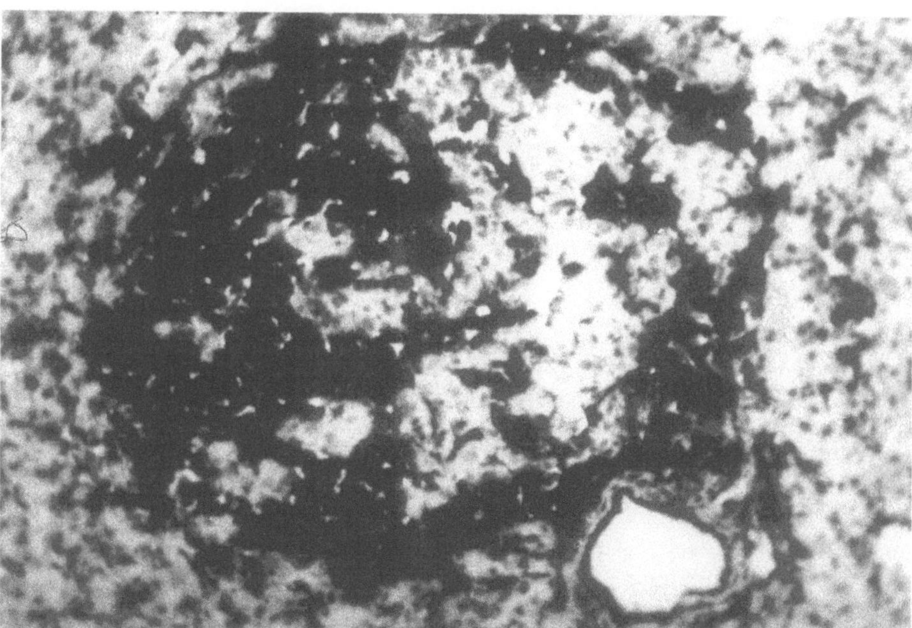

Abb. 3. a Massive Lymphzellinfiltrationen (Insulitis) der Pankreasinsel mit Zerstörung von endokrinen Zellen bei einer frisch diagnostizierten diabetischen BB-Ratte mit milder Hyperglykämie (< 13 mmol/l) Vergrößerung 260 × **b** Die infiltrierenden Zellen exprimieren ein Epitop, das mit dem MKA MRC OX-6 (Klasse II Antigen) reagiert (dunkel dargestellt) Vergrößerung 260 ×

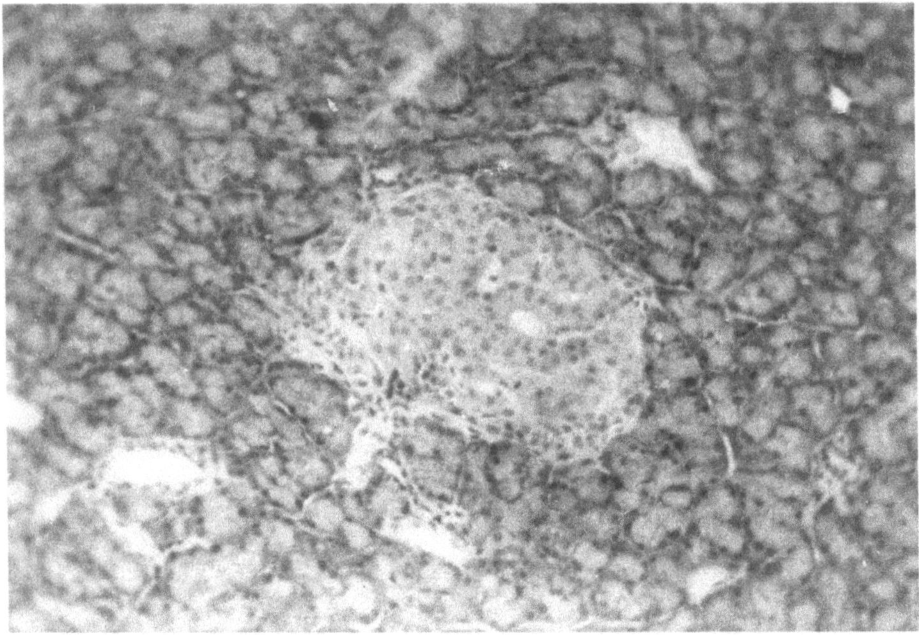

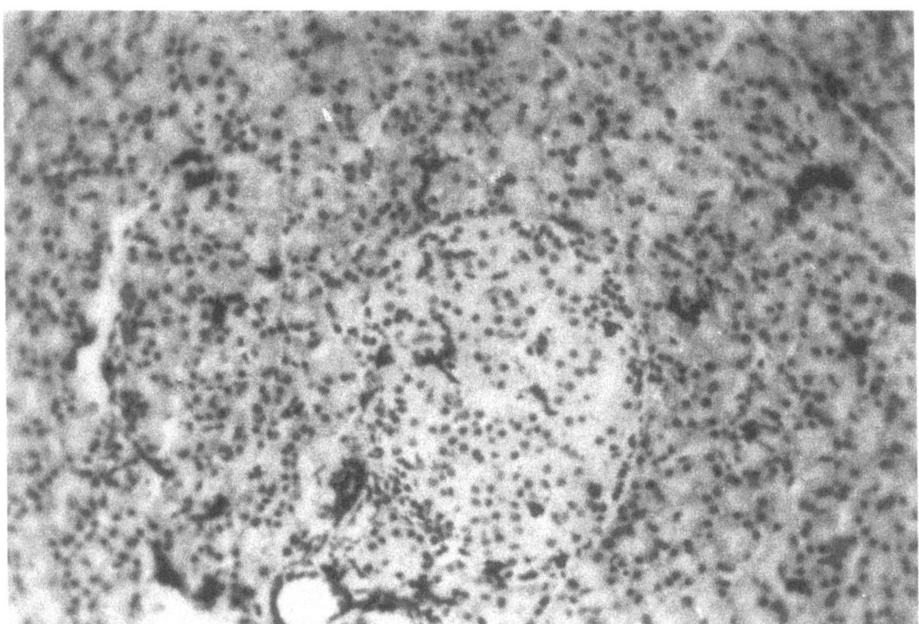

Abb. 4. a 120 Tage nach erfolgreicher Behandlung sind die Inseln normoglykamischer BB-Ratten kaum infiltriert und nur gelegentlich sind periinsulär lymphoide Zellen nachweisbar. Vergrößerung 260 × **b** Wenige Zellen in und um die Pankreasinseln exprimieren das Epitop für MRC OX-6 bei normoglykämischen Tieren 120 Tage nach Behandlungsbeginn Vergrößerung 260 ×

kenswert war, daß die von uns eingesetzte Therapie das Erscheinen der für das Initiieren der Immunantwort essentiellen Proteine korrigierte, so daß wir erneut ein immunologisches Gleichgewicht als permanentes Therapieergebnis annehmen durfen.

Literatur

1 Like AA, Rossini AA (1984) Spontaneous autoimmune diabetes mellitus in the bio-breeding/Worchester rat Surv Synth Path Res 3 131

2 Hancock WW, Lord MM, Colby AJ, Diamantstein T, Rickles FR, Tilney NL (1987) Identification of IL-2R+ T-cells and macrophages within rejecting rat cardiac allografts, and comparison of the effects of treatment with anti-IL-2R monoclonal antibody and cyclosporin J Immunol 138 164

3 Kupiec-Weglinski JW, Diamantstein T, Tilney NL, Strom TB (1986) Anti-interleukin-2 receptor monoclonal antibody spares T suppressor cells and prevents reverses acute allograft rejection Proc Natl Acad Sci USA 83 2624

4 Kirkman RL, Barrett LV, Gaulton GN, Kelley VE, Ythier A, Strom TB (1985) Administration of an anti-interleukin-2 receptor monoclonal antibody prolongs allograft survival in mice J Exp Med 162 358

5 Hahn HJ, Kuttler B, Dunger A, Kloting I, Lucke S, Volk HD, von Baehr R, Diamantstein T (1987) Prolongation of rat pancreatic islet allografts by a temporary recipients treatment with monoclonal, anti-IL-2 receptor antibody and cyclosporine Diabetologia 30. 44

6 Diamantstein T, Volk HD, Tilney NL, Kupiec-Weglinski J (1986) Specific immunosuppressive therapy by monoclonal anti-IL-2 receptor antibody and its synergistic action with cyclosporin Immunobiology 172· 391, SD 12987

7 Kuttler B, Dunger A, Lucke S, Volk HD, Diamantstein T, Hahn HJ (1989) Überleben von Inselallotransplantaten nach temporarer Empfangerbehandlung mit Anti-IL-2 Rezeptorantikorper In von Baehr R, Ferber HP, Porstmann T (Hrsg) Monoklonale Antikorper-Anwendung in der Medizin Springer, Wien New York, S 215–222

8 Lucke S, Radloff E, Hahn HJ (1989) Immunhistochemische Untersuchungen mit monoklonalen Insulin- und Glukagonantikorpern an Rattenpankreas mit normalem und reduziertem Insulingehalt In von Baehr R, Ferber HP, Porstmann T (Hrsg) Monoklonale Antikorper-Anwendung in der Medizin Springer, Wien New York, S 137–144

9 Ziegler B, Hahn HJ, Ziegler M (1985) Insulin recovery in pancreas and host organs of islet grafts Exp Clin Endocrinol 85 53

10 McMaster LR, Williams AF (1979) Monoclonal antibodies to Ia antigens from rat thymus crossreactions with mouse and human and use in purification of rat Ia glycoproteins Immunol Rev 47 117

11 Cordel JL, Falini B, Erber WN, Gosh AU, Abdulaziz Z, MacDonald S, Pulford KAF, Stein H, Mason DY (1984) Immunoenzymatic labeling of monoclonal antibodies using immune complexes of alkaline phosphatase and monoclonal anti-alkaline phosphatase (APAAP complexes) J Histochem Cytochem 32 219

12 Diamantstein T, Osawa H (1986) The interleukon-2 receptor, in physiology and a new approach to a selective immune suppressive therapy by anti-interleukin-2 receptor monoclonal antibodies Immunol Rev 92 5

13 Bottazzo GF (1984) β-Cell damage in diabetic insulitis, are we approaching a solution? Diabetologia 26 241

14 Campbell IL, Wong GHW, Schrader JW, Harrison LC (1985) Interferon-γ enhances the expression of the major histocompatibility class I antigens on mouse pancreatic beta cells Diabetes 34. 1205

15 Wright JR, Lacy PE, Unanue ER, Muszynski C, Hauptfeld V (1986) Interferon-mediated induction of a Ia antigen expression on isolated murine whole islets and dispersed islet cells Diabetes 35 1174

Anschrift des Verfassers: Doz Dr H J Hahn, Zentralinstitut fur Diabetes „Gerhardt Katsch", DDR-2201 Karlsburg, Deutsche Demokratische Republik [illegible] war, daß die von uns eingesetzte [illegible] die [illegible] Immunreich der Immuntherapie essentieller [illegible], so daß [illegible] ein immunologisches Gleichgewicht als permanenter Therapieerfolg anzunehmen [illegible].

Literatur

1. [illegible] AA, [illegible] AA (1988) [illegible] Wochenschr [illegible]
2. [illegible] WW [illegible]
3. [illegible]
4. [illegible]
5. [illegible]

Verschiedenes

Isolierung von Lieschgrasallergenen (Phleum pratense) mit Hilfe monoklonaler Antikörper

K. Wiebicke, C. Diener, W.-D. Müller, D. Herrmann, B. Fahlbusch und *L. Jäger*

Institut fur Klinische Immunologie, Bereich Medizin, Friedrich-Schiller-Universitat Jena, Deutsche Demokratische Republik

Für das Studium des Mechanismus der Auslosung und Unterhaltung einer Allergie sowie des Mechanismus der Desensibilisierung können gereinigte Allergene wertvolle Hilfsmittel sein. Für die Therapie IgE-vermittelter allergischer Erkrankungen ist die Stimulierung von spezifischen T_s-Zellen, die zur Suppression der antigenspezifischen IgE-Antikörper führen, denkbar und wünschenswert. Eine andere hypothetisch-therapeutische Möglichkeit besteht in der Kreuzreaktion der zellgebundenen IgE-Antikörper mit univalenten Haptenen an Stelle der natürlichen multivalenten Allergene. Um solche Haptene herstellen zu können, müssen die Allergendeterminanten genau charakterisiert und verfugbar sein [2].

Um Struktureinzelheiten von Allergenen zu untersuchen, bedarf es hoch gereinigter Allergene. Die komplexe und heterogene Natur der Pollenkomponenten machte bisher eine Kombination verschiedener physiko-chemischer Methoden fur die Isolierung von Allergenen mit hohem Reinheitsgrad notwendig. Die Herstellung von Antiseren, die nur eine antigene Spezifität erkennen, ist praktisch unmöglich. Nur einige Allergene konnten dadurch bisher chemisch charakaterisiert werden. Die Herstellung monoklonaler Antikörper gegen Majorallergene stellt eine neue Möglichkeit dar, diese Probleme zu überwinden.

Lieschgras (Phleum pratense) gehört zu den wichtigsten Grasern in unserer Region, die eine allergische Rhinitis in den Sommermonaten auslösen Der Phleumpollenextrakt besitzt 28 Antigene, von denen 15 eine allergene Aktivität aufweisen. Konstant konnten 3 Majorallergene I—III, zwei anodisch wandernde Allergene und ein kathodisches Allergen, nachgewiesen werden [1, 3].

In drei Fusionen wurden 15 verschiedene monoklonale Antikörper gegen Phleum pratense hergestellt, die in ihren Spezifitäten variieren. Nur zwei monoklonale Antikörper reagieren spezifisch mit Phleum pratense, andere mit weiteren Gräsern sowie Beifußpollen. Eine große Gruppe dieser monoklonalen Antikörper erkennt auch Baumpollen und entlegene Antigene wie Wespengift und Phospholipase A_2 aus Bienengift. Diese breiten Kreuzreaktionen beruhen auf ähnlichen,

weit verbreiteten Kohlenhydratbestandteilen, was wir durch Perjodatbehandlung der Antigene beweisen konnten. Humane IgE-Antikörper binden sich nicht an diese perjodatempfindlichen Kohlenhydrate.
In der gekreuzten Radioimmunelektrophorese wurde die Bindung der monoklonalen Antikörper an Phleumallergene untersucht. Der monoklonale Antikörper 1D11 (gräser- und beifußpollenspezifisch) erkennt die Majorallergene I—III. Die phleumspezifischen Antikörper banden sich nur an das Allergen II. In bisherigen Enzymimmunoassay-Varianten konnte keine Bindung an IgE-Epitope der Allergene nachgewiesen werden. Überraschend war die heterogene Bindung der monoklonalen Antikörper an durch Isoelektrofokussierung aufgetrennte Phleumproteine. Die Vielzahl der p_I-Punkte eines Allergens wird in der Literatur als Existenz von Isoallergenen diskutiert, die gleiche allergene Determinanten tragen, aber in ihren Molekularformen durch geringe Strukturunterschiede im Kohlenhydratanteil oder Aminationsgrad differieren [5, 6].

Die Reinigung von 3 Phleummajorallergenen wurde, den monoklonalen Antikörper 1D11 als Immunosorbent in einer Affinitätschromatographie nutzend, durchgeführt. Die Allergene I, II und III wurden von ihm gebunden und isoliert, was in der gekreuzten Immunelektrophorese geprüft wurde. In der Isoelektrofokussierung zeigen sich diese Allergene als heterogene Polypeptide mit sauren p_I-Punkten. Die Molekulargewichte der gereinigten Allergene wurden mit der SDS-Polyacrylamidgelelektrophorese geschätzt und mit denen der nativen Allergene verglichen. Die Molekulargewichte liegen um 2000—5000 niedriger als die der Allergene des nativen Extraktes. Das kann auf Spaltprozessen während der Eluation mit saurem Puffer beruhen [4].

Die biologischen Eigenschaften der gereinigten Allergene wurden durch die Hemmung der Bindung phleumspezifischer IgE-Antikörper in einem Festphase-Enzymimmunoassay überprüft. Durch Vorinkubation eines IgE-Antikörper-Serumpools von Gräserpollenallergikern mit dem Eluat ist die Bindung spezifischer IgE-Antikörper gehemmt worden.

Daraus ergibt sich, daß monoklonale Antikörper gegen Phleum pratense hergestellt sich eignen, Majorallergene mit hohem Reinheitsgrad zu isolieren ohne Verlust ihrer Eigenschaft, humane IgE-Antikörper zu binden. Die so gereinigten Allergene sind für weitere grundlegende Untersuchungen einsetzbar.

Literatur

1. Diener C, Skibbe K, Jäger L (1984) Allergenidentifizierung bei 5 Gräsern mit Hilfe der gekreuzten Radioimmunelektrophorese. Allergie Immunol 30: 14–22
2. Ekramoddoullah AKM, Kisil FT, Bundesen PG, Fischer JMM, Rector ES, Sehon AH (1984) Determinants of reygrass pollen cytochrome c recognized by human IgE and murine monoclonal antibodies. Mol Immunol 21: 375–382
3. Gjesing B, Jäger L, Mash DG, Løwenstein H (1985) The international collaborative study establishing the first international standard for timothy (Phleum pratense) grass pollen allergenic extract. J Allergy Clin Immunol 74: 258–267
4. Mècheri S, Peltre G, Weyer A, David B (1985) Production of a monoclonal antibody against a majorallergen of Dactylis glomerata pollen (Dg 1). Ann Inst Pasteur Immunol 136C: 195–209
5. Singh MB, Knox RB (1985) Antigenic relationships detected using monoclonal antibodies and dot blotting immunoassay. Int Archs Allergy Appl Immunol 78: 300–304

6. Smert JI, Heddle RJ, Zola H, Braddley J (1983) Development of monoclonal mouse antibodies specific for allergenic components in reygrass (Lolium perenne) pollen Int Archs Allergy Appl Immunol 72: 243–248

Anschrift des Verfassers: Dr C. Diener, Institut für Klinische Immunologie der Friedrich-Schiller-Universität Jena, Humboldtstraße 3, DDR-6900 Jena, Deutsche Demokratische Republik

Nachweis menschlicher anti-idiotypischer Antikörper mittels humaner monoklonaler Anti-DNA-Antikörper

F. Hiepe[1], *S. T. Kießig*[2] und *S. Jahn*[2]

[1] Klinik für Innere Medizin und [2] Institut für Medizinische Immunologie, Bereich Medizin (Charité), Humboldt-Universität zu Berlin, Deutsche Demokratische Republik

Die gegen native DNA gerichteten Antikörper (Anti-nDNA-Ak) spielen in der Diagnostik und Pathogenese des systemischen Lupus erythematodes (SLE) eine wesentliche Rolle. Sie lassen sich insbesondere bei SLE-Patienten mit schweren Organmanifestationen und akuten Verlaufsformen in hohen Titern nachweisen [3]. Deshalb finden die Regulationsmechanismen dieser Autoantikörper bevorzugt unsere Aufmerksamkeit. Eine wichtige Funktion könnten dabei nach der von Jerne [6] entwickelten Netzwerktheorie die gegen Anti-DNA-Ak gerichteten anti-idiotypischen (id) Antikörper einnehmen Anti-id-Ak gegen Anti-DNA-Ak wurden erstmals von Abdou et al. [1] in Serumproben von SLE-Patienten nachgewiesen. Ein Absinken der Anti-DNA-Ak-Konzentration im Serum während der Remission der Erkrankung war von einem Anstieg der anti-id-Ak begleitet [11]. Anti-id-Ak ließen sich ebenfalls in den Seren gesunder Personen [1, 12] und bei Verwandten von SLE-Patienten [10] feststellen. Die Behandlung von Autoimmunmausen (NZB/NZW) mit Anti-id-Ak gegen Anti-DNA-Ak führte zu einer Verlängerung der Lebensdauer und intermittierender Suppression der Anti-DNA-Ak-Bildung [2]. Der Nachweis der Anti-Id-Ak erfolgte bisher durch Messung einer Hemmung der Aktivität eines affinitätschromatographisch gereinigten, polyklonalen Anti-DNA-Ak nach Zugabe der zu untersuchenden Serumprobe, die vorher von Anti-DNA-Ak mittels Adsorption befreit werden mußte, unter Verwendung eines RIA oder EIA. Eigene auf diese Weise durchgeführte Voruntersuchungen ergaben hinsichtlich der Spezifität und Empfindlichkeit sehr unbefriedigende Ergebnisse.

Die Produktion humaner monoklonaler Anti-DNA-Ak ermöglichte uns jedoch den Aufbau eines relativ einfachen Festphase-EIA zum Nachweis von Anti-id-Ak.

Material und Methodik

Humane monoklonale Antikörper

Die monoklonalen Antikörper (mAK) wurden durch Heterohybridisierung einer Mausmyelomzell-Linie mit menschlichen Milzzellen erzeugt [5]. Im Test fanden mAK der IgM-Klasse mit einer nachgewiesenen Anti-DNA-Aktivität (Nr. 02 und 22) und ohne Anti-DNA-Aktivität (Nr. 16/63) Anwendung. Die monoklonalen Anti-DNA-Ak wiesen eine bevorzugte Bindung an hitzedenaturierte DNA [4] sowie eine breite Polyspezifität zu andersartigen Antigenen [7] auf.

Festphasen-EIA

Die mAK wurden in einer Konzentration von 10 µg/ml in 0,1 mol/l Carbonat-Bicarbonat-Puffer, pH 9.6, über Nacht bei 4 °C an Polystyren-Flachboden-Mikrotiterplatten (VEB Polyplast Halberstadt) adsorptiv gebunden (Abb. 1). Nach den Waschvorgängen mit PBS — 0,1% Tween 20 konnten geeignete Verdünnungen der Serumproben in PBS — 0,1%, Tween — 5% hitzeinaktiviertes Kälberserum in die Vertiefungen der Mikrotiterplatte gegeben werden; die Inkubationsdauer betrug 2 Stunden bei Raumtemperatur. Den sich anschließenden Waschvorgängen mit PBS — 0,1% Tween folgte die Zugabe eines POD-markierten Anti-Human-IgG (Fc-spezifisch) vom Schaf für 2 Stunden bei Raumtemperatur. Nach den üblichen Waschvorgängen wurde die Substratreaktion durchgeführt, nach 15 min mit H_2SO_4 gestoppt und die Absorption am Uniscan-Photometer (Labsystems) gemessen, wie bereits für den Anti-DNA-Festphasen-EIA ausführlich beschrieben [4].

Hemmversuche im EIA

Die zu untersuchenden Serumproben (1 : 25 verdünnt in PBS — Tween — 5% Kälberserum) wurden zu gleichen Volumenteilen mit einer DNA-Lösung 1 Stunde bei Raumtemperatur inkubiert (Abb. 2). Die Endkonzentration der DNA betrug 100 µg/ml. Danach überführten wir die Proben in die Vertiefungen der mit den mAK beschichteten Mikrotiterplatten. Für die Ermittlung der durch DNA erzielten Hemmung wurden die Serumproben ebenfalls auf die Endverdünnung von 1 : 50 mit PBS — Tween — 5% Kälberserum ohne DNA-Zusatz gebracht. Die Hemmung ließ sich wie folgt berechnen:

$$\% = \frac{\text{Extinktion der Probe mit DNA}}{\text{Extinktion der Probe ohne DNA}} \times 100 .$$

Ergebnisse

Zunächst überprüften wir, ob die Serumproben von Gesunden und SLE-Patienten ein unterschiedliches Bindungsverhalten gegenüber den verschiedenen mAK aufwiesen. Dabei konnte für die untersuchten Serumproben ein übereinstimmendes Bindungsverhalten an die beiden mAK mit Anti-DNA-Aktivität (02 und 22) gezeigt werden, während sich die Reaktivität der Seren zum mAK 16/63 deutlich unterschied, wie an einem Beispiel in Abb. 3 dargestellt.

Wegen der übereinstimmenden Ergebnisse zwischen den beiden mAK 02 und 22 wurde bei den weiteren Untersuchungen nur noch mit den an die Mikrotiterplatten beschichteten mAK 02 gearbeitet.

Die Serumproben von 20 gesunden Probanden und 45 SLE-Patienten (22 Patienten mit positivem und 23 mit negativem Anti-nDNA-Ak-Befund im Serum)

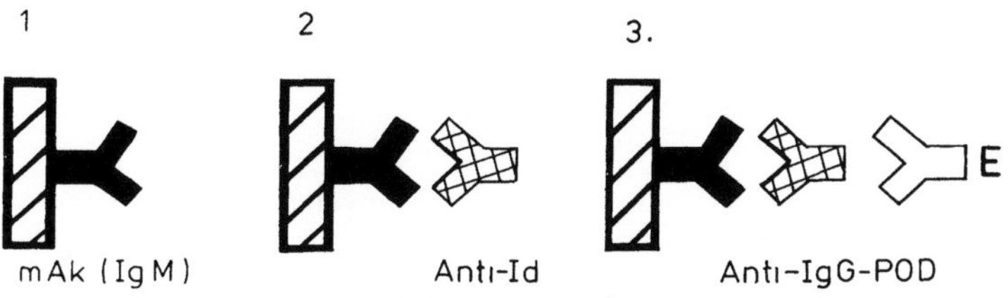

Abb. 1. Prinzip des Festphasen-EIA

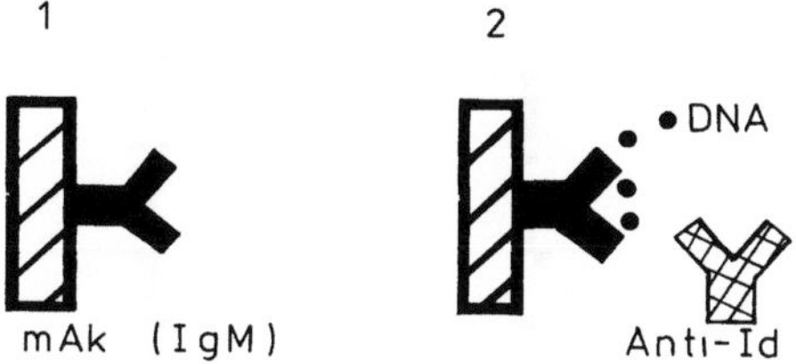

Abb. 2. Prinzip des Hemmtests

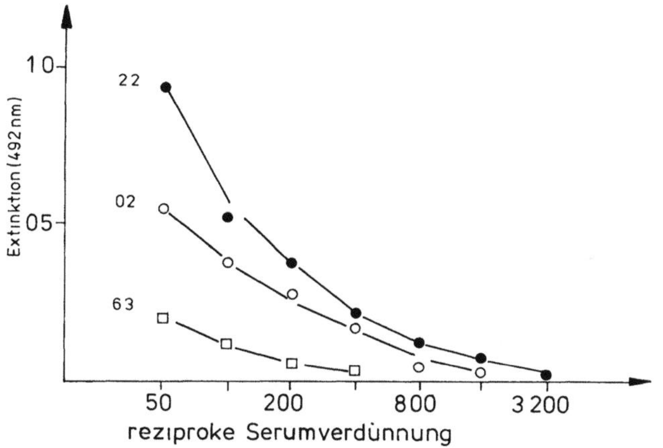

Abb. 3. Bindungsverhalten eines SLE-Serums an die festphase-gebundenen mAK 22, 02 und 16/63 im EIA

unterschieden sich statistisch signifikant hinsichtlich der Bindung an den mAK 02; die Extinktionen der in einer Verdünnung von 1 : 50 im EIA eingesetzten Seren Gesunder lagen deutlich über den Werten der SLE-Patienten (Abb. 4).

Der Nachweis von Anti-id-Ak kann jedoch erst durch Hemmung der Bindung der Antikörper an den mAK 02 in Gegenwart von DNA erfolgen. Eine deutliche Hemmung ließ sich nur in SLE-Seren mit positiven Anti-nDNA-Ak beobachten. Für die Serumproben Gesunder und von SLE-Patienten ohne Anti-nDNA-Ak war eine Hemmung der Bindung an den mAK 02 durch DNA selten und geringgradig nachweisbar (Abb. 5).

Die Bindung von IgG von Gesunden und SLE-Patienten an den mAK 16/63 konnte durch DNA nicht gehemmt werden. Die Hemmung der IgG-Bindung von

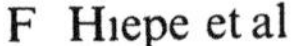

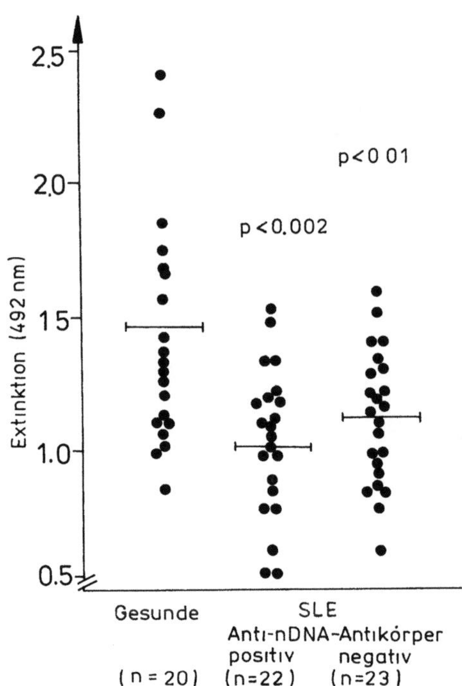

Abb. 4. Nachweis einer IgG-Bindung aus Seren Gesunder und von SLE-Patienten an den mAK 02 im EIA

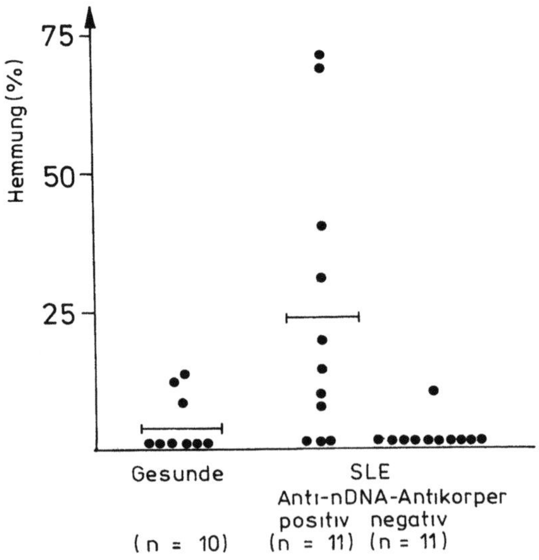

Abb. 5. Hemmung der IgG-Bindung aus Seren Gesunder und von SLE-Patienten an mAK 02 durch DNA

SLE-Seren an den mAK 02 blieb auch nach Eliminierung der Anti-DNA-Ak mittels eines DNA-Adsorbens bestehen. Die Verlaufsbeobachtung bei einer Patientin mit einem akuten SLE ergab einen gleichzeitigen Abfall der Anti-nDNA-Ak und der Bindungshemmung an den mAK 02 durch DNA unter der Therapie mit Glukokortikoiden und Immunsuppressiva. In der Remission ließen sich Anti-nDNA-Ak nicht mehr und die Bindungshemmung an den mAK 02 nur noch geringgradig nachweisen (Tabelle 1)

Tabelle 1. Verlauf der Anti-nDNA-Ak und der Anti-id-Ak bei einer Patientin mit einem akuten SLE

Datum	Anti-nDNA (Titer)	Anti-Id (%)	Klinische Aktivitat
4 1 1986	1 512	70	+ + + +
10 1 1986	1 64	71	+ + + +
18 2 1986	1 8	40	+ +
4 3 1986	0	10	0

Diskussion

Prinzipiell erscheinen mAK für den Nachweis von gegen ihren Idiotyp gerichteten Antikörpern eines anderen Isotyps geeignet So wiesen kürzlich Savage et al. [8] Anti-id-Ak gegen Anti-DR-Ak mittels eines an der festen Phase gebundenen murinen mAK gegen DR bei Patienten mit einer Rheumatoid-Arthritis nach. Bei unseren Untersuchungen reagierte ein an die feste Phase gebundener polyspezifischer mAK der IgM-Klasse, der eine Anti-DNA-Aktivität aufwies, mit den Seren von gesunden Probanden und SLE-Patienten; diese Reaktivität ließ sich mit einem Anti-Human-IgG-POD-Konjugat im EIA ermitteln. Die Reaktivität mit dem mAK 02 war bei Seren von Gesunden stärker als bei Seren von SLE-Patienten. Eine Hemmung dieser Bindung durch DNA konnte jedoch nur in einigen SLE-Seren deutlich erreicht werden, was als Hinweis für das Vorhandensein von Anti-id-Ak gegen Anti-DNA-Ak gewertet wurde. Die Reaktivität der ubrigen Proben mit dem mAK 02 kann gegenwärtig nicht sicher interpretiert werden. Wegen der Polyspezifität des mAK 02 wäre denkbar, daß sich dahinter andere Id-Anti-Id-Wechselbeziehungen verbergen. So konnte die Bindung einiger Seren an den mAK 02 durch Tetanustoxoid und nicht durch DNA gehemmt werden. Der mAK 02 reagiert unter anderem auch mit Tetanustoxoid [7].

Möglicherweise spielen aber auch unspezifische Wechselwirkungen zwischen dem mAK und dem Serum-IgG eine Rolle.

Im Gegensatz zu anderen Autoren [1, 11] korrelierten die Anti-id-Ak nicht invers mit den Anti-nDNA-Ak Hierfür kämen mehrere Erklärungen in Frage 1. die verwendeten Testsysteme sind sehr unterschiedlich, 2 mit dem mAK 02 wäre auch der Nachweis von DNA/Anti-DNA-Immunkomplexen denkbar. Dies konnte durch DNase-Behandlung der Serumproben und Entfernung der Immunkomplexe mittels PEG-Präzipitation weitgehend ausgeschlossen werden Außerdem ist die Beziehung dieses polyspezifischen mAK 02 zu den beim SLE gefundenen Anti-DNA-Ak noch unklar. Untersuchungen hierzu werden gegenwärtig durchgeführt. Die Ergebnisse anderer Autoren [9] mit monoklonalen Anti-DNA-Ak, die ebenfalls eine polyspezifische Reaktivität aufwiesen, und der von uns erbrachte Nachweis einer Anti-Id-Aktivität insbesondere in SLE-Seren sprechen eher für die Relevanz des mAK 02 zum SLE. Trotz der noch bestehenden und weiter zu klärenden, offenen Fragen zeigen unsere ersten Ergebnisse, daß mAK für die Entwicklung einfacher EIA zum Nachweis von Anti-id-Ak angewendet werden können. Erstmals konnte mit monoklonalen Anti-DNA-Ak die entsprechenden Anti-id-Ak beim SLE mittels EIA nachgewiesen werden.

Literatur

1 Abdou NI, Wall H, Lindsley H, Halsey JF, Suzuki T (1981) Network theory in autoimmunity In vitro suppression of serum anti-DNA antibody binding to DNA by anti-idiotypic antibody in systemic lupus erythematosus J Clin Invest 67. 1297

2 Hahn BH, Ebling FM (1984) Suppression of murine lupus nephritis by administration of an anti-idiotypic antibody to DNA J Immunol 132: 187

3. Hiepe F (1987) Einführung und Weiterentwicklung moderner immunologischer Methoden und ihre Bedeutung für die Immungenese. Diagnostik und Therapie von Autoimmunerkrankungen des rheumatischen Formenkreises unter Berücksichtigung gerontologischer Aspekte. Dissertation, Humboldt-Universitat, Berlin

4 Hiepe F, Kiessig ST, Jahn S, Volk HD, Grunow R, Apostoloff E, von Baehr R (1986) A sensitive and class specific solid phase enzyme immunoassay for anti-DNA autoantibodies in supernatants of lymphocyte cultures and human hybridomas. Biomed Biochim Acta 45. K 29

5. Jahn S, Kiessig ST, Grunow R, Specht U, Mau H, von Baehr R (1986) Herstellung humaner monoklonaler Antikörper durch Heterohybridisierung von humanen B-Lymphozyten der Milz mit Maus-Myelomzellen. Z Gesamte Inn Med 41: 493

6. Jerne NK (1974) Towards a network theory of the immune system Ann Immunol (Inst Pasteur) 125 C: 373

7 Kießig ST, Porstmann T, Jahn S, Grunow R, Hiepe F, von Baehr R (1987) Multireaktivität oder Kreuzreaktivität monoklonaler Antikörper? In: von Baehr R, Ferber HP, Porstmann T (Hrsg) Monoklonale Antikörper — Anwendung in der Medizin. Springer, Wien New York, S 61–69

8. Savage SM, Searles RP, Troup GM, Brozek CM (1987) Anti-idiotypic antibodies to anti-DR in patients with rheumatoid arthritis. Clin Immunol Immunopathol 42· 183

9. Schwartz RS (1986) Anti-DNA antibodies and the problem of autoimmunity Cell Immunol 99. 38

10. Silvestris F, Searles RP, Bankhurst AD, Williams RC (1985) Family distributions of anti-F(ab')$_2$ antibodies in relatives of patients with systemic lupus erythematosus Clin Exp Immunol 60: 329

11. Zouali M, Eyquem A (1983 a) Idiotypic antiidiotypic interactions in systemic lupus erythematosus: demonstration of oscillary levels of anti-DNA autoantibodies and reciprocal antiidiotypic activity in a single patient. Ann Immunol (Inst Pasteur) 134 C. 377

12 Zouali M, Eyquem A (1983 b) Expression of anti-idiotypic clones against auto-anti-DNA antibodies in normal individuals. Cell Immunol 76: 137

Anschrift des Verfassers: Dr. F Hiepe, Klinik für Innere Medizin, Bereich Medizin (Charité) der Humboldt-Universität zu Berlin, Schumannstraße 20/21, DDR-1040 Berlin, Deutsche Demokratische Republik

Beeinflussung der Sauerstoffradikalbildung in Granulozyten durch humane, multireaktive, monoklonale IgM-Antikörper

G. M. Müller, S. Kießig, S. Jahn, R. Grunow und *H. Tanzmann*

Institut fur Medizinische Immunologie des Bereiches Medizin (Charité)
der Humboldt-Universität zu Berlin, Deutsche Demokratische Republik

Granulozyten spielen eine wichtige Rolle in der Abwehr von bakteriellen und pilzbedingten Infektionen, aber auch bei Gewebsschäden, die bei akuten und chronischen Gewebsuntergangen entstehen. Um die über den gesamten Organismus verteilten Zellen in umschriebenen Bereichen zu konzentrieren und verstärkt wirksam werden zu lassen, ist eine intensive interzelluläre Kommunikation und Regulation erforderlich. Einer der Hauptsteuerungsmechanismen sind Rezeptor-Liganden-Bindungen. Von Bindungsstudien weiß man, daß zahlreiche derartige Rezeptoren an Granulozyten existieren, obwohl sie bisher nur in Einzelfällen näher charakterisiert werden konnten. Relativ detaillierte Vorstellungen gibt es für folgende Rezeptoren:

— Chemotaktische Faktoren, insbesondere FMLP-Rezeptoren [4, 6]
— Fc-Rezeptoren [3]
— C3-Rezeptoren [1, 2, 5]
— Laminin-Rezeptoren [7]
— Rezeptor für LFA-1 [1]

Von anderen Zellsystemen (endokrinen Drüsen, Neuronen, Lymphozyten) ist erwiesen, daß Störungen in Form von Stimulation oder Blockierung durch inadäquate Liganden (in Einzelfällen auch genetische Defekte) die Ursache für eine Reihe von Erkrankungen, insbesondere Autoimmunerkrankungen, darstellen. Es ist anzunehmen, daß eine Modifikation der Oberflächenantigene auch die Granulozytenfunktion beeinträchtigen kann. Ziel der vorliegenden Arbeit war es, festzustellen, ob humane, monoklonale Ak, die besonders gegen Autoantigene (ds-DNS, Keratin, Kollagene), aber auch gegen Fremdantigene (Tetanus, Diphtherietoxin) im Enzymimmunoassay reagieren, Rezeptoren der humanen Granulozytenoberfläche, die bei der Bildung reaktiver Sauerstoffmetabolite eine Rolle spielen, beeinflussen.

Material und Methoden

Unter möglichst konstanten Bedingungen wurden weitgehend reine Granulozyten (94 ± 2,6%) durch Dichtegradientenzentrifugation und osmotische Erythrozytolyse gewonnen. Die Erfassung der Superoxidradikalbildung ($\cdot O_2^-$) erfolgte in einem Mikrotestsystem mit Jodphenylnitrophenyltetrazoliumchlorid (INT). Zur Messung der Luminol-verstärkten Chemilumineszenz wurde das Luminometer 1251 (LKB Wallac, Turku, Finnland) eingesetzt.

Stimulatoren in beiden Testsystemen: Aggregiertes humanes Gammaglobulin und opsoniertes Zymosan.

Antikörper: 6 monoklonale Antikörper (mAK) mit der Bezeichnung CB 02, CB 15, CB 18, CB 22, CB 23, CB 63 aus Mensch-Maus-Heterohybridomen (Fusion humaner Milzlymphozyten mit Mausmyelomzellen P3 X63Ag8/653), Isotyp IgM (λ).

Kontrollen: Konditioniertes Medium, Überstand eines IgG-produzierenden Klons.

Ergebnisse

— Von 6 getesteten mAK zeigten 3 Ak eine Beeinflussung der Granulozytenaktivität.

— Die wirksamen mAK haben unterschiedliche Effekte:

CB 02: *Senkung* der Sauerstoffradikalbildung nach Zymosanstimulation. *Senkung* der unstimulierten Basiswerte.

CB 15: *Steigerung* der $\cdot O_2^-$-Bildung nach Stimulation mit Gammaglobulin und opsoniertem Zymosan. *Steigerung* der Luminol-verstärkten Chemilumineszenz nach Zymosanstimulation.

CB 63: *Senkung* der Basiswerte ohne Stimulator, keine Beeinflussung der stimulierten Werte.

— Von den mAK erfaßte Antigene:

Tabelle 1.

Auswahl aus 30 getesteten Antigenen	mAK					
	CB 02	CB 15	CB 18	CB 22	CB 23	CB 63
Phosphorylcholin	+	(+)	(+)	+	—	—
TNP-HSA	—	—	—	—	—	—
Tetanustoxin	+	+	+	+	—	—
Diphtherietoxin	(+)	(+)	+	(+)	—	—
Keratin	+	+	+	+	—	—
Vimentin	+	+	+	+	—	—
SOD	—	(+)	+	+	—	—
ds DNA	+	+	+	+	—	—
ss DNA	+	+	+	+	—	—
ENA	+	+	+	+	—	—
RNP	(+)	(+)	—	—	—	—
LPS 4360	(+)	(+)	(+)	(+)	—	—
Collagen I	+	+	+	+	—	—
Collagen II	+	+	+	+	—	—
Collagen III	+	+	+	+	—	—
Collagen IV	—	—	—	—	—	—
Collagen V	+	+	+	+	—	—
Tubulin	(+)	—	(+)	—	—	—
Actin	(+)	(+)	(+)	(+)	—	—
O_2^- (INT-Test)	↓	↑	—	—	—	(↓)

Zusammenfassung

— mAK aus Mensch-Maus-Heterohybridomen zeigen starke Multireaktivität mit Autoantigenen und Fremdantigenen (siehe Beitrag: Multireaktivität oder Kreuzreaktivität monoklonaler Antikörper?, S. 61–69).

— Von 6 getesteten mAK beeinflussen 3 Antikörper die Bildung reaktiver Sauerstoffmetabolite in humanen Granulozyten.

— Die wirksamen mAK haben unterschiedliche Effekte: 2 Ak wirken hemmend, 1 Ak wirkt steigernd auf die $\cdot O_2^-$-Bildung.

Literatur

1 Dana N, Styrt, Griffin JD, Todd III RF, Klempner MS, Arnaout MA (1986) Two functional domains in the phagocyte membrane glycoprotein MO 1 identified with monoclonal antibodies J Immunol 137. 3259

2 Fearon D (1980) Identification of the membrane glycoprotein that is the C3b receptor of the human erythrocyte, polymorphonuclear leukocyte, B lymphocyte and monocyte J Exp Med 152 20

3 Fleit H, Wright S, Unkeless J (1982) Human neutrophil Fc receptor distribution and structure Proc Natl Acad Sci (USA) 79 3275

4. Harwood AE, Smith RH, Nair R (1986) Monoclonal antibodies reactive with the N-formyl peptide receptor of rabbit neutrophils 6th International Congress of Immunology, Toronto, July 6–11

5 Klebanoff SJ, Beatty PG, Schreiber RD, Ochs HD, Waltersdorph AM (1985) Effect of antibodies directed against complement receptors on phagocytosis by polymorphonuclear leukocytes use of iodination as a convenient measure of phagocytosis J Immunol 134 1153

6 Laskin DL, Rovera G (1985) Stimulation of human neutrophilic granulocyte chemotaxis by monoclonal antibodies J Immunol 134. 1146

7 Yoon PS, Boxer LA, Mayo LA, Yang AY, Wicha MS (1987) Human neutrophile laminin receptor activation-dependent receptor expression J Immunol 138 259

Anschrift des Verfassers: Dr Maria G. Muller, Institut fur Medizinische Immunologie des Bereiches Medizin (Charité) der Humboldt-Universitat zu Berlin, Schumannstraße 20/21, DDR-1040 Berlin, Deutsche Demokratische Republik

Vergleich von photochemoluminometrischer und immunchemischer Bestimmung der Superoxiddismutase

I. Popov, T. Porstmann, R. Wietschke und *R. von Baehr*

Institut fur Medizinische Immunologie des Bereichs Medizin (Charité)
der Humboldt-Universitat zu Berlin, Deutsche Demokratische Republik

Die Beteiligung von freien Radikalen, insbesondere der Superoxidradikale an bestimmten Krankheitsprozessen, sowie deren positive Beeinflussung durch lokale und systemische Applikation von Superoxiddismutase (SOD), gilt als erwiesen [1]. Zur klinischen Anwendung zugelassen ist das aus Rinderleber gewonnene Präparat Peroxinorm®. Trotz rascher Elimination aus dem Blut und der Ausscheidung der SOD über die Nieren, dürfte die von humaner SOD antigenisch differente Rinder-SOD bei wiederholter Anwendung zur Immunisierung führen. Deshalb konzentrieren sich gegenwärtig die Anstrengungen auf die Erzeugung eines SOD-Präparates humaner Herkunft. Neben hochgradig gereinigter rekombinanter SOD bietet sich die erythrozytäre SOD aus überlagerten Blutkonserven als Quelle für ein humanes SOD-Präparat an.

Zur Überwachung im Sinne der Qualitätskontrolle beim Herstellungsprozeß der SOD ist es notwendig, die spezifische Enzymaktivität zu ermitteln. Der im Beitrag „Aufbau eines superschnellen Enzymimmunoassays für humane Cu/Zn Superoxid-Dismutase mit monoklonalen Antikörpern und Beispiele für seine klinische Anwendung“ beschriebene Enzymimmunoassay gestattet lediglich eine Aussage über die Proteinkonzentration der SOD, nicht aber über deren enzymatische Aktivität.

Auf die Notwendigkeit der Funktionsprüfung des Enzyms bei bestimmten Fragestellungen sollen die in diesem Beitrag dargestellten Ergebnisse hinweisen.

Methode

Die Aktivität der SOD wurde in einem von uns entwickelten photochemoluminometrischen System bestimmt [2, 3]. Die Erzeugung von $\cdot O_2^-$ erfolgte photochemisch und ihr Nachweis chemoluminometrisch. Zur Quantifizierung der zugesetzten SOD diente die Hemmung der Chemolumineszenz. Wie bei allen SOD-Bestimmungsmethoden wurde als eine Einheit der Enzymaktivität die Verminderung des registrierten Signals (Chemolumineszenzmaximum) um 50% im Vergleich zu dem entsprechenden Wert in Abwesenheit der SOD angenommen.

Ergebnisse

— Die für eine 50%ige CL-Hemmung notwendige SOD-Menge betrug für aus humanen Erythrozyten gewonnene SOD (Sigma, USA) 500 ng, für die rekombinante humane SOD aus E. coli (Biotechnology General, Israel) 155 ng und für das Peroxinorm® (Cu-Zn-SOD aus Rinderleber, Grünenthal, BRD) 115 ng.

— Die Eichkurven für die immunchemische und photochemoluminometrische SOD-Bestimmung mit gentechnischer SOD sind in Abb. 1 dargestellt.

Der Vergleich der Messung von Präparaten mit SOD-Konzentrationsdifferenzen über drei Größenordnungen mit der immunchemischen Quantifizierung und der Bestimmung durch Hemmung der Chemolumineszenz ergab einen Korrelationskoeffizienten von r = 0,998.

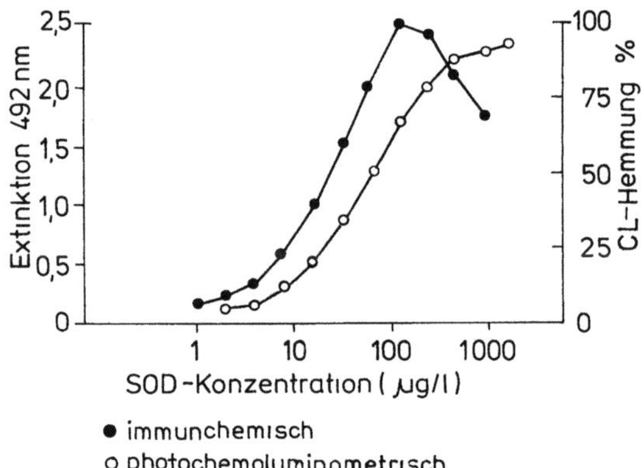

Abb. 1. Eichkurven der immunchemischen und photochemischen Bestimmung der gentechnischen Superoxiddismutase

— Parallele Messungen von zu verschiedenen Zeitpunkten der SOD-Gewinnung aus Erythrozytenlysaten entnommenen Proben ergaben einen Korrelationskoeffizienten r = 0,974 ($n = 18$, $p < 0,001$).

— Lediglich im Erythrozytenlysat als Ausgangsmaterial für die SOD-Gewinnung wurde der SOD-Gehalt durch Chemolumineszenzhemmung gegenuber der immunchemischen Quantifizierung um 50—70% signifikant zu hoch bestimmt.

— Eine mäßige Erwärmung des Enzyms bei 65 °C führte zum langsamen Aktivitätsverlust, obwohl sich die Tertiärstruktur der SOD zumindest in den Regionen, die Targets der monoklonalen Antikörper sind, sprunghaft geändert hat. Bei einer starken Erwärmung (90 °C) traten Antigenverlust und Verlust der enzymatischen Aktivität gleich schnell ein (Abb. 2).

— Eine 15minütige Behandlung der SOD mit 45 mmol/l H_2O_2, welches Veränderungen im aktiven Zentrum des Enzyms hervorruft [4], ergab besonders deutlich sich voneinander unterscheidende Ergebnisse in beiden Bestimmungsmethoden. Die photochemoluminometrisch bestimmte Restaktivität betrug 6,4%, während immunchemisch noch 42,5% der eingesetzten SOD-Menge (100%) nachweisbar war.

— Die immunchemische SOD-Bestimmung in Erythrozyten ergab keine signifikanten Veränderungen während einer 120tägigen Lagerung von Blutkonser-

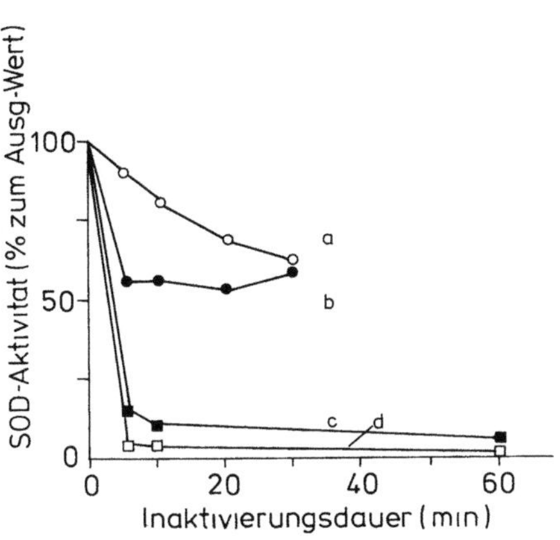

Abb. 2. PCL (**a, d**) und EIA (**b, c**) SOD-Bestimmung wahrend der Thermoinaktivierung des Enzyms bei 65 °C (**a, b**) bzw bei 90 °C (**c, d**)

ven bei 4 °C, wogegen die PCL-Methode einen 20%igen Aktivitätsverlust schon nach vier Wochen der Lagerung anzeigte [5, 6].

Diskussion

Die experimentellen Ergebnisse zeigen, daß trotz völliger Übereinstimmung der EIA- und PCL-Methoden bei der Bestimmung des nativen SOD-Präparates (rekombinante SOD) die Ergebnisse im Falle eines teilweise inaktivierten Enzyms sich stark voneinander unterscheiden. Somit ist es sinnvoll, bei allen mit der SOD-Aktivität in Zusammenhang stehenden Fragestellungen gleichzeitig mit der immunchemischen auch eine funktionelle Meßmethode anzuwenden. Als Methode der Wahl bietet sich die von uns entwickelte PCL-Methode an. Sie ist einfach in der Durchführung, schnell, empfindlich und genau, benotigt aber eine spezielle Meßapparatur.

Literatur

1 Marklund SL (1984) Clinical aspects of superoxide dismutase Med Biol 62 130
2 Popov I, Falck P, von Baehr R (1986) Photochemolumineszenz in zirkulierenden Flussigkeiten Studia Bioph 115. 39
3 Popov I, Lewin G, von Baehr R (1987) Photochemiluminescent detection of antiradical activity I Assay of superoxide dismutase Biomed Biochim Acta 46 775
4 Hodgson EK, Fridovich I (1975) The interaction of bovine erythrocyte superoxide dismutase with hydrogen peroxide inactivation of the enzyme Biochemistry 14 5294
5 Porstmann T, Wietschke R, Schmechta H, Grunow R, Porstmann B, Bleiber R, Pergande H, Stachat S, von Baehr R (1988) A rapid and sensitive enzyme immunoassay for Cu/Zn superoxide dismutase with polyclonal and monoclonal antibodies Clin Chim Acta 171 1
6 Lewin G, Popov I, Hermann M, Matthes G (1987) Die Chemolumineszenzmessung als Methode der Wahl in der Kryobiologie VI Symposium fur Tieftemperaturkonservierung, Halle, 6—8 Mai 1987

Anschrift des Verfassers: Dr I Popov, Institut fur Medizinische Immunologie des Bereiches Medizin (Charité) der Humboldt-Universitat zu Berlin, Schumannstraße 20/21, DDR-1040 Berlin, Deutsche Demokratische Republik

Superschneller EIA zur Quantifizierung von Myoglobin und klinische Relevanz

B. Porstmann[1], *R. Seifert*[1], *K. Kothe*[2], *H. Schmechta*[4] und *T. Porstmann*[3]

[1] Institut für Pathologische und Klinische Biochemie,
[2] Klinik fur Innere Medizin und
[3] Institut fur Medizinische Immunologie des Bereichs Medizin (Charité) der Humboldt-Universitat zu Berlin,
[4] Institut fur Gerichtliche Medizin der Militarmedizinischen Akademie, Bad Saarow, Deutsche Demokratische Republik

Myoglobin (Mb) kommt im Sarkoplasma von Skelett- und Herzmuskulatur in hoher Konzentration vor. Es wird bei schwerer Ischämie bzw. Nekrosen aus den Zellen freigesetzt und steigt im Serum an. Aufgrund seines niedrigen Molekulargewichtes (17,8 KD) wird es durch glomeruläre Filtration und Katabolismus in den proximalen Tubuluszellen schnell eliminiert. Damit liegt seine Halbwertszeit im Serum mit etwa 5 Stunden weit unter der der Creatinkinase (CK) (17 Stunden). Aufgrund seiner schnellen Freisetzung wurde das Mb als geeigneter Marker zur frühen Diagnose des akuten Myokardinfarktes (AMI) beschrieben. Das könnte für eine thrombolytische Therapie ein zusätzliches objektives Kriterium sein bei noch normaler CK, jedoch bestehender klinischer Symptomatik und bei EKG-Veränderungen (Übersicht bei Porstmann [5, 6]). Noch nicht eindeutig gesichert ist der Wert des Mb zur semiquantitativen Beurteilung der Infarktgröße und zur frühen Differenzierung zwischen effektiver und nicht effektiver thrombolytischer Therapie. Die Bestimmung der Mb-Konzentration für diese Fragestellung ist für den Kliniker nur von Wert, wenn das Ergebnis mindestens 20 min nach Materialabnahme vorliegt. Da das Mb im Serum im µg/l Bereich vorkommt, ist eine hochempfindliche und schnelle immunchemische Analysenmethode erforderlich. Dazu eignet sich der Enzymimmunoassay.

Material und Methoden

Myoglobin aus humanem Skelettmuskel wurde reinst präpariert [7] und zur Herstellung eines polyklonalen Antiserums im Schaf eingesetzt. Monospezifisches anti-Mb IgG wurde affinitätschromatographisch an Mb-Sepharose präpariert und zur Adsorption an Polystyren (96-well-Mikrotitrationsplatten oder 12-well-Streifen) als auch in Peroxidase-markierter Form als Konjugat verwendet.

Die Affinitätskonstanten des monospezifischen IgG in markierter und unmarkierter Form wurden enzymimmunologisch bestimmt [3].

Als Standard wurde reines Mb in PBS mit 3% (w/v) PEG 6000 und 5% (v/v) Kälberserum (gleiches Verdünnungsmedium wie für die Prüfmaterialien) eingesetzt. Zwei Techniken wurden verglichen:

Sukzessive Inkubationstechnik

Inkubation des Mb an der anti-Mb IgG vorbenetzten Oberfläche über 5 min bei Raumtemperatur (RT) und nach Waschen der festen Phase Inkubation des Konjugates 5 min bei RT.

Simultane Inkubationstechnik

Gleichzeitige Inkubation von Festphase-adsorbiertem anti-Mb IgG, Mb und Konjugat über 10 min bei RT.

Als Chromogen wurde o-Phenylendiamin verwendet mit einer Enzym-Reaktionszeit von 5 min bei RT. Die Wiederfindung von Mb (Bereich 5—100 µg/l) wurde in 8 verschiedenen Seren unterschiedlicher Verdünnungen (unverdünnt bis 1 : 40) durchgeführt, die Stabilität des Mb im Serum nach Lagerung bei RT, 4 °C und nach mehrmaligen Frier-Tau-Prozessen geprüft.

Bei 170 männlichen und 147 weiblichen Blutspendern wurden die Mb-Referenzbereiche ermittelt sowie die Mb-Konzentrationen bei 54 Patienten mit stabiler und 36 mit instabiler Angina pectoris. Die Verlaufskontrolle der Mb-Serumkonzentrationen erfolgte bei 90 Patienten mit AMI, davon 28 Patienten im Verlauf einer systemischen thrombolytischen Therapie (ultrahohe Kurzzeitlyse mit Streptokinase). Die Lyse wurde bei 11 Patienten innerhalb von 2 h und bei 17 Patienten innerhalb von 4 h nach Schmerzbeginn (SB) durchgeführt. Die Konzentrationsbestimmungen im venösen Blut erfolgten im Abstand von 15 min bis 2 h (am ersten Tag) und 4 h (folgende Tage).

Ergebnisse und Diskussion

Affinitätskonstanten

Sie betragen für monospezifisches anti-Mb IgG in freier und in enzymmarkierter Form 9,5 bzw. $9{,}6 \times 10^9$ $1 \times \mathrm{Mol}^{-1}$.

Vergleich verschiedener Techniken

Beide Inkubationstechniken sind nahezu gleich empfindlich (untere Nachweisgrenze 1 µg/l) mit einem Bestimmungsbereich von 5 µg/l bis 75 µg/l, in welchem die prozentuale Streuung für beide Techniken unter 10% liegt. Der simultane Assay ist praktikabler, zeigt jedoch bei Mb-Konzentrationen über 250 µg/l einen Hook-Effekt, was zur Analyse von mindestens 2 verschiedenen Serumverdünnungen zwingt (Abb. 1).

Wiederfindung

Myoglobin wird an bestimmte Serumproteinfraktionen gebunden und wird in unverdünnten Seren zu niedrig bestimmt.

Zur Quantifizierung von Mb im Serum muß die Serumverdünnung mindestens 1 : 10 sein (Tabelle 1).

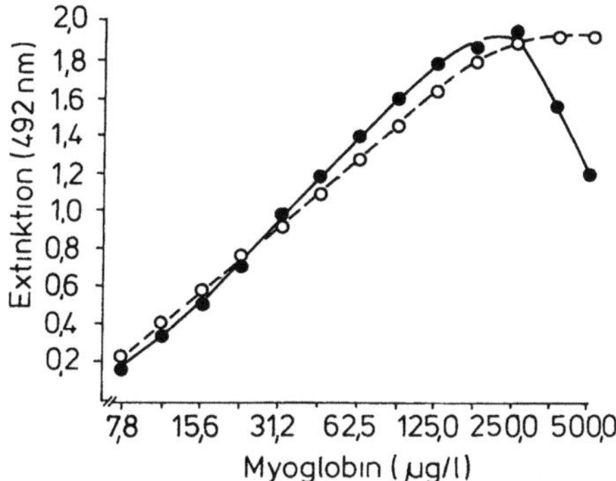

Abb. 1. Standardkurven von Mb im simultanen (—●—) und sukzessiven (—○—) EIA

Tabelle 1. Wiederfindung von Mb in 2 verschiedenen Einzelseren (unverdunnt und 1:10 verdunnt) und als Mittelwert in 8 verschiedenen Seren

Zusatz an Mb (µg/l)	Wiederfindung (%)					
	Serum 1		Serum 2		x̄ aus 8 Seren	
	unv	1:10	unv	1:10	unv	1:10
100	29	51	43	85	30	79
60	22	60	30	87	26	73
30	12	63	37	88	23	83
10	1	95	40	120	28	113
5	0	90	56	130	47	120

Stabilität des Mb im Serum

Zur Mb-Quantifizierung kann das Serum mindestens 5 d bei 4 °C und 2 d bei RT aufbewahrt werden. Selbst nach 9maligem Frieren und Tauen des Serums ist über einen Konzentrationsbereich von 5—2000 µg/l kein Konzentrationsabfall nachweisbar, was für eine hohe Stabilität im Serum spricht

Referenzbereiche von Mb im Serum, Serumkonzentrationen bei Patienten mit stabiler und instabiler Angina pectoris

Referenzbereiche Männer (19 bis 56 Jahre). $\bar{x} \pm 2{,}3\,S = 18{,}4 \pm 18{,}6$ µg/l, $n = 170$. Frauen (19 bis 60 Jahre): $\bar{x} \pm 2{,}3\,S = 14{,}5 \pm 13{,}5$ µg/l, $n = 147$.

Bei beiden Geschlechtern liegt eine Normalverteilung der Mb-Serumkonzentrationen vor. Ein Altersgang konnte aufgrund zu geringer Gruppenbesetzung nicht gesichert werden, die Geschlechtsdifferenz ist signifikant ($p < 0{,}001$).

Aufgrund des bekannten zirkadianen Rhythmus des Mb, der zu einer Schwankungsbreite des Mb bis zu 70% des Ausgangswertes führen kann [1], wurde in der folgenden Studie mit einem Grenzwert von 40 µg/l fur Manner und 30 µg/l für Frauen gearbeitet.

Die Gruppe mit stabiler Angina pectoris unterscheidet sich nicht vom Referenzkollektiv, jedoch die Gruppe mit instabiler Angina pectoris (Medianwerte

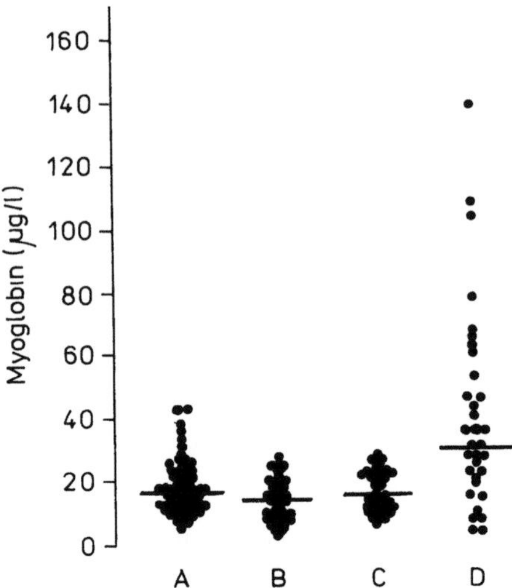

Abb. 2. Mb-Serumkonzentrationen bei Blutspendern (*A* männlich, *B* weiblich), bei Patienten mit stabiler Angina pectoris (*C*) und instabiler Angina pectoris (*D*) mit Angabe der Medianwerte Die Mb-Serumkonzentrationen der Gruppen C und D wurden bei Erstbestimmung nach Arztvorstellung bzw stationärer Aufnahme erhalten

17 µg/l bzw. 30 µg/l), wobei 40% aller Werte der letzten Gruppe (Erstbestimmung bei stationärer Aufnahme) außerhalb des Referenzbereiches lagen (Abb. 2). Von diesen entwickelten 15% in der Folge des stationären Aufenthaltes einen nichttransmuralen AMI. Bei allen Patienten lagen normale CK und CK-MB-Werte vor. Damit läßt die Mb-Bestimmung im Serum eine Objektivierung der Definition einer Risikogruppe für die Entstehung eines AMI zu.

Mb-Serumwerte bei AMI und im Verlauf der Lyse

Von 90 AMI-Patienten wurden 24 (27%) innerhalb der ersten 4 h und 39 (43%) innerhalb der ersten 6 h nach SB stationär aufgenommen. In diesen Fällen war das Mb der einzige laborchemische Hinweis für das Bestehen eines AMI (Konzentrationsbereich 43 µg/l bis 655 µg/l).

Unter Heparintherapie (bei bestehenden Kontraindikationen für Lyse) wurde der maximale Mb-Wert (Mb-max) durchschnittlich 11 h nach SB erreicht, damit 10 h bzw. 16 h (nicht transmuraler bzw. transmuraler AMI) vor dem CK-max. Bei stationären Aufnahmen unter 12 Stunden mit Erfassung des Mb-max lagen die Maximalwerte von Mb bei transmuralem AMI (Überlebende) durchschnittlich 6fach höher als bei nichttransmuralem AMI (689 µg/l bzw. 120 µg/l). Die CK-Aktivität betrug bei diesen Patienten 43,7 bzw. 13,7 µmol $\times$ s^{-1} $\times$ l^{-1} (jeweils Angabe der Medianwerte). Im Vergleich zum Mb ist der Unterschied nur 4fach. In mehreren Mb-Konzentrationsverläufen wurde ein Staccatophänomen nachgewiesen [2].

Bei 19 Patienten (68% aller Lyse-Patienten) lag vor Lysebeginn die CK innerhalb des Referenzbereiches (einschließlich Grenzbereiches), das Mb war bei 22 Patienten (79%) pathologisch erhöht (43 µg/l bis 622 µg/l).

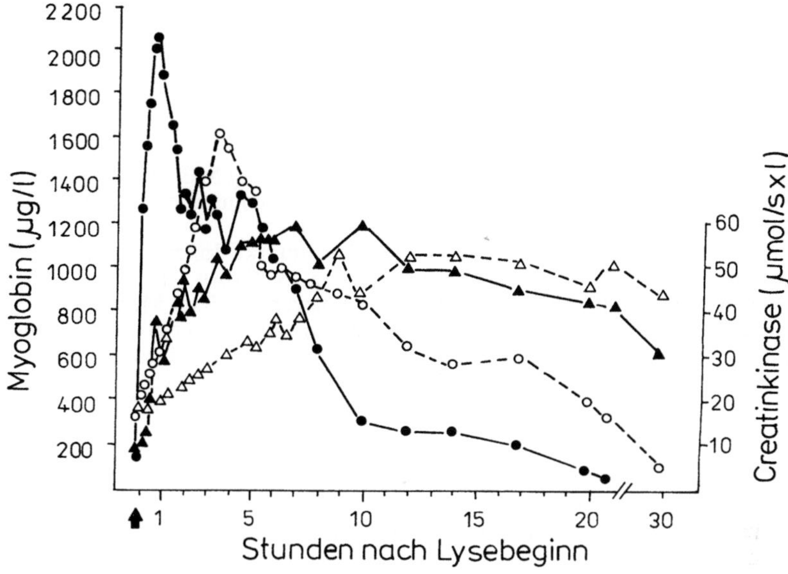

Abb. 3. Konzentrationsverlauf von Mb (—●—, —○—) und CK-Aktivitat (—▲—, —△—) im Serum eines Patienten mit effektiver (ausgezogene Linien) und mit ineffektiver (durchbrochene Linien) Lysetherapie nach AMI

Bei effektiver Lyse wurde das Mb-max durchschnittlich 1,5 h nach Lysebeginn erreicht (1,5 h bis 6,5 h nach SB, je nach stationärer Aufnahme < 4 h oder < 2 h), damit durchschnittlich 8 h vor dem CK-max.

Bei ineffektiver Lyse liegt der Zeitpunkt des Mb-max durchschnittlich bei 5,5 h nach Lysebeginn (etwa 8 h nach SB) und nähert sich damit der Mb-max Zeit bei Heparintherapie (Abb. 3).

Patienten mit effektiver Lyse, die den AMI überlebten, hatten mit 207—2 790 µg/l Mb etwas niedrigere Mb-max-Werte im Vergleich zu todlichen Ausgängen (1 890—7 530 µg/l). Auch im Verlauf der Lyse trat bei 5 Patienten ein Staccato-Verhalten im Mb-Spiegel auf (bis zu 5 Peaks), was im Gegensatz zu Befunden in der Literatur steht [4].

Damit eignet sich das Mb als zusätzlicher Parameter zur frühen Diagnose eines AMI (Anstieg 1—2 h nach SB) und objektiviert die Entscheidung zu einer thrombolytischen Therapie.

Anhand der Mb-Verlaufskontrolle erhält der Arzt nach den ersten 2 Stunden nach Lysebeginn Auskunft über die Effektivität der Behandlung mit semiquantitativen Angaben zur Infarktgroße, was anhand der CK erst sicher nach 10 Stunden gelingt (Abb. 3).

Die diagnostische Validität des Mb im vorgestellten Patientenkollektiv rechtfertigt den Aufwand der Herstellung spezifischer monoklonaler Antikörper für eine standardisierte Testkitproduktion. Es sind Antikorper mit hohen Affinitätskonstanten zu selektieren, um einen hochempfindlichen Schnelltest in der vorgestellten Form zu etablieren.

Literatur

1. Bombardi S, Clerico A, Riente L, Chicca MG, Vitali C (1982) Circadian variations of serum myoglobin levels in normal subjects and patients with polymyositis. Arthr Rheumat 25: 1419
2. Drexel H, Dienstl F (1983) Myoglobinemia and reperfusion in myocardial infarction. New Engl J Med 309: 1457
3. Friguet B, Chaffotte AF, Djavadi-Ohaniance L, Goldberg ME (1985) Measurements of true affinity constant in solution of antigen-antibody complexes by enzyme-linked immunoadsorbent assay. J Immunol Methods 77: 305
4. Gasser R (1986) Myoglobin und akuter Myokardinfarkt. Innere Medizin 13: 118
5. Porstmann B, Porstmann T, Schmechta H, Vogt S, Gross J (1986 a) Myoglobin — Biochemie, Bestimmungsmethoden, klinische Relevanz. Z Klin Med 41: 5
6 Porstmann B, Porstmann T (1986 b) Myoglobin. In: Bergmeyer HU (Hrsg) Methods of enzymatic analysis, vol 9. VCH Verlagsgesellschaft mbH, Weinheim, p 211
7 Schmechta H, Nugel E, Porstmann B, Porstmann T, Lukowsky A (1982) Entwicklung eines direkten Sandwich-Enzymimmunoassays zum quantitativen Nachweis von Myoglobin. Dt Gesundh Wesen 37: 1336

Anschrift des Verfassers: Prof. Dr. Bärbel Porstmann, Institut für Pathologische und Klinische Biochemie, Bereich Medizin (Charité), Humboldt-Universität zu Berlin, Schumannstraße 20/21, DDR-1040 Berlin, Deutsche Demokratische Republik.

Isotypspezifischer Nachweis von Rheumafaktoren im ELISA

A. Lukowsky[1], *F. Mielke*[2] und *K. Huhnholz*[1]

[1] Institut für Medizinische Immunologie,
[2] Klinik fur Innere Medizin des Bereichs Medizin (Charité)
der Humboldt-Universitat zu Berlin, Deutsche Demokratische Republik

Rheumafaktoren (RF) sind Autoantikorper gegen Determinanten im Fc-Bereich des IgG (Fc). Sie treten bei der Rheumatoid Arthritis (RA) und, in geringerem Umfang, bei anderen rheumatischen Erkrankungen auf. Die RF beim Menschen werden meist nach ihrer Ig-Klasse eingeteilt, RF-Aktivitäten hat man in allen Ig-Klassen gefunden. Human-RF binden auch IgG anderer Spezies, z. B. vom Kaninchen. Bakterielle Fc-Rezeptoren wie das Staphylokokken-Protein A oder T 15 von Streptokokken erkennen ähnliche oder identische Epitope.

Die physiologische Bedeutung der RF besteht offenbar in der Vergrößerung und Stabilisierung von Immunkomplexen. Letztere können dann effektiver phagozytiert werden. Einige RF fungieren auch als anti-Idiotypen, z. B. für Antikörper gegen exogene Fc-Rezeptoren. Die pathogene Rolle von RF bei der RA bedarf noch einer weiteren Aufklärung. Eine Amplifizierung lokaler Entzundungsreaktionen durch die Komplement- und Phagozytenaktivierung ist wahrscheinlich.

Ein positiver RF-Nachweis ist eines der Kriterien zur Diagnose einer RA. Der Anteil der positiven Serumproben liegt mit den herkömmlichen Agglutinationstesten bei 70—80%, in diesen Testen werden hauptsächlich IgM-RF angezeigt. Mit den empfindlicheren RIA- und ELISA-Techniken beträgt der Anteil positiver RA-Seren ca. 90% für IgM-RF, 50—80% für IgG-RF und 20—90% für IgA-RF. Die Zuverlässigkeit einiger publizierter Methoden, insbesondere für die IgG-RF Bestimmung muß jedoch bezweifelt werden. Weiterhin gibt es für die IgG- und IgA-RF keine einheitlichen Grenzwerte zur positiv-negativ Klassifizierung. Wir sind vor allem an der diagnostischen Validität isotypenspezifischer RF-Bestimmungen interessiert. Als Basistechnik haben wir den ELISA ausgewählt, diese Technik ist sensitiv, praktikabel und liefert quantitative Ergebnisse. Bei der Entwicklung der Methoden wurde großer Wert auf den Nachweis der Isotypspezifität der RF gelegt. Die meisten der für die RF-Assays präparierten Reaktanten wurden auch für den Aufbau von Enzymimmunoassays zur Quantifizierung von IgG, IgM, IgA und IgD eingesetzt [1—4]. Entsprechende Teste waren für die Ig-Quantifizierung in humanen Hybridomzellkulturüberständen erforderlich.

Beim IgM-RF-ELISA werden die RF zuerst durch passive Bindung an Festphase-adsorbiertes anti-IgM vom Schaf oder deren $F(ab')_2$-Fragmente fixiert und anschließend durch eine aktive Reaktion mit aggregiertem IgG von Kaninchen oder vom Menschen, markiert mit Peroxidase (POD), nachgewiesen [5]. Mit dieser Anordnung werden ausschließlich IgM-RF erfaßt. Abbildung 1 gibt einige ELISA-Titrationskurven für RA-Seren und Kontrollen wieder.

Im Gegensatz zu Varianten mit dem IgG an der festen Phase führen erhöhte IgM-Spiegel im Serum in unserem Assay nicht zu falsch positiven Ergebnissen. Die untere Nachweisgrenze liegt bei 0,007 IU/ml, mit den RF-Titern eines kommerziellen Latex-Agglutinationstestes ergab sich eine hohe Korrelation (Abb. 2). IgM-Konzentrationen im Serum uber 5 g/l führen infolge Konkurrenz bei der Festphasebindung zu geringeren Extinktionen im ELISA, jedoch nicht zu falsch negativen Ergebnissen. Ein hoher Lipidspiegel oder Hämoglobin in den Proben beeinflussen den Assay nicht. Der Test ist durch freies Human- oder Kaninchen-IgG in konzentrationsabhängiger Form hemmbar, in gleicher Weise wirkt auch Protein A.

Aufgrund seiner hohen Sensitivität lassen sich mit dem IgM-RF-ELISA in vitro synthetisierte RF quantifizieren. Bei unserem IgG-RF-ELISA [6] werden zuerst alle Proben mit Pepsin bei pH 4 vorbehandelt. Anschließend erfolgt eine Inkubation an Festphase-insolubilisiertem Human-Fc. Die gebundenen Fragmente der IgG-RF werden dann mit anti-Fab, POD-markiert, nachgewiesen. Entsprechende Titrationskurven zeigt die Abb. 3.

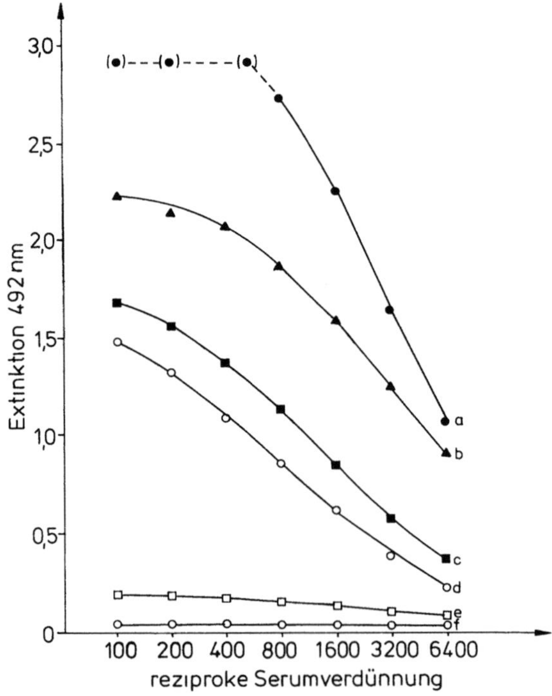

Abb. 1. IgM-RF-ELISA Titrationskurven **a**—**e** RA-Seren, **f** Kontrollserum

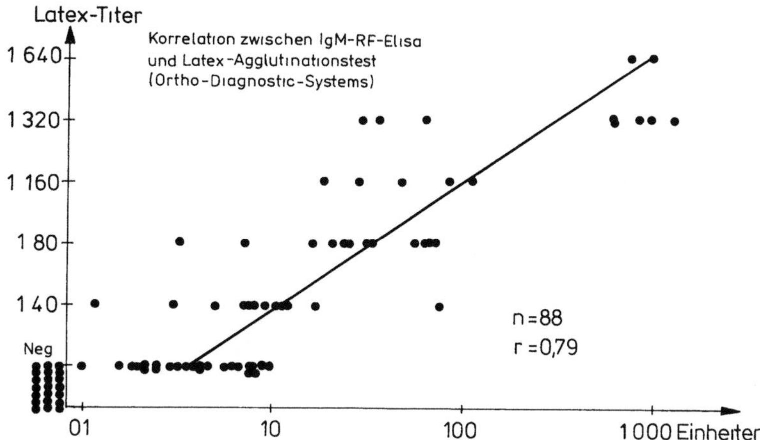

Abb. 2. Korrelation von IgM-RF-ELISA und Latex-Agglutinationstest (Ortho-Diagnostic-Systems, USA)

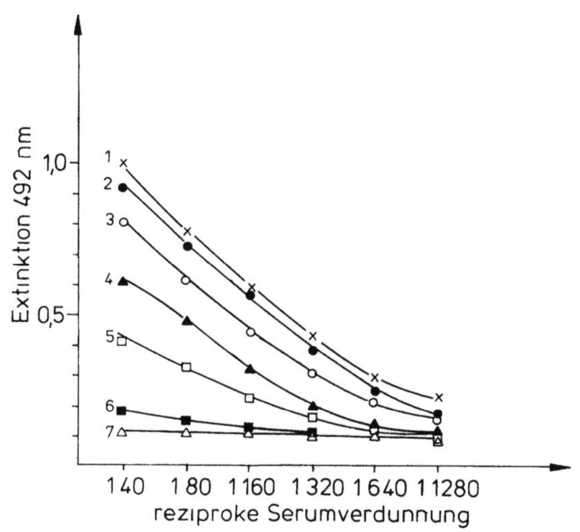

Abb. 3. IgG-RF-ELISA Titrationskurven *1—6* RA-Seren, *7* Kontrollserum

Der Assay ist durch den Zusatz von freiem Fc zu den mit Pepsin-gespaltenen Proben hemmbar, was für die Antigenspezifitat der Methode spricht. Die IgG-RF können in einem weiteren Assay auch an Kaninchen-IgG als Festphase-Antigen bestimmt werden. Dabei dient anti-Fab-POD vom Kaninchen als Indikator. Für eine Reihe von Seren ergibt sich hierdurch eine deutliche Steigerung der Sensitivität, was anhand von 3 Beispielen in Abb. 4 belegt wird. Der Nachweis der IgA- und IgD-RF erfolgt mit Festphase-insolubilisiertem aggregierten Kaninchen-IgG [7, 8] und anti-IgA-POD bzw. anti-IgD-POD als Indikatoren (die Konjugate enthalten jeweils $F(ab')_2$-Fragmente, die Antikörper wurden in Ziegen bzw. Schafen erzeugt) Die Spezifität der IgG-, IgA- und IgD-RF-ELISA bestätigten wir durch weitere Versuche: So reagierte z. B. ein monoklonaler IgM-RF in diesen Assays nicht

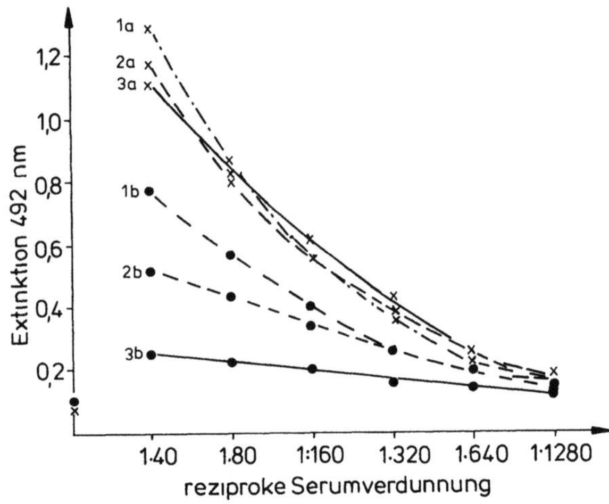

Abb. 4. IgG-RF-ELISA an Kaninchen-IgG (**a**) und Human-IgG (**b**) fur jeweils 3 RA-Seren

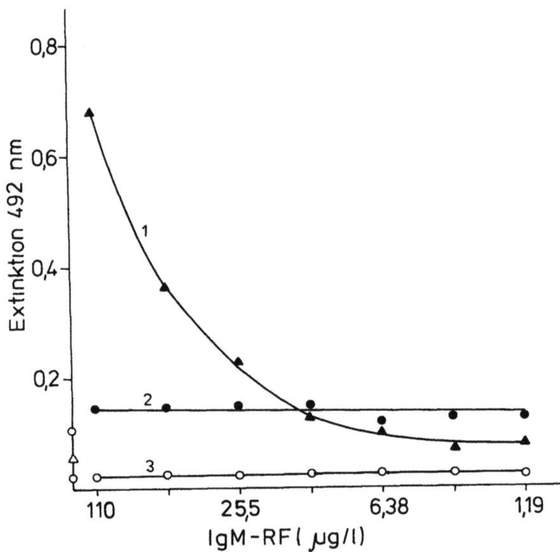

Abb. 5. Bindungskurven eines monoklonalen Human-IgM-RF in den ELISAs für IgM-RF (*1*), IgA-RF (*2*) und IgD-RF (*3*)

(Abb. 5), an Festphase-insolubilisiertem Fab erfolgte keine Bindung. Die Gesamtkonzentrationen an IgG, IgA und IgD hatten in den jeweiligen RF-Assays keinen Einfluß. Weiterhin wurde die Größenverteilung der in den ELISA erfaßten RF-Isotypen anhand von Gelfiltrationen über Sephacryl S-200 analysiert. Während bei pH 7,5 alle RF hauptsächlich in der hochmolekularen Fraktion (IgM- oder 19 S-Peak) eluiert wurden, fanden wir nach der Trennung bei pH 4 die IgG-RF und einen Teil der IgA-RF im IgG (7 S-) Peak.

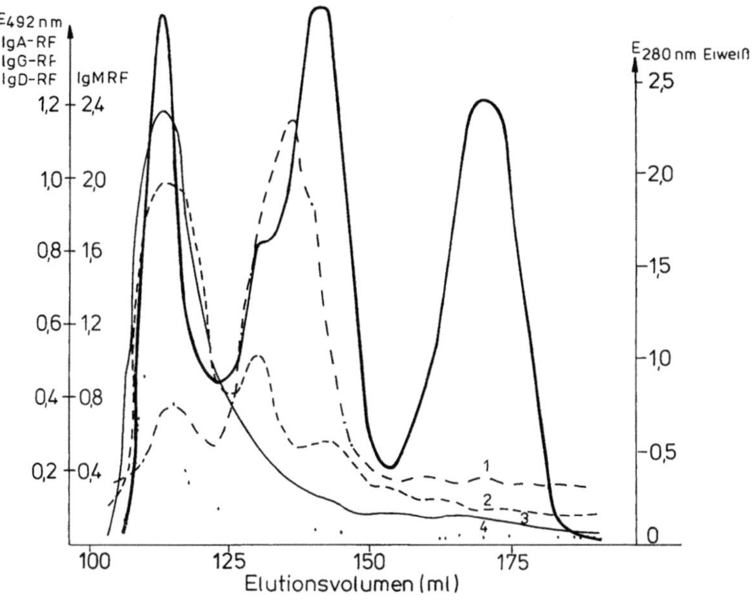

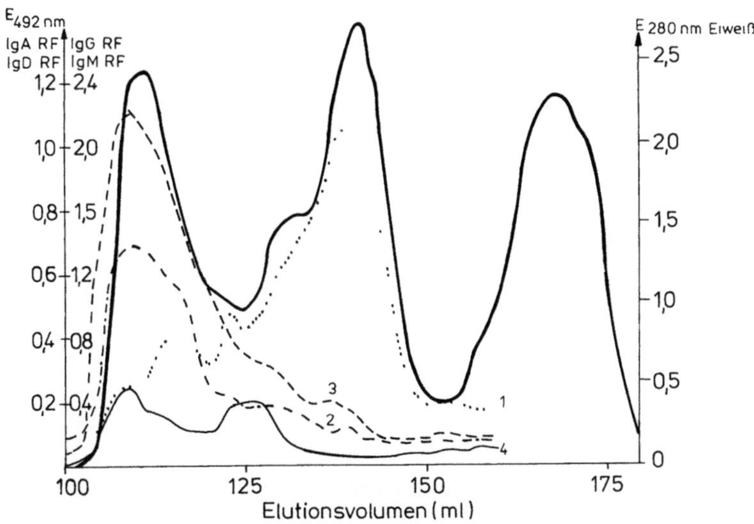

Abb. 6. Elutionsprofile und Verteilung von RF-Isotypen aus zwei RA-Seren nach pH 4-Gelfiltration auf Sephacryl S-200, *1* IgG-RF, *2* IgA-RF, *3* IgM-RF, *4* IgD-RF, starke schwarze Linie entspricht Absorption bei 280 nm

Abbildung 6 gibt die entsprechenden Elutionsprofile für 2 RA-Seren wieder. Es ist ersichtlich, daß die IgD-RF auch bei pH 4 im hochmolekularen Peak verbleiben. Es könnte sich danach um polymere Moleküle handeln. Zur Klärung sind die Analysen weiterer IgD-RF-positiver Seren erforderlich. Es sollten auch andere Gelfiltrationsmedien eingesetzt werden; wir haben ermittelt, daß das IgD insgesamt in Sephacryl S-200 zu schnell wandert.

Für klinische Routineuntersuchungen wurde zusätzlich ein einfacher RF-Screeningtest entwickelt [9]. In diesem Assay erfolgt die RF-Bindung an Festphase-IgG und der RF-Nachweis mit IgG-POD. Mit dem Assay werden folglich nur multivalente-RF, d. h. IgM-RF, erfaßt. Die Korrelation zu den Latex-Agglutinationstitern ist hoch ($r = 0{,}83$, $n = 97$, $p < 0{,}001$), die untere Nachweisgrenze ergab sich zu 0,1 IU/ml.

Für alle RF-ELISA Varianten wurden die Variationskoeffizienten in der Serie und zwischen den Serien bestimmt. Sie liegen zwischen 5 und 20% und damit in den für enzymimmunologische Techniken üblichen Größenordnungen. Mit den einzelnen RF-ELISA untersuchten wir Serumproben von Gesunden, von RA-Patienten und Patienten mit anderen Erkrankungen des rheumatischen Formenkreises.

Als positiv wurden alle Proben über dem Extinktionsmittelwert × der Gesunden ($n = 105$, ausgenommen die Probanden über 65 J.) zuzüglich der dreifachen Standardabweichung (S.D.) gewertet. Danach erhielten wir jeweils 1, 7, 5 und 0% positive Kontrollproben im IgM-, IgG- und IgA- und IgD-RF-Test, alle Werte lagen nur wenig über der Normgrenze.

In einer Studie wurden bei 147 Kindern mit einer juvenilen chronischen Arthritis die verschiedenen ELISA-Varianten eingesetzt, um Rheumafaktoren nachzuweisen. Insgesamt wurden bei 68 Patienten (46%) Rheumfaktoren gefunden, wobei 40 Patienten (27%) in nur einer der 4 Testvarianten positiv reagierten, davon 28 (19%) im IgA RF-ELISA, 21 Patienten (14%) reagierten in 2 Testen, 4 Patienten (2,7%) in 3 Testen und 3 Patienten (2%) in allen 4 RF-ELISA-Varianten positiv.

Die RF-Serumspiegel der Patienten mit negativem Latex-Agglutinationstest (137 Patienten, 92,5%) lagen zu 2% im RF-ELISA, zu 4,8% im IgG-RF-ELISA und zu 5% im IgM-RF-ELISA über dem Normwert. Dagegen reagierten 21% der im Latex-Agglutinationstest negativen Seren im IgA-RF-ELISA positiv.

Bei der Untersuchung der visceralen Manifestationen wurde ein Zusammenhang zwischen IgA-, IgG-Rheumafaktoren und Lymphknotenschwellung, zwischen IgA-, IgG-, IgM-Rheumafaktoren und Hautbeteiligung, zwischen IgA-Rheumafaktoren und Vaskulitis sowie zwischen IgA- und IgG-Rheumafaktoren und einer Nierenmanifestation deutlich. Als Kontrollgruppe wurden 82 gesunde Kinder im Alter von 7—13 Jahren auf das Vorhandensein von Rheumafaktoren überprüft. Alle Teste fielen negativ aus.

In einer weiteren Studie wurden 110 Patienten mit einer klinisch gesicherten Rheumatoid-Arthritis auf das Vorkommen von Rheumafaktor-Isotypen untersucht, deren Verteilung in dem Patientengut sich in Tabelle 2 widerspiegelt.

Tabelle 1. Anteil der Patienten mit Rheumafaktoren (juvenile chronische Arthritis)

Methode	Häufigkeit des positiven Ausfalls	
	%	n
Latex-Test	7,5	11
RF-ELISA	10,9	16
IgM-RF-ELISA	12,2	18
IgG-RF-ELISA	14,3	21
IgA-RF-ELISA	27,9	41

Tabelle 2. Anteil der Patienten mit Rheumafaktoren (Rheumatoid-Arthritis)

Methode	Haufigkeit des positiven Ausfalls	
	%	n
Latex-Test	62	68
RF-ELISA	65	71
IgM-RF-ELISA	70	77
IgG-RF-ELISA	63	69
IgA-RF-ELISA	52	68

Insgesamt hatten 31 Patienten (28,2%) weder Rheumafaktoren im Latex-Agglutinationstest noch in dem RF-ELISA bzw. IgM-RF-ELISA. Die Seren von 66 Patienten reagierten in allen 3 eben genannten Testen positiv. Die Seren von 2 Patienten reagierten ausschließlich im Latex-Test, die von 5 Patienten im RF-ELISA und IgM-RF-ELISA und die von 6 Patienten nur im IgM-RF-ELISA positiv. 5 Patientenseren waren ausschließlich im IgG-RF-ELISA und 22 im IgG- und IgA-RF-ELISA positiv. 3 Patienten wiesen nur IgA-RF auf. Bei der Untersuchung der Sensitivität und Spezifität wurde der Latex-Agglutinationstest mit dem RF-ELISA und dem IgM-RF-ELISA bei den Krankheitsbildern juvenile chronische Arthritis und Rheumatoid-Arthritis verglichen. Der RF-ELISA wies eine um 16% höhere Sensitivität und um 13% höhere Spezifität gegenüber dem Latex-Agglutinationstest auf. Der IgM-RF-ELISA erreichte eine um 31,5% höhere Sensitivität und um 16% höhere Spezifität als der Latex-Test.

Die Untersuchungsergebnisse machen deutlich, daß der weit verbreitete Latex-Agglutinationstest durch den sensitiveren und spezifischeren RF-ELISA abgelöst werden sollte. Da dieser jedoch vornehmlich Rheumafaktoren vom Isotyp IgM erfaßt, besonders aber bei der chronischen juvenilen Arthritis Rheumafaktoren des IgA-Isotyps nachweisbar waren, sollte bei negativem Ausfall des RF-ELISA (Suchtest) sich eine Untersuchung mit den Isotyp-spezifischen RF-ELISA anschließen.

Literatur

1 Jahn S, Kießig ST, Lukowsky A, Volk HD, Porstmann T, Grunow R, von Baehr R (1986) Pokeweed mitogen induced synthesis of human IgG and IgM in vitro Biomed Biochim Acta 45 467

2 Lukowsky A, Schmechta H, Mielke F, Porstmann T (1986) Enzymimmunologische IgM-Bestimmung im direkten Zwei-Seiten-Bindungsassay Z Med Lab Diagn 27. 191

3 Lukowsky A, Mielke F, Schoßler W, Rüger HJ (1987) Enzymimmunologische IgA-Bestimmung im direkten Zwei-Seiten-Bindungsassay (IgA-ELISA) Z Klin Med 42 789

4 Lukowsky A, Mielke F, Schmechta H (1987) Enzymimmunologische IgD-Bestimmung im direkten Zwei-Seiten-Bindungsassay (IgD-ELISA) Z Klin Med 42 1265

5 Lukowsky A, Mielke F, Schmechta H (1987) Isotypspezifischer Nachweis von Rheumafaktoren im Enzymimmunoassay — Quantifizierung von IgM-RF (IgM-RF-ELISA) Z Klin Med 42. 45

6 Lukowsky A, Mielke F, Mohr J (1987) Isotypspezifischer Nachweis von Rheumafaktoren im Enzymimmunoassay — Quantifizierung von IgG-RF (IgG-RF-ELISA) Z Klin Med 42· 49

7 Lukowsky A, Mielke F (1987) Isotypspezifischer Nachweis von Rheumafaktoren im Enzymimmunoassay — Quantifizierung von IgA-RF (IgA-RF-ELISA). Z Klin Med 42 53

8 Lukowsky A, Mielke F, Huhnholz K (1987) Enzymimmunologischer Nachweis von IgD-Rheumafaktoren im Serum. Z Klin Med 42: 2081
9 Lukowsky A, Mielke F, von Baehr R (1986) Enzymimmunologische Bestimmung von Rheumafaktoren im Festphasen-Zwei-Seiten-Bindungsassay. Z Klin Med 41 923

Anschrift des Verfassers: Dr. A Lukowsky, Institut für Medizinische Immunologie, Bereich Medizin (Charité) der Humboldt-Universität zu Berlin, Schumannstraße 20/21, DDR-1040 Berlin, Deutsche Demokratische Republik.

Wert der S-IgA-Bestimmung bei ausgewählten Krankheitsbildern

M. Seyfarth, J. Brock und *J. Hein*

Institut fur Immunologie, Bereich Medizin, W.-Pieck-Universitat Rostock, Deutsche Demokratische Republik

Der Nachweis von sekretorischem Immunglobulin A (S-IgA) gewinnt in der Klinik zunehmend an Bedeutung. Dabei gilt das Hauptaugenmerk den Abwehrfunktionen im Bereich der Schleimhäute, aber auch die Bestimmung im Serum findet mehr und mehr Interesse. Bei dem Serumnachweis geht es in erster Linie um die Beurteilung von Leberfunktionen. Der Leber kommt eine wichtige Rolle bei den Eliminationsmechanismen von S-IgA zu. Im nachfolgenden soll über unsere Erfahrungen bei der Messung von S-IgA im Serum berichtet werden.

Es wurden 336 Seren untersucht. Die Diagnosen der Patienten wurden in Tabelle 1 aufgelistet. Die Gruppe der Lebererkrankungen umfaßt obstruktive und entzundliche Leberveränderungen, sie wurde wegen der Kleinheit einzelner Diagnosekomplexe nicht weiter aufgegliedert.

Der Nachweis von S-IgA geschah in einem Enzymimmunoassay als heterologer Festphasetest. Der Testablauf wurde an anderer Stelle ausfuhrlich beschrieben. Hier sei nur das Wichtigste kurz dargestellt. An die Wand von Mikrotiterplatten (96-Loch-Platte) wurde ein monoklonaler Antikörper gegen humane sekretorische Komponente (BL-HSC/3) gebunden. Die Inkubation der Proben erfolgte über 16 Stunden. Als Konjugat wurde ein peroxidasemarkiertes Anti-IgA-Serum verwendet. Der Nachweis des gebundenen Enzyms erfolgte durch o-Phenylendiamin, die Stärke der Farbreaktion wurde im Fotometer gemessen. Im Vergleich mit einem S-IgA-Standard konnte die Konzentration errechnet werden. Jedem Wert lag eine Dreifachbestimmung zugrunde [4].

Für die einzelnen Gruppen wurde der Mittelwert mit der dazugehörigen Standardabweichung errechnet. Diese Resultate wurden in Tabelle 1 dargestellt.

Einige Gesichtspunkte seien kurz zur Diskussion gestellt Das Vorkommen von polymerem IgA im Serum wird heute nicht mehr bestritten, sein Anteil kann bis 10% des Gesamt-IgA betragen. Der Nachweis von S-IgA im Serum hat sich bisher als problematisch erwiesen, weil empfindliche Methoden für den Normalbereich (unter 15 mg/l) erst seit kurzem zur Verfügung stehen. Verschiedene Arbeitsgruppen [3, 5] sind der Ansicht, daß Werte über 20 mg/l als pathologisch

Tabelle 1. Ergebnisse der Mittelwerte ($\bar{x}$) und Standardabweichung der S-IgA-Bestimmung in mg/l im Serum

Diagnosegruppe	Anzahl (n)	$\bar{x} \pm SD$
Gesunde	107	8,31 ± 4,91
Schwangere		
1 Trimenon	21	11,7 ± 4,41
3. Trimenon	60	40,0 ± 15,11
Nabelschnurblut	36	nicht nachweisbar
Mukoviszidose	36	13,4 ± 9,3
Lebererkrankungen	19	29,5 ± 19,3
Bilharziose mit Leberbeteiligung	57	22,7 ± 11,43

anzusehen sind. Es muß deshalb das Ziel sein, mit dem Nachweis in den Nanogrammbereich zu kommen.

Nach neueren Untersuchungen soll sich die sekretorische Komponente (SC) im Serum auch an höher-polymere IgA binden [2]. Das läßt vermuten, daß SC zu einem gewissen Anteil in freier Form in die Zirkulation übergehen kann. Deshalb erscheint unsere Testvariante mit Anti-SC als Festphase günstiger, als die Variante von Akerlund [4].

Die Rolle der Leber bei der Elimination von S-IgA wird immer wieder betont. Eine mechanische Behinderung des Galleabflusses soll zu einer diagnostisch verwertbaren S-IgA-Erhöhung führen. Es muß weiteren Untersuchungen vorbehalten bleiben, diese differentialdiagnostische Bedeutung zu erhärten. Ein Anstieg von S-IgA bei Schwangeren ist beschrieben. Zusammenfassend kann festgestellt werden, daß eine Testmethode entwickelt wurde, die S-IgA empfindlich nachweist. Die S-IgA-Werte könnten diagnostische Bedeutung bei Lebererkrankungen erlangen.

Danksagung

Wir danken Prof Fiebig, Leipzig, für die Überlassung des BL-HSC/3.

Literatur

1. Akerlund AS, Hanson LA, Ahlstedt S, Carlsson B (1977) A sensitive method for specific quantitation of secretory IgA. Scand J Immunol 6: 1275
2 Brandtzaeg P (1985) Role of chain and secretory component in receptor-mediated glandular and hepatic transport of immunoglobulins in man. Scand J Immunol 22. 111
3. Delaroix DL, Vaerman JP (1981) A solid phase direct competition, radioimmunoassay for quantitation of secretory IgA in human serum. J Immunol Methods 40. 345
4. Seyfarth M, Brock J, Fiebig H, Edelmann J, Seidel B (1987) Zur Bedeutung von sekretorischem IgA in menschlichen Körperflüssigkeiten. I. Aufbau eines Enzymimmunassays für sekretorisches IgA. Allergie Immunol 33. 147
5 Thompson RA, Carter R, Stokes RP, Geddes AM, Goddall JAD (1973) Serum immunoglobulins, complement component levels and autoantibodies in liver disease. Clin Exp Immunol 14· 335

Anschrift des Verfassers: Dr M. Seyfarth, Institut für Immunologie, Bereich Medizin, W.-Pieck-Universität, Leninallee 70, DDR-2500 Rostock, Deutsche Demokratische Republik.

MIX
Papier aus verantwortungsvollen Quellen
Paper from responsible sources
FSC® C105338

If you have any concerns about our products,
you can contact us on
ProductSafety@springernature.com

In case Publisher is established outside the EU,
the EU authorized representative is:
Springer Nature Customer Service Center GmbH
Europaplatz 3, 69115 Heidelberg, Germany

Printed by Libri Plureos GmbH
in Hamburg, Germany